云南植物研究史略

中国近世生物学机构与人物丛书

胡宗刚 著

上海交通大学出版社
SHANGHAI JIAO TONG UNIVERSITY PRESS

内容提要

中国植物种类丰富以云南为最，在中国本土植物学未建之前，中国传统本草学于明初在此诞生《滇南本草》，其后滇中植物在本草著作中也多有记载；当现代科学在西方兴起之后，不断有人来华采集，最为吸引之地即是云南，造就了赖神父、傅礼士、韩尔礼等著名采集家。在中国植物学开始起步之际，1919年钟观光即只身云南；随后各植物学研究所依次建立，几乎各所均派员来云南采集，如静生生物调查所之蔡希陶、王启无、俞德浚，中央研究院自然历史博物馆之蒋英，中国科学社生物研究所吴中伦，庐山森林植物园冯国楣，北平研究院植物学研究所刘慎谔等，而以静生所持续时间最久，取得成绩最优。不仅如此，在抗日战争期间之1938年，静生所还与云南省教育厅在昆明合办云南农林植物研究所。抗战之时，许多文教机构内迁昆明，云南高等教育得到发展，云南大学、西南联大也设立生物系或森林系，也从植物事研究。中华人民共和国成立之后，云南农林植物研究所发展成为中国科学院昆明植物研究所，云南植物学研究在该所推动之下，又有西双版纳热带植物园之创建，并从事研究与编写完成《云南植物志》；云南大学生物系、西南林学院之林学系在植物学研究中也独树一帜。本书主要依据档案史料，将几百年来云南植物学发展经过，尤其对各研究机构发展脉络一一予以梳理，形成一部完整之云南植物学史。

图书在版编目(CIP)数据

云南植物研究史略／胡宗刚著．—上海：上海交通大学出版社，2018
ISBN 978-7-313-19588-3

Ⅰ．①云… Ⅱ．①胡… Ⅲ．①植物学—研究—史料—云南 Ⅳ．①Q94-3

中国版本图书馆CIP数据核字(2018)第126881号

云南植物研究史略

著　　者：胡宗刚
出版发行：上海交通大学出版社　　地　　址：上海市番禺路951号
邮政编码：200030　　电　　话：021-64071208
出 版 人：谈　毅
印　　制：上海春秋印刷厂　　经　　销：全国新华书店
开　　本：710 mm×1000 mm　1/16　　印　　张：24
字　　数：389千字
版　　次：2018年7月第1版　　印　　次：2018年7月第1次印刷
书　　号：ISBN 978-7-313-19588-3/Q
定　　价：138.00元

序

在自然科学诸多学科中，植物学最具历史学特性的学科，其中尤以植物分类学为甚。1753年，瑞典博物学家林奈发表的《植物种志》，标志着植物分类学科的肇始。自此以后，每一分类群之修订与学名变动，均需溯本求源，引证前人之原始文献。如若一个类群研究历史长，研究者众，即可形成一段历史。得益于来自广阔地域之大量标本材料的不断积累与分析比较，植物分类学逐渐升华并日趋缜密。中国疆域辽阔，自然地理环境复杂多样，孕育出丰富的植物资源，被誉为“世界园林之母”，云南省更是凭借独特的地质历史，参差错落的地貌及气候环境而独占全国植物资源的约60%，以“植物王国”而蜚声于世，更为当之无愧全球之生物多样性热点地区。自19世纪以来，这里就成为中外植物猎人及分类学家纷至沓来的天堂。其中既有不远万里，身份各异的西方采集家，又有跋山涉水，栉风沐雨的中国植物分类奠基者。不断发现的新属新种为分类系统的丰富与修订注入了无穷的活力，相伴而生的植物化学和民族植物学等又逐渐成为独具地域特色的新兴学科。云南的植物学研究逐步取得了具有国际影响力的成就，如昆明植物所之类的相关研究机构亦应运而生。然而，这段英雄辈出，豪杰并起的光辉历史却鲜为人知，若无相关学者加以梳理论证，许多筚路蓝缕，披荆斩棘之故事很可能会随着时间的推移而被以讹传讹乃至永远湮没。因此，一本抽丝剥茧，治棼理丝的相关专著的出版重任，便落在了科学史工作者的肩上。

科学史是人类探索世界历程的概览和缩影，更是沟通科学与人文的桥梁。科学史研究方法与历史学研究方法具有天然的联系，而研究内容又与科学息息相关。大多数传统历史学家囿于科学知识的积累不足，按惯性更多地关注政治、军事、文化等方面，鲜有聚焦于科学发展史的，而大量的科学史料则高度分散于社会机构档案、科学家论文著作、科学会议文件以及私人日记和通信中。鉴于专业知识的障碍及史料搜集的困难，科学史在我国乃至世界上，都是一门令人望而生畏，鲜有人问津的重要交叉学科。胡宗刚先生是我国知名的科学史研究学者，长期致力于中国近现代自然科学史的研究，尤其注重包括植物学在内的生物学在中国大地的奠基与发展脉络，目前已有十余种专著问世。以此为基础，胡先生又另辟蹊径，聚焦植物王国云南省，旁征博引，深挖细找，将其素有的史料发掘与考证功夫发挥到极致，从时代变迁和机构分布这两个维度铺叙明清以降异彩纷呈的云南植物学研究，条分缕析，错落有致，循史学理路再现了中国植物学研究者在系统化和地域化方面不可替代的卓越贡献，为同类著述别开生面。本书不仅依据散落各处的官方档案史料，还佐以作者亲身拜谒事件亲历者的口述访谈资料，颇有追蹑太史公撰《史记》的先贤之韵，而诸如对《滇南本草》作者考证之节，亦颇有乾嘉学派之遗风。虽全书对云南植物学研究史料之记述，尚未十全十美，但杰出学者之突出贡献在本书中更以集中或有序分散的方式得以彰显，并作为全书或各个章节的点睛之笔，兼收纲举和目张之双重功效。见解独到，史料翔实，论证严密，精要毕具，本书的学术价值和启迪意义是不言而喻的。

概言之，本书既有历史的厚重感，又闪烁着自然科学的理性光芒，同时集中体现了生物学史中地方史的特征。以史为鉴，可以知兴替。植物学研究者不仅能从中得到学术上的参考和借鉴，而且在科学精神方面亦将获益良多。抚今追昔，任重道远，路漫漫其修远兮，故将上下而求索。此外，本书的付梓对于全民科学文化水平的提高也大有裨益，在大力开展生态文明建设的当今尤其如此。适逢昆明植物研究所建所 80 周年之际，特赘数语如上，借以表达对其出版的衷心祝贺与热忱推荐。

2018 年 6 月

凡　　例

一、本书以明代初期兰茂著《滇南本草》为起始，进入近现代之后，以植物学研究机构作为主题，分别记述其历史；因各机构发展不同，故截止日期也不尽相同，多以2000年前后为截止年代，但不超过2008年12月，即以《云南植物志》全部出版为终点；所述历史遵循前繁后简之旨。

二、书中正文涉及人物均直呼其名，不加称谓和职衔；所设机构第一次出现则用全称，后则多用简称，不另加说明。如中国科学院昆明植物研究所简称为中科院昆明植物所，或昆明植物所。

三、引用文献或档案材料，均按原文引用，或全录，或摘录，但不作改动，以求尊重历史。引用史料均以脚注方式注明出处。引用原文采用现代汉语标点符号，以适应读者阅读习惯。

四、古今地名变动频繁，所辖区域也有变动，本书对历史地名直接使用，一般不作说明。

五、植物学名只著录历史时期之属名、种名、变种名，至于命名变化则不作深究。拉丁学名以斜体标出。

六、书中人物照片尽可能标明人物姓名，照片出处也一并标明。

目　录

第一章　云南本草和云南植物早期之采集 …… 1

第一节　明清时期云南本草 …… 3

一、兰茂之《滇南本草》 …… 4

二、其他本草著作对云南植物之记载 …… 7

第二节　近代西人在云南之采集 …… 10

一、赖神父 …… 10

二、韩尔礼 …… 12

三、傅礼士 …… 14

四、韩马迪 …… 17

五、洛克 …… 21

第三节　中国学者在云南之采集 …… 24

一、钟观光 …… 25

二、蔡希陶 …… 29

三、蒋英 …… 44

四、陈谋与吴中伦 …… 49

五、王启无 …… 58

六、俞德浚 …… 68

第二章　云南植物学研究机构之兴起与变迁 …… 77

第一节　云南农林植物研究所 …… 79

一、创建缘起 …… 80

二、蔡希陶再来昆明筹备 …… 82

三、第一任副所长汪发缵 …… 89
四、所长胡先骕亲为主持 …… 94
五、第二任副所长郑万钧 …… 102
六、建所初始四年之研究成绩 …… 107
第二节 抗战时期云南高等学校之植物学研究 …… 117
一、云南大学生物系和森林系 …… 117
二、西南联合大学生物学系之植物学 …… 125
三、清华大学农业研究所 …… 136
第三节 庐山森林植物园丽江工作站 …… 142
一、西迁经过 …… 144
二、设立丽江工作站 …… 146
三、研究工作 …… 150
四、冯国楣之植物采集 …… 152
五、绝处逢生 …… 155
第四节 北平研究院植物学研究所昆明工作站 …… 157
一、郝景盛在昆明初设植物学所 …… 158
二、刘慎谔来昆明设立植物学所 …… 165
三、聘请新人 …… 172

第三章 抗战之后复员 …… 175
第一节 云南农林植物所第三任副所长俞德浚 …… 177
第二节 秦仁昌执教于云南大学 …… 183
第三节 农林植物所与五华文理学院短暂合作 …… 188
第四节 农林植物所第四任副所长蔡希陶 …… 194
第五节 北平研究院植物学研究所昆明工作站 …… 200

第四章 昆明工作站之重组与发展 …… 205
第一节 从工作站到研究所 …… 207
一、重组经过 …… 207
二、兴建昆明植物园 …… 211

三、研究工作 …… 213
四、工作站升级为研究所 …… 214
第二节　中苏联合云南考察 …… 217
一、橡胶植物与橡胶宜林地调查 …… 217
二、中苏科学院联合调查云南紫胶 …… 223
三、中苏联合云南生物资源综合考察 …… 226

第五章　1959 年后昆明植物研究所略史 …… 233
第一节　隶属于中国科学院 …… 235
一、所长吴征镒 …… 235
二、经济植物普查 …… 239
三、一度改名为中科院植物所昆明分所 …… 241
第二节　隶属于云南省 …… 247
一、研究工作在政治运动中恢复 …… 247
二、《中国植物志》 …… 249
三、《云南植物志》 …… 252
四、《西藏植物志》 …… 254
第三节　重新隶属于中国科学院 …… 255
一、研究科室恢复与重建 …… 256
二、几次重要野外考察 …… 260
三、几个重要研究平台建设 …… 267

第六章　西双版纳热带植物园 …… 273
第一节　创建始末 …… 275
一、初设大勐龙 …… 275
二、再选小勐仑 …… 284
第二节　创建之初 …… 289
一、人员配备 …… 289
二、主要研究项目 …… 295
第三节　几经挫折 …… 300

一、“文革”的冲击 …… 300
二、改革开放初期 …… 302
三、重置西双版纳热带植物园 …… 306
四、以园林建设带动科普旅游兴起 …… 309

第七章　云南生态学研究机构 …… 313
第一节　热带森林生物地理群落定位站 …… 315
一、选址设立定位研究站 …… 315
二、初建定位研究站 …… 318
三、六年定位研究 …… 322
第二节　中国科学院昆明生态研究所 …… 327
一、昆明生态研究室 …… 327
二、哀牢山亚热带森林生态系统定位站 …… 330
三、合组成立昆明生态研究所 …… 336

第八章　云南高等院校中的植物学研究 …… 345
第一节　云南大学之植物学研究 …… 347
第二节　西南林学院之植物学研究 …… 353

大事记 …… 361

人名索引 …… 366

主要参考文献 …… 370

后记 …… 372

第一章 DIYIZHANG

云南本草和云南植物早期之采集

中国乃文明古国，各行各业利用植物资源均由来已久，也留下丰富典籍，其中医药领域最早者为《神农本草经》。《神农本草经》，简称《本经》，作者不详，托名“神农”，成书约在秦汉时期，原书早已佚失，首载于南朝梁阮孝绪《七录》。一般认为，该书并非出自一时一人之手，而是秦汉以来经过许多人不断搜集、验证，至东汉时期才最后整理成书。原书在唐初已失传，今传本是后人自《太平御览》《证类本草》等书辑录而成。书中记载药物分上中下三品，凡 365 种，其中植物药 252 种。南朝陶弘景为《神农本草经》作注，并补充《名医别录》，编定《本草经集注》共七卷，把药物的品种数目增加至 730 多种。清朝孙星衍将《神农本草经》考订辑复，成为此后之通行本。以上为《本经》流传之大致脉络。

《神农本草经》对后世影响甚巨，奠定中国药物学基础。唐苏敬等人奉敕编修的《新修本草》，也称《唐本草》，是中国历史上第一部官修本草学著作，也是世界医学史上第一部国家颁布的药典，全书 54 卷，载药 844 种，首次增加了药图和图经的内容，成为后世本草学编撰的模本。唐末五代李珣所撰《海药本草》6 卷，载药 124 种，为中国古代第一部专门介绍和研究海外传入中国药物的著作。北宋民间医学家唐慎微撰《经史证类备急本草》，则开本草附列医方之先河。

自《本经》开始，因所载药物大部分为植物，故称之为“本草”，今人将研究古人这些药物研究称之为本草学，涉及药物名称、性质、效能、产地、采集时间、入药部位和主治病症等。中国植物学史著述，一般将古代本草纳入研究范围，故本书研究云南植物学史，也将云南本草作为起始。在明初云南有《滇南本草》，本书即以此书为肇始。

第一节　明清时期云南本草

据 1991 年出版的《全国中医图书联合目录》所载，中国现存本草性书籍有七百余种之多，而地方性本草，据民国经利彬考证仅有四种，即唐代《海药本草》《胡本草》，明代兰茂之《滇南本草》和清代之《质回本草》。唐代两部本草已亡佚，《质回本草》仅有抄本，惟《滇南本草》既有多种抄本和刊本，其内容又能反映云南药物资源和用药经验之特点，在中国本草学史上具有重要地位。

一、兰茂之《滇南本草》

《滇南本草》为明代兰茂所著。兰茂(1397—1470)，字廷秀，号止庵，云南嵩阳人。据正德年间所修《云南志》载，其人属“杨林千户所籍”，本籍“河南洛阳”。其家族大约在洪武十五年(1382)明朝平定云南时迁滇，为书香世家，藏书丰富。兰茂幼年受到良好儒学教育。《云南志》又云：“年十六，凡诗目辄成诵。既冠，耻于利禄，自扁其轩曰止庵，号和光道人，自作和光传，又称玄壶子。所著有《玄壶集》《鉴义折衷》《经史锦论》《安边策条》《止庵吟稿》《山堂杂稿》《璧山樵唱》《桑榆乐趣》《樵唱余音》《甲申晚稿》《梅花百韵》《秋香百咏》《草堂风月》《蘋洲晚唱》《韵略易通》《金粟囊》《中州韵》《声津发蒙》《四言碎金》等书，滇人多传之。其余医道、阴阳、地理、丹青无不通晓。治家冠、婚、丧、祭一体文公家礼，男不入内，女不出外，不作佛事。年七十四而卒”[①]。依此断定其生卒年份当为公元1397年和1470年。兰茂死后葬于嵩明，乡人为纪念兰茂，在墓旁建有兰公祠。至今墓与祠堂均保存完好，祠内正殿壁间嵌有后人题记石刻数通。1997年云南省曾举行纪念兰茂诞辰600周年及兰茂学术研讨会；2005年嵩明曾举办兰茂文化节；云南一些中医药学术会议、学术论坛时冠以兰茂之名、甚至嵩明不少商业品牌也以兰茂为名，可见影响深远。

图1-1　兰茂铜像
(采自 http:// www.yn.chinanews.com/ pub/ special/ 2011/ 1209/ 6002.html)

① 正德《云南志·卷二十一·列传·乡贤》。转引自《嵩明文史资料·第10辑·兰茂诗文选》，2005年，第3页。

兰茂虽然隐居不仕，但贤名素著，时与安宁张维齐名，据说“四方学者多师事之”，尝“从祀孔子庙”“乡里人称小圣”。其隐于乡野的动机亦非出于愤世嫉俗，如其诗所云：“古来耕钓间，往往皆英雄。人为洁己士，用有济康功。我非无其才，盛世有夔龙。愿作尧舜民，击壤歌时雍。”(《秋夜吟》)实是个恬淡无为、耕读自得的达观之人。从上引《云南志》所述，可知兰茂一生著述颇丰，但流传至今影响较大仅几种，最著名当属《滇南本草》(3卷)。《滇南本草》为云南第一部本草，兰茂祖籍河南，当可视作中原文化向西南传播之例证。

据考证，今日流传之《滇南本草》并非完全出自兰茂之手，其成书历史类似《神农本草经》，系经过后人不断增补而成，中国许多典籍形成过程多如此。《滇南本草》至1993年止，共有13个版本，其中抄本7个、刊本6个。自兰茂于明初著述完成之后，至明末二百多年间，未曾有刊本行世，仅以抄本在其亲友、门人、再传门人以及民间传抄流行，在此过程中，传抄者根据自己行医实践，予以增删修改，但未作注释说明，使得与原著难以区别。《滇南本草》至清初始有刊本，名曰《滇南本草图说》，即云南丛书祖本。全书12卷，今存世仅10卷，收载药物274种，其中238种有水墨写生图。《滇南本草》最后之刊本，起于1959年，由云南省卫生厅组织整理，仅出版第一卷，即遇故中断。1974年在“文革”中有中草药运动，继续整理，至1978年始才完成其后两卷。此项整理研究主要由云南省第一人民医院于兰馥，云南省药物研究所胡月英、熊若莉、李德华负责，云南植物研究所吴征镒、冯国楣及云南省动物所、云南大学生物系等予以协助。是刊乃集历代版本之精华，收药518种，且以现代科学方法对每种药物予以研究，并对435种植物药进行考证，确定其正名、别名和植物分类学拉丁学名，并进行植物形态描述，重新绘制墨线图，但未能考证清楚尚存83种。

图1-2　清光绪刊本《滇南本草》(采自网络)

以现代科学方法研究《滇南本草》始于20世纪40年代之抗日战争时期，时流寓至昆明之经利彬成立中国医药研究所，《滇南本草》研究为该所工作之一。1943年刊行《滇南本草图谱》第一卷，由经利彬、吴征镒、匡可任编撰。惜此项工作并未完成，仅出此一卷，载药26种。关于中国医药研究所情形，在本书第二章中还有记述。

兰茂著《滇南本草》乃是其行医过程之中，考察所得之记录。其自序云："余幼酷好本草，考其性味，辨地理之情形，察脉络之往来，留心数年，合滇中蔬菜草木种种性情，并著《医门揽要》二卷，以传后世。"[①]范洪抄本之序文言："兰子因母病，留心此技三十余年。其学皆探本穷源，其方饵专一真切，不事枝叶。投人数剂无不立愈。所以余将已学种种草本，著至于书。"医者予人疗疾，缓人痛苦，故特别慎重，古今皆然。兰茂在运用前人发现之药材，并不是盲目是从，而是仔细辨性，以合症状。辨析之中，还到实地考察各地所产之不同，考证名实。其弟子亦遵循此类传统，故《滇南本草》所载性味疗效及用法，多为正确，且还有新的发现，对后世进一步发掘药用价值，仍不失其价值。2008年云南省药物研究所继续以科学方法对《滇南本草》予以研究，对新获资料予以增补，中科院昆明植物所周俊给增补本作序，其云"我在滇工作近四十八年，研究工作很大部分是云南药用植物，特别是它的化学成分，有些药物是《滇南本草》收载的。"序言列举《滇南本草》所载药物经科学研究，其价值被重新发现者，节录如下：

> (兰茂)发现了滇中一些很好的药，有些还是特有药物。例如云连(*Coptis teeta*)即云南黄连，现在科学证明化学成分及功用与黄连同，兰茂甚至认为"功胜川连"。地不容(*Stephania delavayi*)近代研究化学成分为卞基异喹啉类生物碱，有治脱发及治白血病作用。具疮痛排毒的金铁锁(*Psammosilene tunicoides*)，为吴征镒发表的新属，是云南著名中草药的组方原料。周俊、陈昌祥等对其化学成分进行过研究。余甘子(*Phyllanthus emblica*)，《滇南本草》称为橄榄，与现在民间名称同，用于口腔消炎、生津止渴，今仍使用。皮哨子(*Sapindus delavayi*)，皮可杀虫，因含很高皂苷，广泛用于化妆品。竹叶柴胡(*Bupleurum yunnanense*)可为中药柴胡代替品。

① 转引自《滇南本草》整理组：《滇南本草》第一卷，云南人民出版社，1959年。

小红参(*Rubia yunnanensis*)本书叫紫参,周俊、邹澄、谭宁华发现其中环肽有抗癌活性。……①

兰茂游历所到区域以昆明为中心及滇池周边,此区域有玉案山、近华浦、太华山、长虫山等,其考察药物当也以此为范围。光绪琴抄本后序云:"止庵原籍中州,渊源甚远。《本草》屡称河南地望,谓卫辉产良;又记采药地,曰虹山、曰草海、曰近华浦、太华山、秀嵩山,想见此老遍尝百草,关心民瘼。"②是否抵达过滇南,尚难以确定,书名"滇南"并非云南之南之意。不过可以肯定,《滇南本草》未将视野投向云南丰富之野生植物。此种自我限制,不仅兰茂如此,其门生复如此,整个中国本草亦然,直至清《植物名实图考》才有所改观。《滇南本草》务本堂刊本中所载"兰花双叶草"条,有兰茂门生记曰:"昔有夷人以此草掺铜如雪,先生闻之,往看审其性。"此夷人当指少数民族。其时,少数民族与汉人之融合率低,少数民族文献流传于后甚少,故兰茂记载少数民族用药经验,更是弥足珍贵。

二、其他本草著作对云南植物之记载

继兰茂之后约 140 年,1590 年有李时珍《本草纲目》问世。《本草纲目》可谓是集此前中国本草之大成,较其前代本草著作新增药物 374 种,其中 103 种系其时医家常用之药,271 种见于前代文献,此乃李时珍实地考察,辨别产地、形态、药性后所获,因而《本草纲目》在本草学极具地位。

就《本草纲目》对所载植物药分类而言,与前代本草相比,更接近现代植物分类,有些整个一类甚至与现代分类基本一致。如草部蔓草类多是攀援植物、藤本植物;木部寓木类多为寄生植物,苞木类多为竹木植物;谷部稷粟类多是禾本科植物,菽豆类多是豆科植物,造酿类诸药则多与真菌有关;菜部瓜菜类多是葫芦科植物,水菜类多是藻类植物,芝栭类多是真菌植物;果部水果类多是睡莲科水生植物。在类之下,书中还进一步分类,李时珍言"析族区类,振纲分目",析族乃类之下阶元,在同类之下,有一些药物自然属性更加接近,就另

---

① 周俊:《滇南本草》序。朱兆云、高丽主编:《滇南本草》第一卷,云南科技出版社,2007 年。

② 转引自《滇南本草》整理组:《滇南本草》第一卷,云南人民出版社,1959 年。

外分族，以同族为邻的方式排列成药物的自然族。如植物药中，每一类中亲缘关系相近的植物排在一起，形成各自的族，如草部芳草类的当归、芎䓖、蘼芜、蛇床、藁本、白芷等皆属伞形科；山奈、廉姜、山姜、豆蔻、白豆蔻、宿砂密、益智仁、姜黄、郁金、蓬莪术等皆属姜科。《本草纲目》鉴于旧本草分类之混乱，重编十六部以振大纲，又于部下分类以振其目，然后类下析族，以同族为邻，聚族同列，形成逐次的分类系统，使得本草著述有着全新的编辑形式，开一代先河。①

由于《滇南本草》在明代未曾刊行，李时珍未曾寓目；又由于西南交通闭塞，李时珍不曾到访云南，故《本草纲目》对于云南植物记载，大多源于文献，此不俱论，惟其所载三七，虽云广西所产，其后云南所产更享誉于世。在云南本草学中，三七甚为重要，此略述之。

三七为五加科人参属多年生草本植物三七（*Panax notoginseng*）的干燥根和根茎，临床上可用于活血止血、消肿定痛及金刀跌伤，而熟三七还有补血之效，素有山漆、金不换、田三七、田七、盘龙七、参三七、人参三七、滇三七之名。最早记载三七是明异远真人著《跌损妙方》（约 1523 年）。至《本草纲目》才详细记载了现今药用植物三七的性味、归经、功效等。如“味微甘而苦，颇似人参之味”，十分准确地表述了现今五加科三七的气味特征。而其产地，《本草纲目》明确记载“生广西南丹诸州番峒深山中”。广西南丹与云南毗邻，或者其时，云南也有栽培，只不过主产区在广西。由于三七栽培有不同程度连作障碍，迫使产区发生变迁，再加上社会因素，其后云南文山成为主产区。②

清代中叶，吴其濬著《植物名实图考》，着眼已超出本草学范围，而骎骎入纯粹科学之域，中国现代植物学出现之前，有此伟著，不能不引以为豪也。该书 1848 年刊行，编写方式仍然以前代本草为基础，但所载仅为植物。分类方式也和《本草纲目》相似。共载植物 1 714 种，比《本草纲目》增加 519 种。吴其濬为清朝封疆大吏，曾在湖北、湖南、贵州、云南、山西等地为官，故《图考》所载植物广泛性大于以往之本草。收录云南植物达 370 种，并大量引证《滇南本草》。此前本草中，对于云南植物少有记载，至此大大丰富本草之内容。且吴其濬深入民间，亲自探访，考定名实，绘之于图，纠正一些本草错误。当植物学

① 夏经林著：《中国古代科技史纲 · 生物卷》，辽宁教育出版社，1996 年。

② 孙千惠等：三七本草考证，《中医药信息》，2017 年第 5 期。

分类学兴起,学者依据《图考》鉴定植物,往往可以鉴别出所属之科、属,乃至于种名;在分类学家考虑植物中名时,也要参考《图考》,故不少中文名源于《图考》。

云南民族众多,除汉族之外,其他民族也自植物、动物、矿物中寻找药物,其中黎族有《聂苏诺期》抄本流传,如同汉人本草流传方式一般。1988年云南新平聂鲁等发掘出该书民国八年抄本,并予以整理翻译成汉文出版,所据主要是新平老厂河竜者所著的彝文抄本。该书此前经过广泛传抄,且不断增益。经聂鲁等研究整理之后,《聂苏诺期》所载药物247种,方剂134个,经鉴定和临床观察,具一定疗效,有应用价值。① 所载植物药214种,其中有关于三七记载:“刀伤而血流不止,三七煎服或研粉撒伤口”,说明云南栽培三七由来已久。

云南白药闻名遐迩,由云南独特中药材配制而成,1902年云南名医曲焕章发明,初名“曲焕章百宝丹”,其成分则秘不示人;其后不久,有曾济生者,也生产一种曾氏白药,与曲焕章几乎平分秋色。1938年曲焕章去世,其妻缪兰英和前妻所生之子曲万增均说自己获得曲焕章生前传授秘方并各自生产。曲万增开设父子大药房制生产“父子百宝丹”,缪兰英则生产“百宝丹”,曾泽生则继续制作“白药精”。中华人民共和国成立后,1956年,公私合营,成立昆明联合制药厂,缪兰英献出其处方,生产产品名为“云南白药”、曲万增献出处方生产品名仍名“百宝丹”,曾济生也献出处方,产品也仍名“白药精”。1971年设立云南白药厂,专门生产云南白药、白药精、百宝丹。

云南白药究竟由哪几种药物组成?其效能有无科学根据?1961年中国科学院昆明植物所开始研究考证,最后由周俊等予以完成。该所以一套自己创立的微量分析方法,对经过长期收集到的自抗日战争以来生产的十多种成品进行剖析研究,证明云南白药厂生产的百宝丹与抗战时期曲焕章百宝丹相同,同时对比百宝丹、白药精的异同,并且证明白药是以中国特有药用植物配制而成,为中国一宝,国外无法仿造。该项研究还提出改进白药方案,提供给有关部门参考。

① 聂鲁等翻译整理:《聂苏诺期》,云南民族出版社,1988年。

第二节　近代西人在云南之采集

中国云南以其地形复杂多样，兼有寒温热三带气候，蕴育出丰富植物种类。现代科学源于西方，故对云南植物予以研究也始于西方人。最早抵达云南采集植物者为卜弥格(R. P. Michal Boym, 1612—1659)，波兰传教士，卜弥格为其名字之中文音译，并号致远。1649 年初，卜弥格被澳门葡萄牙殖民当局选派往广东肇庆南明永历朝廷传教，参与诸多政治活动，1655 年随永历皇帝自贵州安龙入云南。卜弥格在中国传教之余，还向欧洲传播中国科学和文明，对中国当时政治局势的变化，中国的地理位置、行政划分、社会制度、文化习俗、著名物产和中国动植物，特别是中国的医学，都进行了广泛的考察和深入的研究，用拉丁文撰写诸多有价值之著作，其中就有一部《中国植物志》(*Flora Sinensis*)。卜弥格在中国曾采集吴茱萸(*Boymia rutaecarpa*)，故有学者推定其在云南采集，称之为云南植物采集第一人。① 自卜弥格开始在云南采集，到 1949 年美国采集家洛克离开，在近 300 年中，有许多西方人士在云南采集，获得大量标本，分别收藏在西方各国标本馆中。《中国植物志》第一卷第六章"中国植物采集简史"，对来华采集者均有记载，惟所记甚为简略，本书选取其中几位主要采集家，介绍其在云南之采集活动。

一、赖神父

赖神父(Père Jean Marie Delavay，1834—1895，亦译作德洛维)，法国传教士、探险家、植物采集家。1867 年，其作为耶稣会成员被派至中国，先后在广东等地活动。赖神父在中国虽为传教，但对采集中国植物甚为热心，曾在惠州、海南岛采集，所采植物送予英国驻广州领事汉斯。1881 年赖神父返回法国短暂休假后，又接受教会指派将前往中国云南，欲在滇西北建立新的传教点。在

① 云南省地方志编纂委员会，中国科学院昆明植物研究所编纂：《云南省志 · 植物志》，第五卷，云南人民出版社，1999 年。

图 1-3　赖神父(采自 http://amoma74.blogspot.de/2013/08/)

度假期间,经博物学家谭微道(Armand David)推荐于巴黎自然历史博物馆主持者法郎开特,接受博物馆委托,在云南从事植物标本采集。第二年,赖神父重回中国,沿湖北、四川而至云南,一路采集植物。抵达云南后,即长期在大理、鹤庆、宾川、浪穹(今日之洱源)、丽江等地采集,长达近十年。1888 年瘟疫流行,赖神父也遭受疾病攻击,但幸存下来,不过没有完全恢复。但是,并没有因此而停止其采集。其往香港希望获得恢复,但一路均在采集植物。1891 年,回法国治疗,希望得到充分恢复。但他还是无法脱离中国,1893 年再次回到云南,继续采集。直到 1895 年,不得不屈服于疾病,逝世于昆明,葬于北郊白龙潭,享年六十有一。

赖神父采集旅行中,并没有雇用十几个搬运工为其运输物品,而是独自徒步。其工作有条不紊,对他而言任何植物都很重要,花、叶的区别都不被其忽视,这种精神是其采集标本数量和种类均为庞大的原因之一。赖神父在云南所采寄回法国的标本超过 20 万份,其中包括约 1 500 余新种和许多新属,但经其手采集的珍奇园艺植物种子引入法国并不多。赖神父还有可能是今天称作云南三江并流保护区的第一位西方探险者。所采植物标本送往巴黎国家自然历史博物馆,由法国植物学家弗朗谢(Adrien R. Franchet, 1834—1900)予以研究,出版《谭微道植物志》(*Plantae Delavayanae*),书中有精美插图。因赖神父曾在广州传教,也采集过广东的植物标本。为纪念他,许多植物的学名以他而命名,如苍山冷杉(*Abies delavayi*)、山玉兰(*Magnolia delavayi*)、滇牡丹(*Paeonia delavayi*)、紫药女贞(*Ligustrum delavayanum*)、偏翅唐松草(*Thalictrum delavayi*)、红波罗花(*Incarvillea delavayi*)等。此外,茶条木属(*Delavaya*)的名字也源于他。方豪撰《新纂云南通志》卷一百八,对赖神父在云南采集活动有所记载,云:"赖氏采集尤勤,虽老不倦,其范围亦较广,昆虫、蛱蝶无所不搜求,氏所采植物标本多至三万种,大抵皆得自滇东者,内有三千为中国新种。"所言数量不甚确切,盖编写者与植物分类学有些隔膜所致。

赖神父所采及以后外人在云南所采标本,均已悉数运往国外。当中国人自己开始研究中国植物,尤其是1958年之后,中国植物学家开始编纂《中国植物志》时,更加迫切需要查阅这些标本,然而受当时条件之限制,出国访学并不便利,只好沿着外人采集线路再去采集相同之植物。1962年,昆明植物所武素功、王守正和云南大学朱维明在滇西北金沙江流域调查采集,即根据*Plantae Davidianae*所载植物采集地而进行采集。其后武素功还撰写《J. M. Delavay在滇西北的采集地点》一文①,列其书中的地名与汉名对照。赖神父在大理传教时,设有三个教堂,即洱源之摩挲营教堂、鹤庆之大坪子教堂及大理之大理教堂。其采集即以三座教堂为中心进行。如Talon-tan——大龙潭、Nien-kia-se——念家寺、koang-yn-chan——观音山,即将这些小地名一一标出,颇费一番考证功夫。

二、韩尔礼

韩尔礼(Augustine Henry,1857—1930,音译名奥古斯汀·亨利),出生于苏格兰东部之邓迪市,出生后不久,其父举家迁回故乡——爱尔兰泰隆郡。在那里,亨利先在库克斯城学院接受教育,随后入高威市的皇后学院学习自然科学与哲学专业,1877年毕业,获得自然科学与哲学学士学位。随即往北爱尔兰首府城市贝尔法斯特的皇后学院继续进修医学硕士学位。

1879年,韩尔礼在伦敦医院实习时,偶遇在北京海关总税务司工作的罗伯特·赫德爵士(Robert Hart)。赫德十分欣赏这位年轻人,便鼓励韩尔礼申请位于上海的大清帝国海关税务司之医务官职位。

1881年韩尔礼来华,在上海受聘于清帝国之海关,一年后被派往宜昌。在宜昌主要负责对来往运送药材商贩征税,这是一份需要经常和植物打交道的工作。韩尔礼原本习医,未曾学过植物学。唯遇有难题,即向英国邱园主任Joseph Dalton Hooker请教学习,逐渐对植物学产生兴趣,并以寄送标本为谢。1885年,韩尔礼寄送一千种标本,内有十余种是新种,其中有一种龙柏(*Sabina chinensis cv 'kaizuca'*),是邱园求之多年而不得者。从此之后,采集更勤。韩尔礼之采集仅为业余爱好,但他的成绩却令人瞩目。其组织并训练了一支自己的采集团队。除在湖北、四川采集之外,后来还趁工作之便,在海南岛、台湾和

① 中国植物志编委会编:《四川云南贵州地名考》,1974年,油印本。

云南等地采集。

图 1-4 韩尔礼像
(采自 https://www.telegraph.co.uk/gardening/plants/8811383/In-praise-of-plant-hunter-Augustine-Henry.html)

韩尔礼云南采集系在亚热带地区进行。该区域雨量充足,植物种类丰富,故所得甚丰。在此期间,还曾在蒙自、思茅、元江下游以及澜沧江沿岸各炎热地区大量采集,并深入滇南车里等地区,发现新种极多,其寄往邱园的标本达三十二大箱。韩尔礼还建议邱园和美国哈佛大学阿诺德树木园派专家前来中国作植物标本采集,但因限于经费和人员,未能成功。

韩尔礼在中国采集标本共得 5 000 余号标本,并为西方园林增加了许多植物素材,他是最早在滇西南与缅甸邻近地区采集植物的人。在红河上游的元江河谷进行从未有人做过的采集工作,期望在这一地区的植物考察,可与 10 年前已进入云南采集的法国赖神父相媲美。他在那里发现了过去仅见于印度东北阿萨密的野茶,这对认识茶的原产地在云南很有帮助。经韩尔礼引种英国的植物有两种百合和三叶槭。其采集的标本为模式描述的杜鹃花新名有 14 个,有 9 种保留,如毛肋杜鹃花 *Rhododendron augustinii*、耳叶杜鹃花 *Rh. auriculatum* 等。其中毛肋杜鹃花的学名就取自其名。[①]

韩尔礼在云南采集是在中国助手何先生帮助下进行,具体工作也由何先生实施,因而未见完整野外记录,仅从韩尔礼少量信件中见出其野外工作。采集线路信息主要从标本记录中获悉,同一号标本下面有很多小号,甚至同一号不同小号的产地相差很远。韩尔礼标本除少量在一战及二战中遭到毁坏外,大部分仍保留下来,更为重要的是其标本很早就被世界著名植物学家研究,并著于各类文献中。[②] 韩尔礼本人发表论著有《中国植物名录》(*Chinese Names of Plants*)、《中国经济植物札记》(*Notes on Chinese Economic Plants*)、《中国麻类考》(英文本,1892 年由海关造册处出版)。

① 耿玉英著:《中国杜鹃花属植物》,上海科学技术出版社,2014 年,第 22 页。
② 税玉民主编:《滇东南红河地区种子植物》,云南科学技术出版社,2003 年,第 26 页。

在西人采集中国植物史上，韩尔礼享有之盛名是绝大多数植物采集家望尘莫及。与他同时代的著名英国职业植物采集家威尔逊(E. H. Wilson)盛赞其对中国植物学的贡献是“前无古人，后无来者的”；德国人毕施耐德(Emil Bretschneider)光绪年间在北京居住，曾为俄使馆之医官，著有多种关于中国的著作，其中《欧洲人在中国的植物发现史》(*History of European Botanical Discovery in China*, 1892)为其平生经意之作，记录欧洲人研究中国植物之经过，以博洽著称。其中称赞 A. Henry 是“中国植物学领域最成功的探索者”，其时韩尔礼尚未结束其在中国之采集。中国植物学家陈焕镛与胡先骕 1929 年出版《中国植物图谱》第二卷时，著者特将此卷献给 A. Henry，其献词云：“献给爱尔兰皇家科学院林学教授奥古斯汀·亨利先生，通过您在中国华中和西南的艰苦采集，增加了我们关于植物志的知识。”

三、傅礼士

傅礼士(Geoege Forrest, 1873—1932，又译为福雷斯特)，生于苏格兰福尔柯克，自幼聪明好动，常常到乡村附近田野山林中闲逛，并观察虫鱼鸟兽，由此培养了他探知自然界的能力。16 岁从基尔马诺克学院毕业后，就在距离他的家乡很近的一家药剂铺充当学徒。此前，傅礼士对植物的认识，仅是欣赏植物美丽可人的颜色，进入药剂铺后，更获知一些植物可以治疗疾病的奇效，于是对植物的兴趣更加浓厚。他学会了如何采集、干制植物标本，以及一些植物分类学知识，这在后来他的植物采集活动中起了很大的作用。

其时，福尔柯克还是一个旧式小城，生活单调，年少志大的傅礼士在此充当药剂铺学徒，久而久之不免产生厌倦，且每月收入微薄，不足以满足他的志向。在此不良环境之下，傅礼士又突然遭到父母弃养之痛，遗产也不多，不足以供给他将来生活所需，于是毅然放弃药剂铺学徒工作，奔赴澳大利亚，一为探访亲戚，一为另找出路。在澳大利亚，傅礼士做过采金、牧羊等工作，仍然未能如愿，而又改往南非，还是一无所获，遂于 1902 年孑然一身重回苏格兰故乡。

傅礼士很快在爱丁堡皇家植物园植物标本室谋到一份职业，浏览植物标本，识别植物名称，如同是为将来有重要使命而作充分准备。果然，不久植物园得到资助，派员出国采集珍奇植物。他们认为中国云南西部高山植物，种植于英国庭园最有成活的希望,遂决定派傅礼士前往中国云南。

图 1-5　傅礼士

傅礼士于 1904 年 5 月中旬动身,光绪二十八年(1904)8 月到达大理。大理为滇西最大城市,地位适中,故决定以大理为向西及西北各地工作的根据地。12 月初经丽江的石鼓,渡金沙江而入中甸,考察中甸高原及其东南的哈巴雪山,结束后循原路返回大理。此行采得腊叶标本甚多,而种子则因时令过迟,所得寥寥无几。第二年,由春至夏,傅礼士往澜沧江上游采集,所获甚多。他满以为在冬季到来之时,可以满载而归,不料 7 月中旬,康边藏人突发动乱,傅礼士仓促出走,仅以身免,而他所采标本及行李损失殆尽。9 月,又作怒江上游采集,至 12 月底返回腾越(今称为腾冲)。1906 年 3 月,由腾越出发,经大理而至丽江,时为 5 月中旬,设根据地于玉龙雪山东麓的雪嵩村,雇用该村大批村民为助手,长期从事采集,早出晚归,常常在雪山上部营帐露宿,准备在此作详尽采集。不久,傅礼士罹病,回大理休养,而雪山上的采集未曾中断,所获极为丰富。至 12 月止,结束他在云南三年采集,离滇回国。1910 年春,傅礼士第二次入滇,采集一年,尤其致力于玉龙雪山的西麓及中甸东南的哈巴雪山采集,以发现甚多新种杜鹃最为可贵。

关于 1905 年 7 月傅礼士在藏民暴动中的遭遇,《怒江傈僳族自治州文物志》中有所记载:"以巴塘首领罗进实、郭宗扎宝为总首领,兵分两路进攻,一路沿澜沧江南下,直取茨菇天主教堂。1905 年 7 月 20 日(农历六月十八日)进攻茨菇,清兵竭力抵御,终因寡不敌众,清军哨弁李谷安被击毙,茨菇天主教堂被焚毁。7 月 23 日,武装僧众在茨菇附近山林中逮到法国传教士蒲德元(Pierre-Marie Bourdonnec),随之将其杀毙。7 月 26 日,另一名法国传教士余伯南(Jules-Etienne Dubemard)在洛美洛附近被囚,次日在澜沧江边也将其杀毙。战乱中法国传教士彭茂德(Jean-Theodore Monbieig)和一名来茨菇做考察的英国植物学家傅礼士逃散,急得清军派兵四处搜寻。傅礼士藏匿的地方距离清军不远，很快就被清军找到，'竭力保护出险，送至大理府城安置'。"[1]由此可知，傅礼士在华采集受到清政府之保护，其后英国驻中国大使萨道义就傅礼士遇救脱险事致函清朝外务部，予以感谢。[2]

此后，傅礼士还来云南采集五次，最后一次在1931年，却再也未回到苏格兰，而葬身于云南腾越。这年12月，傅礼士行将结束其在滇西采集，准备回国。一日，自英国领事馆出外打猎，未走多远，即忽然昏倒在地，急忙呼救其后随从，待他们来到跟前，已不省人事，与世长辞。傅礼士享年五十有八，遗体葬于腾冲西人公墓。

傅礼士在云南工作时间占去其生命之一半，搜集植物材料达30 000号，凡6 000种，有3 000种为地理上之新分布，1 200种为学术上新发现。并采集得森林园艺植物种子及球根甚多，今日英国爱丁堡皇家植物园以及各处庭园盛行栽培、誉满全球的杜鹃、报春、绿绒蒿、龙胆、百合等珍奇花卉，大多经其采集种子运回英国繁育而来。至今存于大英博物馆中的一具大杜鹃木材圆盘，是世界上最大最古老的一株杜鹃，其展览说明译成中文为："此杜鹃树树龄280年，高25米，粗87厘米。全世界850多种杜鹃花树，都是几米或十几米高的灌木，谁见过这么粗高的杜鹃花树呢？1926年，这株树的发现者乔治・傅礼士正式发表定名这树为'大树杜鹃（*Rhododendron protistum* var. *giganteum*）'，生长地是'TENGCHONG YUNNAN CHINA'"[3]。此段木材圆盘原产于云南西南部腾冲北部的高黎贡山中，傅氏于1919年将其运输出境，经缅甸而英国。

傅礼士和蔼可亲，不善言笑，却有毅力，不辞艰辛，没有种族成见，对于所雇人员，绝少厉色。不仅如此，当他在滇西采集之时，常于百忙之中，为乡人治病施药，遇到贫困的人，总是周济他们。在1940年中国处于抗日战争时期，秦仁昌率领庐山森林植物园在丽江设立工作站，秦仁昌亲历傅礼士所到之处，当地乡人对傅礼士，仍赞誉不已。他说："兹来丽江，遇其昔日从者数人，靡不称道福氏之为人，然则福氏之成功岂偶然哉，岂偶然哉。"可见秦仁昌对傅礼士之推崇。

---

① 《怒江傈僳族自治州文物志》编纂委员会编：《怒江傈僳族自治州文物志》，云南大学出版社，2007年。

② 英国萨道义为英人傅礼士遇救出险事致外务部函，光绪三十一年八月初四日（1905年9月2日）。中国第一档案馆、福建师范大学历史系编：《清末教案》第三册，中华书局，1998年，第728页。

③ 转引自国家林业局编：《中国树木奇观》，中国林业出版社，2003年，第196页。

四、韩马迪

韩马迪(Heinrich von Handel-Mazzetii, 1882—1940,亦译韩德马),出生在奥地利一个军人家庭,其名字系由其父母两姓组成。韩马迪从小喜爱自然,加上母亲熏陶,痴迷于植物。1901 年就读于维也纳大学,为威特石坦(Wettstein von Westersheim,1863—1931)之门生。威氏系布拉格大学和维也纳大学的植物学教授,维也纳植物园主任,还是奥地利科学院的副主席,在其影响下韩马迪转向系统植物学研究。1905 年韩马迪在毕业之前,即在维也纳大学植物系做了助教,两年后 1907 年获哲学博士学位。起先韩马迪研究阿尔卑斯山东部和亚德里亚海岸的植物,还致力于亚洲的植物研究。

图 1-6　韩马迪(采自 *A BOTANICAL PIONEER IN SOUTH WEST CHINA*)

英国傅礼士在云南引种之成功和赖神父在云南之采集,激发奥地利学术界也派人来华采集之欲望,1913 年奥地利树木学会派该学会秘书德国人施奈德(Camillo Schneider)和奥地利科学院助理研究员韩马迪到中国采集植物。他们来华之前,奥地利驻华大使为其向北洋政府外交部申请护照,其函云:

> 本年四月十七日,本使馆曾达知贵部,现有本国种植学社拟派总书记开米洛喜乃特将于一九一四年赴中国考察植物,可否给予护照,并荐函,旋经贵部于四月十九日答复,自当照办各等因。顷奉本国外交部文开,此次考察植物,尚有奥国植物学士男爵韩德马慈提一员,会同前来。该二员计程于本年底行抵中国,相应请贵部发给韩德马慈提前往滇蜀两省之云南大理、丽江、东川、临安等府,巴塘、打箭炉等处,自一九一四年正月至一

九一五年春间为限护照一纸，即交由本使馆转送。①

他们二人于1913年底离开奥地利，1914年1月，乘船抵达越南海防，调查附近之植物状况后，2月乘火车来到昆明。在昆明，他们购买采集所需之用品，并雇用一些当地人帮助运输行李和采集标本，随即在西山等地考察，发现了一些报春花和其他一些植物。不久从那里出发往西北过金沙江到会理采集。尔后到四川安宁河(雅砻江支流)流域采集，后来又去宁远(西昌)，以此为立足点在周围的大凉山山区收集植物标本。在此地区发现隐蕊杜鹃花(*Rhododendron intrisarum*)和皱叶杜鹃花(*R. demutatum*)。之后向东进入其他彝族地区考察收集。后来在5月份雨季来临之前又往西到盐源，发现那一带的冷杉和铁杉林开阔处有很多杜鹃。接着他们又进入毗邻的云南永宁府，然后往西过金沙江进入丽江地区。在那里他们与傅礼士相遇。他们在丽江的北面只作了短暂的考察，因为韩马迪觉得那里的植物已经被比较系统地考察过，发现有花植物5 000种，几乎与巴尔干半岛的所有植物一样多。尽管如此，他对这一区域植物之丰富及科学价值，留下了极为深刻之印象。

他们在丽江采集之时，1914年7月第一次世界大战爆发，获悉之后，施奈德甚感沮丧，整天心神不定，而韩马迪则依旧怡然自得。施奈德遂与韩马迪在丽江分手，而往南到大理，再向西南到永平、永昌(保山)，后因无心继续采集返回昆明。于1915年初经上海离华赴美。此时其受哈佛大学阿诺德树木园之聘，在那里研究中国树木学，后为小檗科专家。韩马迪则无法返回欧洲，根据德国驻昆明领事建议，同时继续得到维也纳之支持和赞助，仍在华采集，并且经常向维也纳送呈考察报告，并写下大量之日记。1927年，韩马迪根据考察报告与日记整理出版了《博物学家在中国西南地区》(Naturbilder aus Sudwest-China, Vienna, 1927)一书。韩马迪在云南采集至1917年，其后之情形，罗桂环著《近代西方识华生物史》记载甚详，录之如下：

韩马迪在丽江工作了一段时间之后，接着在7月底的时候又北上中甸收集了一段时间。然后在盐源度过一个秋天之后返回昆明过冬。第二

① 奥国使馆致函外交部，1913年8月19日，“中研院”近史所档案馆藏外交部档案，03-19-113-02-001。

年2月他到蒙自南面、地处元江边上的曼耗做了一次短期的旅行，研究那里的热带植物。4月底的时候经大理、丽江等地北上，沿途作了短期的考察采集。然后继续往东北过永宁到四川的木里旅行收集，之后向西返回云南到中甸，过白马山，在当年9月的时候来到澜沧江河谷，在那一地区发现香柏（*Thuja orientalis*）林。

接着渡河到澜沧江右岸的茨中（德钦境内）及其附近河谷采集。后来又沿着香客朝圣的线路来到毗邻西藏的一个地方，做短期的休整后，往西在怒江沿岸做采集，在9月底返回到澜沧江流域，后来经维西和大理到昆明。

发现怒江流域的植物种类很丰富后，1916年，韩马迪再次到那一地区采集。在4月底的时候，又前往大理，在其西部山区采集。后来他往北旅行到丽江采集，接着横穿金沙江的一条支流来到澜沧江，不久又到怒江边上一个村集驻留，受到那里的法国传教士的欢迎。其后他往西来到云南的西北角恩梅开江（伊洛瓦底江上游）和怒江之间的山区一带考察采集。接着向南到茨中，再次在澜沧江那一地区做考察收集。随后往东南经维西到剑川。在当年10月返回到大理的时候，他遇到美国动物收集者安德思。接着他又到丽江，在丽江采集期间，他和许多西方采集者一样，雇了一些当地人帮他收集植物标本。在进行了较长一段的采集后，韩马迪经永北（永胜）返回昆明过冬。在云南采集的过程中，他还去过云南南部接近越南边境的老卡和北部湾包括越南河内一带地方采集植物标本。

韩马迪是继英国人福雷斯特、瓦德之后在川西和滇北进行大规模采集植物标本的西方学者。他的采集不像福雷斯特那样主要局限在杜鹃等有观赏价值的种类，加上有深厚的植物学功底而比瓦德更有热情，因而成就更为突出，所采集的标本中包括大量新种。另外，他还收集过一些小型的脊椎动物标本。①

1917年，韩马迪积累甚多云南高山植物之后，决定再到东部贵州和湖南等亚热带地区海拔较低的地方旅行，是年6月初离开昆明。在进入贵州前，他又考察了云南一些喀斯特地貌的石灰岩地。这些地方比他以往去过的地方更暖

① 罗桂环著：《近代西方识华生物史》，山东教育出版社，2005年，第290—291页。

和、更潮湿，而且从来没有西方人去过。他看到许多以前自己没见过的植物，特别引起他注意的包括小白芨（*Bletilla yunnanensis*）和赖氏百合（*Lilium delavayi*）。

韩马迪于6月底抵达贵阳。先在贵阳周边收集，后来他又到贵阳南面之三都，在那附近的独水河畔收集植物。其在贵州时，奥地利使馆致函中国外交部，为其申请此下旅行护照，"现在该学士持有云南交涉员所签发护照，行抵黔省贵阳府，拟经过江苏、江西两省，前往上海，请签发护照，并请转至各该税关及关卡，免检行李，免税放行，因所携之各种植物，一经开示，恐有损伤。"①云云。不久进入湖南，在新宁附近，见到争奇斗艳的各种水生植物，他记下了荷花和睡莲等。后在长沙附近稍事采集，成果却也突出，因为此前几乎没有植物学家在此工作过。1918年，他到了冷水江市附近锡矿山的锑矿参观，在那里看到金钱松和3种蔷薇。那年夏天他基本上在长沙附近的山林中度过，冬天回长沙，于1919年启程回国，途经江西、福建，还有少许采集。韩马迪通过数年在中国采集，带回标本多达13 000多号。

1923年，韩马迪转到维也纳自然历史博物馆的植物部工作，1925年被任命植物部主任，致力于中国植物研究，将其在中国所获，著为《中国植物纪要》（*Symbolae Sinicae*）一书，包括草本与木本，高等与低等，为其时记载中国植物之较为完备者，成为研究中国植物之权威。但在维也纳自然博物馆，也许是人事关系，韩马迪认为该机构限制其研究。1931年，由于人事关系紧张，导致其不得不退休。自此，他一直同他自费聘请的助手一同研究，直到1940年被德国国防军军车撞亡。

韩马迪退休之后，其在国际植物学界之学术地位仍然不减。1930年，秦仁昌在广西所采标本，蒋英在贵州所采部分标本，经请韩马迪研究，分别发表《广西秦氏新种植物志》（中央研究院自然历史博物馆丛刊第二卷第一号，1931年，第二卷第十、十一号，1932年，第三卷第八号，1933年）、《贵州蒋氏植物新种志》（第二卷第十、十一号，1932年）。其本人于1931年，还试图再次来华，但未成行。

1933年，清华大学教授吴韫珍休假，出国赴维也纳，随韩马迪研究一年，共

① 奥国使馆致函外交部，1917年7月，"中研院"近史所档案馆藏外交部档案，03－19－113－02－00103－19－113－05－002。

同探讨中国植物问题，并抄来中国植物名录。回国之后，吴韫珍即依此名录编制卡片，进行文献整理。吴韫珍去世后，其门生吴征镒继续进行工作，并依据秦仁昌在欧洲所拍中国植物标本照片，增加植物照片。吴征镒云："意欲编写一部《中国植物名汇》，这些卡片先后达三万张，对我日后从事植物分类学工作很有用，从而也促进了编写植物志的专科工作者的查阅，其所写国内外植物分布记录也是我以后钻研植物地理学的基础。特别是由于精读标本上陈年记录，使我既熟悉了采集家和研究学者，也熟悉了该植物的各种小生境，再和各种植物地理考查记录相结合，各种植物在群落中的位置，也就了如指掌。大约在 1950 年以前的中国植物的有关记载不致太短缺。其后，'文革'中，北京植物所的王文采、崔鸿宾、汤彦承在编写《中国高等植物图鉴》时发挥了一些作用。"[①]此项重要材料，其源头来自韩马迪，故附记在此。

五、洛克

入民国后，外人在华大肆采集之数量和规模均大幅减少，其原因一是中国植物学研究兴起，西人改为与中国植物学家合作，或以标本交换等方式，获得中国植物标本；其二是国民政府对外人来华采集加以限制，使得西人只有与中方合作。但也有少数例外，在云南采集者洛克即其一。

洛克(Joseph Rock，1884—1962)，出生在维也纳，但在 1913 年获得了美国国籍，1905 年移居美国。早年主要从事植物学研究工作，为美国夏威夷大学植物学及中文教授，1920 年应美国农部之聘，到安南、暹罗及缅甸采集大风子树(*Taractogenos kursii*)的种子，以大风子油可治麻风病。两年后，其转往中国，至 1933 年，洛克共来华采集四次，替美国及英国之学术机构采集动植物标本。

洛克第一次来华在 1922 年，于云南西北之腾越、丽江、维西、白马山一带采集，并到达西康境内之木里土司地界，1924 年返美。此次来华系为美国农部所采集，为美国国立博物院采集陈列之动植物标本。在洛克离华之前，1923 年 8 月先将所得运往美国，为出境免税，通过美国驻华大使与北洋政府外交部、税务处联系。据云此项标本主要是植物标本，装箱 30 只，每只 35 磅；又有箱子

---

① 吴征镒著：《百兼杂感随忆》，科学出版社，2008 年，第 40 页。

图 1-7　洛克(采自 http://www.huntbotanical.org/archives/detail.php? 112)

6只,内装鸟雀2 700个,另有装植物籽粒及小野兽箱子数只。

次年,洛克受美国哈佛大学阿诺德树木园及比较动物馆(Museum of Comparative Zoology)之聘来华,在中国青海西倾山和麦积山采集,以甘肃南部的卓尼为根据地,分两次前往。此两山脉中植物种类较少,采得种子及标本约2 000种,并采得两种十分耐寒之云杉(*Picea asperats*, *P. likiangenesis*),1927年返美。台湾"中研院"近代史所档案馆所藏北洋政府外交部档案,1925年10月洛克向外交部申请运出其所采标本的文件,外交部认为数量甚大,致函中国驻美大使,需要洛克提供标本名录,以便检查。借此函可了解洛克此行采集情形之点滴。

> 哈佛大学洛克博士在中国蒐集动植物标本,本拟运赴该大学及华盛顿农部种植局,请准免税免验放行等。因当经本部咨行税务处核办。兹准复称,外人运输各种标本曾经本处与财政部商订限制办法,以少数动植物始可准予免税,历经办理有案。此次美国洛克博士拟运动植物标本五十箱出口,为数诚属不少,自应审核从详,应请函复美国公使转令该博士,将所运各种动植物名称数量及其价值,开单送到处以评核办。①

由此函也可获悉,其时之中国政府已开始对外人在华采集有所限制。但所限制者为商业贸易,而少量用于植物学研究则仍为免税。外交部认为此项采集数量甚大,应为纳税。

① 外交部致函美国公使,1925年10月,"中研院"近史所藏北洋政府外交部档案,03-19-071-002。

第三次系受英国与美国几个园圃工会及美国国家地理学会(National Geographic Society)委托。于1928年至1930年再度到云南西北部及西康东部调查。先在云南永宁及西康眉里一带，一年后东行至大雪山脉地区，登海拔7 000米之贡嘎山，而于第三年返美。此次共采得标本与种子3 000种及鸟类标本1 700种。

1930下半年至1933年，洛克又受美国加州大学植物园之委托，到中国又采集一次，采集地区不详。1939年洛克重来中国，在丽江居住，此次不再涉及采集事宜，而为研究纳西族文化。

洛克在云南所采标本之价值，在其采集之时即为中国植物学家所重视。1933年洛克采集完成后，曾赠送一份标本予云南省实业厅。1935年静生生物调查所王启无在云南采集时，获悉此事。即由静生所致函建设厅，要求借阅洛克所采标本。函云："近闻美国罗约瑟(J. E. Rock)博士前赠送贵省实业厅之云南标本，现已归并贵厅保管，其中或有不少可供敝所研究借镜者，或有须重加研究审订者，用特函贵厅可否将罗氏标本全数借与敝所，以兹参考，一俟用毕，即当如数归还，所有邮寄包装等费用自当由本所负担，请先代垫，容后奉还。"[①]此时云南省建设厅又改为云南省经济委员会，前建设厅厅长遂转静生所之请于经济委员会。其后，静生所并未借得。1940年，静生所与云南省教育厅合办云南农林植物所已有一年之久，此时，胡先骕来昆明主持该所，又邀云南省经济委员会加入合办之列，在商谈过程之中，胡先骕不忘洛克所留下标本，乃云"多年前美国植物学家洛克在滇采集之植物标本，曾以一份赠滇省，闻此项标本向归贵会保管。此项标本对于贵会或无甚需要，而在植物研究所则为有价值之研究资料，相应函请贵会将此项标本拨交该植物研究所保存应用，是为至感。"[②]这批标本是否转移给农林植物所，从今日昆明植物所标本馆所藏洛克标本仅几份，可以推测并未移交。至于其最终下落也不知，甚为遗憾。

---

① 静生生物调查所致云南省建设厅函，1935年6月12日，云南省档案馆，1077-001-04125-030。

② 胡先骕致云南省经济委员会函，1940年6月22日，云南省档案馆档案，121(34)。谢立三抄录。

第三节 中国学者在云南之采集

中国现代科学起步甚晚，系由西方传播而来，而在早期，从明末至清末几百年间，尚难明悉科学之真谛，仅是迻译一些西书，视科学技术为奇器淫巧，不为士大夫所重视。而东邻日本，在明治维新时代，大肆引进西学，促使国家现代化。1894 年中日甲午海战，蕞尔小国战胜大清帝国。有清战败，朝野上下震动，于是再次引进西学，派遣学生留学东西洋，一时成为风尚。因日本近便，且文字相通，易于成行，故留学者甚众，西方科学即经日本传至中国，植物学术语、植物学教科书以及词典直接或翻译成中文，介绍到中国，还有一些研究方法也传至中国。当西人在中国大肆采集植物标本，虽有国人参与其事，但并未促成国人投入到植物学研究，自行采集。

国人自发具有采集植物之兴趣，也传自日本。中国植物学界一直认为采集植物标本第一人为钟观光，现有其在 1906 年(光绪丙午)在宁波任中学教员时采集植物之文字记录，但其采集植物并非为了学术研究。[①] 据马金双考证，国人早期采集植物者还有张宗绪。1909 年或之前，张宗绪也在宁波采集，其标本交由日人松田定久研究，研究论文发表在 1909 年日本之《植物学杂志》。张宗绪，字柳如，浙江安吉梅溪镇人，20 世纪初留学日本，就读于早稻田大学；1908 年师范科毕业，回国后于浙江两级师范学堂任博物及植物教员。与张宗绪前后在日本留学习植物学者，还有吴家煦，其回国也曾采集植物，意在仿照牧野富太郎《日本植物图谱》而编纂《中国植物图谱》，其志未遂。在日本留学成为真正研究者，则是其后任教于武汉大学之张珽、金陵大学之陈嵘等。钟观

① 释敬安撰，梅季点校：《八指头陀诗文集》，岳麓书社，2007 年，第 403 页。书中收有《宁波师范育德学堂教员偕诸生入太白山采集植物祝词并序》一文，其序云："光绪丙午闰四月望前一日，宁波师范学堂教务长兼理科教员钟君宪鬯、庶务长冯君友笙、监学员张君申之、东文兼图画教员顾君麟如、体操教员应君惠吉、算学教员叶君德之，育德学堂监督陈君屺怀、体操教员林君莲村，偕学生七十余人，入太白山采集植物。敬安率监院僧拱候山门，则见龙旗飘扬于青松翠竹之间。龙骧虎步，整队而来，若临大敌，因之欢喜赞叹，得未曾有。虽禅悦法喜，无此乐也。"太白山位于浙江省宁波市东 25 公里，其山有天童寺，释敬安在此修持。

光不是国人采集植物第一人，但其为国人在云南采集植物第一人则无疑。

一、钟观光

钟观光（1868—1940），字宪鬯，浙江镇海县柴桥镇人。1887 年中秀才，1899 年在家乡约集同志创设四明实学会，取江南制造局译出之化学物理诸书，一一实验而精究之，得造磷方法，并赴日本考察科学文化与工业发展的关系。回国后，遂在沪东开办造磷厂，卒以购买机械不克应手而罢。复在上海创办科学仪器馆，为各校配置理化器械，并于馆内附设传习所，蔡元培、蒋维乔曾在所内就学。1902 年与蔡元培、黄宗仰、蒋维乔等在上海发起成立中国教育会。1905 年钟观光在杭州西湖闲居，“从此乃专心研究植物，勤于采集，随时剖解，偶得新种，详考药名，夙夜孜孜，几忘寝食”。[①] 入民国，蔡元培首任教育总长，聘钟观光为教育部参事。1915 年长沙高等师范学校慕名聘钟为博物教授，曾率领学生赴衡山采集植物。1916 年蔡元培任北京大学校长，聘钟观光为该校生物系副教授，即于 1918 年开始作大规模之采集，历时四年，足迹遍及十一省，得植物标本 16 000 多份，其往云南采集，即在此期间。以大规模采集所获标本，为北大建立植物标本室。1927 年任浙大副教授兼任西湖博物馆自然部主任，创办浙大农学院植物标本馆和植物园。1931 年任中央研究院自然历史博物馆编辑员，1933 年任北平研究院植物学研究所专任研究员，1940 年在家乡故世。钟观光晚年主要从事中国古代植物学和本草学研究。

图 1－8　钟观光（中科院植物所提供）

钟观光大规模采集，所经之地，均是与商务印书馆在各地所设书店或书铺接洽，请其给予便利。1918 年 3 月钟观光在上海筹备时，曾于

① 蒋维乔：钟宪鬯先生传，卞孝萱、唐文权编：《民国人物碑传集》，凤凰出版社，2011 年，第 481—484 页。

12日拜访商务印书馆主管张元济。是日，张元济日记有载："钟宪鬯赴闽、广、云、贵采集博物标本，庄俞建议公司托其附采一份。晚约钟、庄、杜亚泉在一家春晚餐，商定此事。"①商定结果，今不得知，或者商务印书馆除联络其各地分馆，予以方便之外，还予以一定资助。1919年胡先骕在浙江采集，即与商务印书馆合作，所采标本给予商务一份，商务则予以资助，或者是援引钟观光之前例。不过商务获得生物标本之目的则不甚清楚，其标本在1932年之"一二八淞沪之战"中，被日军炸毁。

古今中外游历之人，好作游记，记录所见所闻，钟观光也不例外，此行有《旅行采集记》，连载于1920年至1922年之《地学杂志》，留下真切之记录。与之同行者有李力仁、张东旭、黄晓春、钟补勤四人。1918年5月赴厦门，8月在广州白云山、肇庆鼎湖，10月在广东惠州、江门；第二年4月往广西，7月底，经安南河内，沿滇越铁路入云南。

8月3日钟观光一行抵昆明，4日即持商务印书馆介绍书往分馆郭丽中联系，告知"大理府须十三日方达，现尚平静可行。太华山即西山，寺中有看司，招待游客，订于明日着人陪往。"②钟观光在西山采集四日，此录其中之一则《日记》，以见其采集情形。

八月六日　下午雨　32度　太华山三清阁

六时起，因张君作图，黄工收拾器具俱未完，至九时始行。循左崖樵径前进。崖上下巨石穹然，荫以巨木，石穴岩窟，遍生异草，而以秋海棠科及苦苣苔科为最发达，皆怪异非常品。其杂草则以毛茛科为最富，而鸭跖草科、薯蓣科、天南星科、元参科等，亦有异种，惟蘘荷科少见。而粤中最发达之番荔枝科、桃金娘科，至此则全无踪影。寒燠异宜，各以适性者为其雄长，其势然也。余鉴于平昔归寓记载之易于脱漏，故特携野册，附记概略，于是张君、补儿及周君上下搜检，余执铅笔记号，而黄工压入行棚，每得异种，辄欢呼奔就。自去粤东后，久无此佳兴矣。余记述稍暇，亦援岩披棘，共搜秘奥。渐行渐上，将近顶点，则石锷鳞鳞，骈填崖谷。林木渐少，而岩下杂莽犹多，且有数种珍奇之兰类，混生丛茅间，亦非寻常高山所

① 《张元济日记》，第502页。
② 钟观光：旅行采集记，《地学杂志》，1922年第11期。

> 易睹。方采至二时，拟上绝顶，以穷其概，遥望省城，则已雨阵深墨，阵角及于海址。余既心存贪恋，又恃有宕穴可隐，随采随行。不意石身峭削，绝无崆峒，比雨大至，则除挺身受用外，更无别法。而榛莽四塞，又无蹊径可循，颠顿于荒岩断壁间，阴滑无比。三时归寓，记载至十二时，未毕而睡。今日品种虽佳，而材料不足，亦一憾事。

日记所载作者一日采集之经过甚为生动，初见云南植物之欢心，和作者一日工作之辛劳。在太华山工作十日，返回昆明。在采集间隙，作者即作往大理之准备："念滇中山水，惟大理之苍山洱海最为著称，不可不一往探，因复取昔人游记而细讯之，兼及滇南诸山脉络方向，以及进行里程。"（8月12日），及至返回昆明之第二日，又往商务馆，"商议大理行之计划，兼领贴费，与郭沈二君谈甚久。郭公允为致书于大理分馆，招呼一切，并允以周君随行为导。"（8月18日）并访求《滇南本草》及英法人在滇采集之图书。

8月20日出发，行十日于9月1日抵达大理。第二日即携郭丽中介绍书，往四牌楼务本堂辑商务印书馆特约所访鲍子常，领款并取函件。随后在点苍山采集半月之久，转而往鸡足山。此录钟观光在点苍山采集之后所作结语，以见其成效。

> 明日当离大理，试为苍山作结评。此山固极高秀，生物不甚繁富者，非不生也，盖体势峻削，支麓殊少，惟绝高处有冈峦回护，而气候寒甚，人迹罕至。无庐舍可托，不易采取。自万尺以下，斧斤萃之。八千尺以下，则牛马亦日至焉。皆以郊于大国，故萌蘖甚艰，若以移处乡邑僻壤，则生物与景观必为大变，可断言也。且其中部以下，余之足迹亦犹未能遍涉，故不餍所望，而始终未敢轻信焉。①

9月21日开始在鸡足山采集，此处所得多于点苍山，十余天之后，钟观光拟转往漾濞，在途中因旅费不足返回。10月18日返回途中，行至祥云之红崖五里坡遇匪。土匪十五人持枪拦路截劫，凡银钱衣物及重要仪器如解剖显微镜、风雨表、时辰表均被洗劫一空。钟观光写道：这些钱物"劫去并不足惜"，而"两年来之记载册，晨昏剧作，不知耗几多心血"，幸"尚存，已足大慰"，其标

① 钟观光：旅行采集记，《地学杂志》，1923年第5期。

本也完好无损，最后全部安全带回，此为不幸之中万幸。至此，钟观光之云南之行即告结束。当初钟观光刚抵昆明时，即有人因治安不靖，劝其免去大理，如必往，则须带兵保护。以数月之前，曾有兵士三人在昆明去大理途中，被匪杀害，劫去所携之枪。钟观光以为，“带兵多则烦费，少则携带利器，为诱盗谋”，而其志向已定，遂婉言谢之，然最终还是遇匪。

钟观光在云南采集仅三月余，以与英法人在云南采集比较，动辄经年，且反复前来，相差甚远，只可谓浅尝，即便是令其神驰之丽江也未曾到。其往大理途中，曾与一位丽江人氏同行，与之交谈，“言其地去大雪山仅三十里，百花奇盛，物价亦廉。山上寺院林立，西人之探索生物者，接踵而至。由大理往，计五日程可达，闻之辄神往焉。客和姓，有片留周君处，并言能往游者，愿作居停也。”(8 月 27 日)普通丽江之人尚且知悉西人在其地采集之事，可见西人影响之大。其后，钟观光在鸡足山时，已遥望玉龙雪山，也只是增加其向往。或以为钟观光所筹经费有限，不足以供其长期在此采集，如此结论有不成立之处。目下钟观光经费固然已罄，难以为继。此时是钟观光在为期四年采集计划之第二年，若其有长期在滇西北采集之计划，则完全可以坚持下来，实是缺乏科学探险之精神也。钟观光从事植物采集，已有民族主义之情怀，其在访问大理中学后，有这样感慨：“大理中学与师范合在一校，即前所过东门街之师范校舍也。其校长往省未返，代者即为徐君。……询徐君以校内标本，则言昨年曾制若干，已送北京教育部，现无存品。余请其留意制作，无负佳山水，而使西人之旅居者专收其美。答言此事诚要。”(9 月 19 日)其将国人采集之事托付给一个中学教员，以此与西人媲美，未免不切实际。

至于钟观光所采标本之科学价值，因钟观光本人之于分类学研究能力尚有欠缺，除曾将广东所采交由菲律宾马尼拉科学研究院梅尔(E.D.Merrill)予以鉴定外，即少有他人研究。1929 年夏秦仁昌在杭州，由钟观光引导，至浙江镇海钟观光原籍，观看钟观光家藏植物标本，逗留一星期。钟观光是中国近现代大规模采集植物标本第一人，其家藏标本有五千余种，系二十年来在滇、粤、闽、浙、川、鄂等省所亲手采集者，作品精良，保存缜密，其中多有珍奇之种。秦仁昌将全部标本浏览一遍，并将蕨类植物标本约 230 余种，详加研究，著《镇海钟氏观光植物标本室蕨类植物名录》一文[①]。其后秦仁昌对以钟观光所采而建

① 著者注：该文现未能查到，不知是否曾刊行。

立起来之北京大学植物标本室曾言："北大标本之真正价值不轩轾于新种之多寡，而在所经历地域之广大，各类包罗宏富，实为研究生态分布最好之材料云。"①1935年胡先骕在总结中国植物学发展史时，曾言："民国五年以后大规模之植物采集与研究已渐开始，躬行万里不避艰险，惟珍奇卉木是求，不得不推钟观光先生为得风气之先。"②1944年，刘慎谔在云南撰写《云南植物地理》一文，云"国人在云之采集，当以钟观光氏为起点。以番荔枝科为最出奇。"③ 1958年胡先骕修订《植物分类学简编》，在回顾中国植物采集历史，于钟观光又言："民国成立之前，中国尚无专门研究植物分类学者，亦无大规模采集植物标本的事。最初作大规模采集的人，首推北京大学钟观光教授。……四年间他曾旅行十一省，采集植物蜡叶标本十五万号，及五百号海产植物标本。"④但是，钟观光所采标本未能得到充分研究，也令学界所惋惜。1947年张肇骞言钟观光因"当时设备图书两缺，未能将五年调查采集结果写出报告，汇集成文，以公于世"。⑤

静生生物调查所对华北、东北、四川等地进行植物采集之后，事业不断壮大，便把目光投向比四川更为遥远，而植物种类更加丰富的云南，那是世界所有的植物学家都为之向往的地方。1932年初春，即由蔡希陶率领，陆清亮、常麟春及邱炳云等人组成"云南生物采集团"，奔赴云南。

二、蔡希陶

当北京大学钟观光1918年开始在国内大举采集植物标本之时，该校并未开展生物学之教学，而国内其他高等学校，则已有生物系之设立，聘有动植物学之教员，如东吴大学、金陵大学、岭南大学等教会学校，聘请国外学者来华担任教席；国立大学如南京高等师范学校、武汉高等师范学校则有留学归来之中国学者主讲，此中以南京高师之胡先骕对其后中国植物学之开创和发展有极

① 转引自陈锦正等编写：钟观光传，《中国科学技术专家传略·生物学卷》，河北教育出版社，1996年，第6页。

② 胡先骕：二十年来中国植物学之进步，《科学》第十九卷第十期，1935年。

③《刘慎谔文集》，科学出版社，1985年，第68页。

④ 胡先骕著：《高等植物分类学简编》，高等教育出版社，1958年，第4页。

⑤ 张肇骞：中国三十年来之植物学，《科学》第二十九卷第五期，1947年。

大之影响。

胡先骕(1894—1968),字步曾,号忏庵,江西新建人。1916 年美国加州大学伯克利分校植物学系毕业,1917 年任南京高师植物学教授。1919 年胡先骕继钟观光之后,在浙江大肆采集植物标本,1920 年在江西继续采集。1921 年在美国研习动物学之秉志回国,被邀请来校,胡先骕遂在该校农科设立生物系。1922 年秉志与胡先骕又以美国费城研究所建制为榜样,在南京中国科学社内创办生物研究所,提倡研究。所内设置动物部、植物部,开展长江中下游流域之动植物调查。胡先骕本人于 1923 年再次赴美留学,两年之后获哈佛大学博士学位,且与哈佛大学阿诺德树木园建立良好学术关系。1925 年回国,继续任职于中国科学社生物研究所,几年之后,该所成效渐显,声誉日隆。1928 年中华教育文化基金董事会和尚志学会在北平合办静生生物调查所,以纪念基金会前干事长、尚志学会前会长范源廉静生。聘请秉志为所长,每年北上主持两月。秉志不在时,所长职务由胡先骕代理。该所也设立动物部和植物部,分别由秉志、胡先骕任主任。1931 年秉志难以兼任南北两所,而辞去静生所所长职务,改由胡先骕主持。该所在调查华北和东北动植物之同时,乃将目光投射于西南,1929 年先与中国科学社生物所合作,派汪发缵与生物所之方文培赴四川采集,1931 年乃组团赴云南调查采集,由年轻之蔡希陶担任团长,率动物采集员常麟春,植物采集员陆清亮前往。

蔡希陶(1911—1981),字侃如,浙江东阳人,曾就读于上海光华大学物理

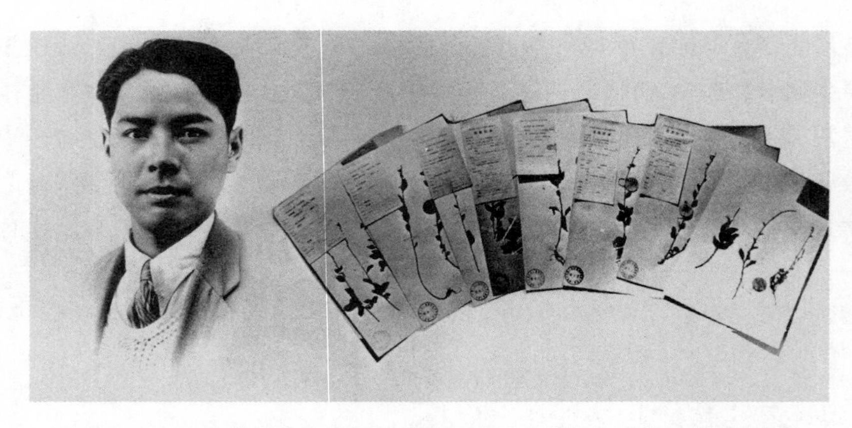

图 1 - 9　1934 年蔡希陶在昆明和他在云南贡山采集的野生亚麻植物标本
(中科院昆明植物所提供。本书以下图片未注明者,均为该所提供)

系，尚未毕业，因参与学生运动而被开除。1930年8月经其姐丈著名语言学家陈望道推荐于胡先骕，而入静生所，任植物部助理。在静生所得学长们的指导和帮助，蔡希陶很快就掌握了植物分类学的基本知识及英语、拉丁语和野外工作经验，尝在河北北部采得植物标本600余号，深得师友们的称赞。

胡先骕有开创中国植物学之志向，对西人在中国采集甚为敬佩，为探明中国植物种类，必须派人在植物丰富之区域长期采集；故在所中经常讲述傅礼士、韩尔礼、威尔逊等在中国采集探险之事迹和学术成绩，此甚为吸引蔡希陶。当静生所决定组团深入云南进行生物采集调查时，蔡希陶不畏艰险，主动请缨，得到胡先骕的信任，委为领队。其队员动物采集员常麟春新入所，此前在中央研究院自然历史博物馆任练习生，曾于上年随该馆在贵州调查，已有一定野外经验。关于其生平尚不清楚，仅知其在抗日战争之前一直在静生所，抗战后往重庆西部科学院生物所，1943年西部科学院成立自然博物馆，则在博物馆工作；1949年该馆改名为重庆博物馆，依旧在该馆任职。至于植物采集员陆清亮则知之更少，似为临时招募，或言毕业于北京师范大学，其随调查团在云南采集三年，回北平后列为静生所职员，然仅为一年，即已离所，此后行止无从考证。静生所云南生物调查团系自湖北、四川而入云南，在经过宜昌时，结识四川省江安县青年农民邱炳云（1906—1989），愿一同往云南，遂也加入到采集团。邱炳云家庭出身贫苦，其本人自述其经历云："1920年之后，在当地挑担子、抬轿子，帮地主放牛。1928年在力行中挑扁担，遇见蔡希陶先生在宜宾找人，就把我留下，挑到昭通。"①三年之后蔡希陶在云南采集结束，静生所复派王启无继续采集，后再派俞德浚前来，邱炳云皆跟随其后，静生所在云南设立农林植物研究所，邱炳云也入所，一直随该所而变迁，并终老于该所。但是，在静生所调查团在云南采集，邱炳云仅为一位跟随挑夫，档案中甚少留下其名，在云南旅行护照之类

图1-10　邱炳云

① 邱炳云：自传，1952年，中国科学院昆明植物所档案。

均无需领取。但是,其工作能干,所以一直留用。前后十多年中,跟随采集者不知凡几,惟其被留下,亦为难得。

云南是一个多民族的地区,以当时的交通不便,信息闭塞,若无地方当局之支持,则难以行事。在云南调查团出发之前,胡先骕致函云南省主席龙云,要求予调查团以照拂,其函云:

敬启者:

敝所成立有年,以调查及研究全国生物为职责,年来迭次派员赴各省采集动植物标本,东至于海,南及粤桂,北莅辽吉,西入川康,幸得各方赞助,始获稍有成绩。

尝念贵省天产丰富,前英人之亨利和来斯脱等人,俱一再深入贵省采集多次,而我国反无人注意,反客为主,言之愧恧。以是敝所定于今春二月组织滇省生物采集团,特派采集员蔡希陶、唐善康等,率动植物采集队,携带猎枪一支、子弹二千发,及一切采集用具,由川南来贵省各区从事采集。拟以三年为期,切实调查,冀得稍有结果。惟兹事艰苦异常,况深入蛮夷土司麇集之区,所在无不戒心,应请贵省政府缮发特别护照,并先期通令各县政府,于蔡君等行抵该县之时,酌派警予以旅行及运输上一切便利。

久仰贵政府关怀庶政,当此训政期间,建设肇端,想对于此种科学工作,谅必乐于赞助。即敝所将来调查研究所得,编为报告,亦愿供贵省建设上他山之助。为此备文前来,一面令蔡君等于到达贵省省会之后,晋谒亲领护照,务祈赐予接洽,妥筹保护之法。至纫公宜。

此致

云南省政府主席龙

静生生物调查所所长 胡先骕 中华民国二十一年一月五日①

从函文可悉,胡先骕与龙云并非有旧,仅是以为科学事业理当获得地方政府之支持为由;且言西人在云南采集多次,而国人反而阙如,现有国人前来考查,更应予以便利。龙云(1884—1962),原名登云,字志舟,云南昭通人,彝族。

① 云南省档案馆档案,转引自旭文等著《蔡希陶传略》,国际文化出版公司,1993年。

出身于彝族贵族家庭，祖父曾任部落酋长，后封土司。1911 年与卢汉等外出投军，武昌起义后回滇，入昆明陆军讲武堂第四期步兵科，1914 年毕业后，入云南都督唐继尧部。1928 年统一云南后，担任云南省主席兼国民革命军第 13 路军总指挥。1931 年起，逐渐经营云南，发展地方经济，自成一统，提出建设“新云南”的目标，从政治、军事、经济、文化、教育等方面实行一系列整顿和改革。龙云所具现代开放胸襟，对国人来省从事科学考察，自然予以关顾。笔者推测，龙云在接到胡先骕之函后，有所回复，表示欢迎。从胡先骕之函中，还可看出在组团时，动物采集员准备派唐善康前往，因此时常麟春尚未入所，而陆清亮更不在其列，而为临时招募则可肯定。

蔡希陶等在云南采集，为时三年，1934 年返平，共得植物标本万余号，新种和新分布极多。关于蔡希陶此次云南之行的收获，《静生生物调查所年报》记载甚详，于 1932 年有云：

图 1-11　20 世纪 30 年代初，蔡希陶（左）在云南怒江进行植物考察时与向导合影

> 本年本所动植物部合组云南生物采集团，由蔡希陶君率领陆清亮、常麟春等前往。蔡君等于二月离平入川，先在川滇交界作精密之调查，后至昭通，当分东西两队，由陆清亮向东绕入黔境而赴昆明；蔡君则……自率大队深入大小凉山，历险采集，经时两月，历程千里，而达建昌，所经区域为一向中外采集者所未至，搜得植物标本甚丰。八月中旬蔡陆两队俱安抵昆明，与滇省当局重行商洽保护事宜，并得教厅捐款及派员相助，现又赴滇省东南部、广西与安南边境一带采集，此区为热带区域，所得当亦丰富也。[①]

① 《静生生物调查所第四次年报》，1932 年 12 月。

野外采集，在当时的条件下，不仅非常辛苦，而且还有生命危险，故植物采集家又称探险家。今不知蔡希陶在深入云南之中，遭遇多少危险，在此时蔡希陶留下不多的书信中，有一通系向所长胡先骕汇报之函，报告途中情况，即是介绍遇险经过，读后让人惊心动魄。

步曾老师钧鉴：

重庆曾上一禀，又其后连致诸同人函，想俱已收到。生等四月八日抵盐津，为入滇第一县，在近郊采集数日，十二日入骊山，山高海拔六千尺，入夜大雾，生等折枯枝为火，九时始宿山顶小庙。途中之风激，丛林作鸣，熊豹脚迹，比比皆是，同行十余人，莫不毛管直竖，所谓心慌脚乱之狼狈状态，至此毕呈。又遇雷雨，隆隆之声，如发于耳滨。生衣单，遂病困于此穷山之中，第四日下山，体热如焦，寸步不举，只得任人捆扎，以木架背下。今病已痊愈，然犹有咳症，晨夕必发。

二十二日抵昭通，过庄沟村，为赵雅珍君遇害之地，因感人类生命之渺小。小住后即西进直抵金沙江，该地高出海拔一万尺，为滇东唯一高原，苗夷汉等民族杂处其间，秩序尚佳，盖主席龙云之故乡也。……渡金沙江，即四川凉山，有女英雄龙云之妹为酋长，势力颇大。生等本拟深入采集，奈金沙江两岸已五月未雨，遍山不见青草，遂作罢论。统观滇东地高气寒，植物之稀少，一如北方，本可略去，然生等此次既受命对滇省作全省之采集，故又不能不加以搜索。生等日内即出发赴镇雄一带调查黔滇二省交界之生物，以后再南下过东川入昆明。夫子如有所嘱，遥投昆明邮政总局转交可也。

专此，谨禀敬请

大安

生　蔡希陶　上　五月二十一日①

笔者曾以蔡希陶等静生所人员，何以甘愿冒生命之危险，而深入崇山峻岭之中，为科学而献身为问。一位师长让我从他们的经济收入情况进行考查。

---

① 蔡希陶致胡先骕函，1932年5月21日，中国第二历史档案馆藏静生生物调查所档案，609(28)。

在后来进一步搜罗资料中，恰巧得到一份静生所人员发放薪金的账册，所长胡先骕 450 元，出国留学回来者 280—300 元，国内大学毕业供职多年者 50—100 元，而常麟春为 45 元，蔡希陶为 35 元。由此完全可以断定，蔡希陶等并不是拿到高额之薪酬后而甘作野外探险；而是做中国的威尔逊和傅礼士，做中国的植物采集家，才是激励蔡希陶等人的主要动力。

蔡希陶自四川采集而入滇，常麟春、陆清亮自贵州采集而入滇，10 月在昆明会合。蔡希陶抵达昆明后，即拜谒龙云，提出若干请求，龙云即请蔡希陶与教育厅长龚自知联系。龚自知(1896—1967)，字仲钧，云南大关人，北京大学毕业。历任云南高等学校及东陆大学教授，云南教育司参事，昆明市教育课长，昆明市立中学校长。1928 年任云南省政府秘书长，1929 年任云南省政府委员，兼教育厅厅长。蔡希陶随即致函龚自知，再次重申调查团欲得地方政府之协助事项。函云：

图 1－12　龚自知(马曜提供)

迳启者：

此次北平静生生物调查所派本团前来贵省调查生物，拟以三年时间在贵省作普遍之调查，将来采集所得标本检出一份赠予贵省为陈列之用。在采集期间，事务上及金钱上多希贵省予以帮助各情，事前曾由北平本所函达贵厅，当蒙贵厅长热心倡导科学，一并俯诺在案。

兹本团已从迤东采毕来省，各方均深蒙帮助，至为感谢。现在时届深秋，本团拟继续前迤西、迤南调查，所有应请帮助各事项，目前希陶晋谒龙主席商请，当蒙赞许，并面谕希陶迳商贵厅，兹将一应请求帮助事项胪陈于后：

一、请转呈省政府发给随身护照(计蔡希陶、陆清亮、常麟春、李元、周承烈、杨宏清等六人及贵省派往随同实习之二人，每人一张)，并通令迤南、迤西各县局区，于希陶等临境调查时，予以保护及运输上之便利(如请代为寻雇夫役船马及代办食宿等事项，由本团照市给价)。

二、请酌派有生物兴趣，并俱生物学基础知识人士二名随往实习，并资向导。

三、本所经费之来源系中华文化教育基金补助，本年以国难严重，政府明令停付庚款，对于本所经费不无影响。本团前来贵省调查幸蒙俯诺补助经费于先，兹出发在即，希予以充分补助，俾本团克尽全功。

上列三端是否可行，相应函请贵厅衡核指示，裨便早日出发为荷。

此致

云南省教育厅厅长龚

北平静生生物调查所特派云南省生物调查团专员　蔡希陶

二十一年十月十八日①

蔡希陶在致函龚自知之同时，还曾面见龚自知，重申调查团来省调查之意义，希望得到有力之支持。并言在四川采集时，曾得到四川方面予以"国币一千元之帮助"。据此，教育厅再向省政府请示，办理结果如下：① 每人发给一张护照，并刊行用印 30 份空白护照，交由蔡希陶随身携带，随时应用。② 由云南省第一农校选派二名天资聪慧、成绩优良学生随同调查，每生每月支津贴一百元。教育厅补助调查费滇票一万元，分两次领取，第一次五千元，可随时领取，第二次应等三年后调查竣事时再领。教育厅于 11 月 2 日正式通知调查团，实现蔡希陶所愿。但是，教育厅要求调查团在所采得的标本中，检出一份赠予教育厅，以作酬谢。此亦合乎情理，由此开启静生所与教育厅长期之合作。

蔡希陶在昆明还与云南省建设厅联系，获悉该厅对木材研究甚有兴趣，即驰函胡先骕，告知此信息。是时，静生所已成立木材试验室，但所研究的仅是华北所产木材，若能与云南省建设厅合作研究云南木材，岂不是件好事。胡先骕不放弃任何一次可能机会，乃致函建设厅长张邦翰。函云：

兹据敝所采集员蔡希陶君来函谓，贵厅对于中国木材之研究深加注意，殊足庆幸。查此项研究与吾国工程及森林上关系甚大，敝所有见及此，对于中国木材已作大规模之采集与研究。兹奉上正确定名之河北木

① 蔡希陶致龚自知函，1932 年 10 月 18 日，云南省档案馆藏云南省教育厅档案，1012 - 005 - 00657。

块一束，华北阔叶树木材之鉴别论文一篇，木材之显微照片数幅，至希查收为盼。贵省林木之蕴藏极富，倘能及时加以研究，对于中国建设之前途，如飞机国防等之设备关系均大。倘贵厅通饬所属，将树木之大枝径四五吋一小段，连同该树之花或果、叶，制成蜡叶标本，每种编以同样之号数（蜡叶标本请邮寄），妥为装箱转运敝所，即可加以研究，并可以代为鉴定物种名相告。贵厅如材料甚多，运费过巨，敝所可以担负一部分或全部，诸希察知为感。①

胡先骕先示善意，以求合作。但此次并未获得建设厅积极响应，想必是建设厅没有人才去采集木材标本。而静生所对云南的木材标本之需求，只能借助其云南生物调查团之收集矣。

蔡希陶在省城与教育厅交涉完毕之后，教育厅选拔两位学生倪琨和梁国贤加入调查团。遂将调查团分为三组，其中植物又分为两组，一组由蔡希陶率领，一组由陆清亮率领，动物组则由常麟春率领。领取教育厅第一笔资助费，各组分别前往计划调查之区域采集。此据有限史料，对各组情形记述其概要。

蔡希陶往滇南，出发之后不久，有一函予龚自知，报告行程和途中见闻，对于良好木材未得开发利用，特加注意。此后，蔡希陶致力于经济植物之研究，想必其来有自。其云：

仲钧厅长钧鉴：

在省多承指示帮助，感铭非一言可尽。上月二十日出发，经宜良、路南、弥勒诸县，而达西红水河之畔。沿途皆蒙团局派丁护送，进行极称顺利。西红水河一名大河，上游即为南盘江，至阿迷始折而东顺，此段满目松林，绵亘数百里不绝，大者可数人围。枝干挺秀，极合普通建筑之需，且水运四日即达阿迷，运输亦不为不便，惜现时犹无人设计开采耳。

在邱北境内，拟勾留数日，即东进采集，途程以百色为止，折回时则取道文山之蒙自，自作总合。承派协助之倪梁二君，忍劳勤勉，晚实有得力

① 胡先骕致张邦翰函，1932年11月18日，云南省档案馆藏云南省建设厅档案，77(2103)。谢立三抄录。

补助。想异日必能成就专门人才也。

专此谨陈，敬请

钧安

晚 蔡希陶 谨上 十二月九日①

函中对于教育厅所派两名学生，赞赏有加。他们由教育厅支付津贴，每月100元滇币。但是工作三月后，百元不够应用，旅次文山时，乃联名致函农业学校校长李澍称："生等此次奉派参加补助调查工作，虽备历艰苦，在所不计，惟主要在采集标本，实地调查，势必登山越岭，深入涧谷，荆天棘地，衣服不保，鞋袜更费，其余一些用度力行节俭，而每月计算，每人非二百元不敷。生等离家太远，汇兑无方，现向团中各借用二三百元，究非长远之策，处此困难情形，惟有请钧长转请教育厅，俯念下情，每月每人增加津贴百余元，以资补助，而免受累。"②校长认为两名学生所呈各节，尚属实情，拟请教育厅同意所恳。于是，教育厅增加津贴每人每月50元滇币。一年期满后，每人每月又增加100元，合计250元。

该地植物种类丰富，见此新奇，蔡希陶甚为兴奋，其致函胡先骕云："连日采集大满人意，烤制不暇，滇南天气较热，雨水丰多，山谷中木本植物丛生，竞着美丽之花果，生每日采集时，回顾四周，美不胜收，手忙足乱，大有小儿入糖果铺时之神情。预计今岁总可获六千号左右也。"③这种喜悦是克服无数艰辛而得到，且经常如此，能不让人欢呼雀跃。蔡希陶也确实有文学之天赋，所写艰辛和喜悦皆让人如临其境。其后，因经费一时短缺，蔡希陶在采集途中致函龚自知，希望提前得到教育厅所允第二部分经费，并汇报采集进展。

自客岁在省垣蒙贵厅派员助资慨加补助以来，本团即分组向迤南出发。植物组甲队历经宜良、路南、弥勒、邱北、文山、马关诸县，沿途发现森林颇多，且皆为以前中外采集队所未至者，故获得新颖标本不少；乙队经

① 蔡希陶致龚自知函，1932年12月9日，云南省档案馆藏教育厅档案，1012-005-00657。

② 转引自李澍呈教育厅函，1933年2月10日，云南省档案馆藏教育厅档案，1012-005-00657。

③ 蔡希陶致胡先生函，1933年5月24日，中国第二历史档案馆藏静生生物调查所档案，全宗号609，案卷号28。

晋宁、江州、华宁、通海、建水、靖边等县，对于靖边之大围山调查尤详。计二队所得共蜡叶标本800余号，木材标本20号。动物组专在江川、通海、建水、石屏一带，长驻采集，获鱼类2000号、鸟类200号。现在蒙自采集已尽大半，约于三月底可运输标本回省清理，完结当以一全份赠交贵厅民众教育馆陈列，以答贵厅扶助本团自然科学之盛意。唯此次在迤南采集，因各地生活程度昂高异常，一切耗资皆超出预算倍余，本团存省款项各组支取应用，迄今接得报告谓全数已将告罄，对于本团日后开支势将不能维持。除立电北平本所续汇接济外，唯恐途远邮汇不及济急，特函请钧厅将慨蒙补助之尾数提前发给，以资急用而利工作，实沾公便，如蒙允诺，即请发交钧厅周云苍君代领为荷。①

在滇南植物采集分两路进行，另一队由陆清亮率领在晋宁、江州、华宁、通海、建水、靖边等县进行，关于其采集情况档案中未见记载。但陆清亮对民族学甚有兴趣，在建水采集植物之余，也作民族学调查，写有《云南建水江外花絮录》，记录其见闻。此摘录其中一些文字，以见途中行止。

我跟随着北平静生生物调查所组织的云南省生物调查团到云南来，做野外采集的工作，已经一年多了。滇省迤东南的各县，差不多跑了一大半。……江外在建水的南方，以江河为天然的分界，该处是著名有瘴气的地方，但是动植矿的丰富，有天然宝藏之称，所以我们不顾一切，依然前往。

我于本年四月七日，由建水出发，向西南行，六十里抵官厅。官厅旧亦属江外，纳楼司所辖。民五始改土归流云。在官厅即有大冲(森林的别名)，我们就工作了九天。十七日由官厅赴江外的凹子。

凹子离官厅九十里，在江边的山坡上，虽只有九十里的路程，但极难走，土人称为“江坡单边路”——在山坡的悬崖，辟一羊肠小道，就是骑马，也要十二分的注意，如果一不小心，被树枝岩石等障碍物一撞，就要掉到万仞深壑里去。所以吓得我们连马都不敢骑，自清晨六时启程，直至下午

① 蔡希陶致龚自知函，1933年3月1日。转引自浙江省东阳市委员会文史资料委员会编：《东阳文史资料选辑·蔡希陶史料专辑》第10辑，1991年11月，第222页。

七时才到。

官厅的地势很高，离海拔约三千米左右，所以一路下坡，走了五十余里的下坡路，始到江边。江面不甚宽阔，仅五六丈，水流峻急，现红色，产沙金很丰富，有许多“水摆夷”(凹子民族之一)就以淘金为业。江边天气奇热，在此仲春时节，已是挥汗如雨，所谓瘴气，就散布于沿江低谷各地。江边汉人是万不能居住，所以绝迹。就是蛮夷中，也只有“水摆夷”能住，这大概是水土的关系罢。我们过江后，也不敢在江边多耽搁，又爬了三十里的坡，才到凹子纳楼土司衙门。

……

在凹子纳楼司署住了十天，廿七，由凹子启程赴新街。从凹子到新街，原有一条小路，计程八十里，一天可到，但此路是盗匪出没之薮，已经无人敢走了，所以只好绕道大六夫，多走一天。……新街附近，森林稀少，无植物采集的价值，所以我于五月五日赴观音山大冲工作。观音山离新街卅里，是新街纳楼猛弄三交界。观音山的森林极大，横亘百数十里，我本拟在河马作长期的工作，奈气候恶劣，兼有瘴毒，我等同行三人，二人腹泻不止，予亦头痛作恶，不得已，吸鸦片烟始愈，所以该处不能久居，尽量采集二日，八日即返新街。

我原定的计划，要进三猛一下，但据土人说，三猛的瘴气，比河马要厉害数倍，我那时已是惊弓之鸟，得到这个消息，遂停止前进，于五月十四日取道红坡狗街返建水。①

图 1－13　陆清亮绘在建水江外采集线路图(采自陆清亮《云南建水江外花絮录》一文)

以上摘录开头第一句，即是“我跟随着北平静生生物调查所组织的云南省生物调查团到云南来”，即是道出作者在调查团中的身份，不是主持者，而是受雇者，

① 陆清亮：云南建水江外花絮录，《珊瑚》第三卷第五号，1933 年。

故其面对困难有所畏缩，而没有蔡希陶勇往直前之精神。陆清亮在云南三年采集结束之后，即脱离植物学界，继而从事何种研究则不得而知。但作者是文所记民族学内容，则甚为有趣，或者许多习俗已不复见，而此前也未曾有人类学家在此考查，只是本书旨趣乃是关于植物学史，不得不有所割爱，尽为删除。

常麟春率领动物采集，目下所知则更少，仅从动物学文献获悉，常麟春在建水发现灵长类动物蜂猴（*Nycticebus coucang*），此为在中国首次发现。动物学兽类专家寿振黄 1965 年撰《中国经济动物志》云："远在 1933 年，常麟春在静生生物调查所工作时，往云南南部建水采集，3 月 30 日傍晚，在海拔 2 000 米的山寺内，采得一只小猴，寺内僧人和当地老乡，叫它为'蜂猴'，这是中国境内第一次采到，当时我曾写一短文，没有发表。"[①]寿振黄时为静生所动物部技师，在云南之动物调查，即在其指导之下进行，所知情形当为确切。

生物考察团在滇南考查完毕之后，乃转往滇西，1933 年 7 月抵大理，8 月 17 日到达兰坪，采集十日，乃启程赴知子罗，此后在保山等地采集，于 1934 年 4 月下旬返回昆明。关于此行情况，有倪琨、梁国贤合写一函，向龚自知禀报，从中略知大概。

仲钧厅长钧鉴：

数月以来，未克函候，殊罪。生等于本年七月中离榆，经邓剑过云龙雪山而达兰坪。在兰坪工作两周，计得标本二百余号，遂启道经喇鸡井、营盘街，渡沧江，过怒山而抵知子罗，由此即沿怒江而上，直至上帕即沧蒲塘为止。此带开辟最迟，人民极少，平原一无居民，多住于怒贡两山之深林峭壁间，民生颇为苦寒。来此旅行者，食住均须先为准备，否则即有饥寒之苦。人民又全皆猓猡，言语不通，随时均宜身带通司，不然即生不能同行之患。尤以坡之陡峻，羊肠鸟道，更令人思之股栗。然幸天然林保存甚多，为出发以来所罕见，有于是耐此苦痛。

开始分组工作，一组渡怒江至高黎贡山采集，一组即于江东怒山工作，时经二月余，共得植物标本千余号，动物标本二百余号，成绩尚觉满意。惟见英之界桩及其侵略情况，又不禁令人心痛。时届冬季，高怒两山均开始落雪，所有植物大多枯落，已不能再采，并恐不日下雪封山，困不易

① 寿振黄主编：《中国经济动物志 · 兽类》，科学出版社，1962 年，第 59 页。

出，于是忙束工作，于十一月五日由上帕启，沿江而下，二十九日已清抵保山矣。江边气候炎热，民居更少，露宿时间约占大半，吃苦之处，较前尤甚。幸饮食等留意，皆得清平，亦请勿虑。保山因开辟甚早，人烟稠密，天然森林大多砍伐殆尽，不能采集。拟将所得标本整理完毕，即赴龙陵及沿边一带工作，据言沿边一带气候虽劣，而森林甚丰，采集成绩或得良好结果，亦为难料，实情若何，容后又为函报。

肃此，敬请

钧安

学生　倪琨　梁国贤　同谨启　二十二年十二月七日①

1934 年 6 月出版《静生所第六次年报》记载上年云南生物调查团情形如下：

动植物部前派常麟春赴云南采集，常君于今春赴滇南之宁海、通海、江川、昆阳、蒙化、景东、石屏、临安等地采集，于夏间转赴滇西之剑川、丽江、大理等地采集，所得鸟类、哺乳类、爬虫类、两栖类及蚌类、鱼类标本甚多。

云南生物采集队，仍由蔡希陶君统率，今年自五月至十一月蔡君专在云南西北部及西部之高山区域调查及采集，曾至怒江及澜沧江流域大理、上帕等地，此区在最近二十年中曾经英人金唐瓦德及福纳司特发现极多之新奇杜鹃与樱草等，蔡君在此采集所得亦多，其制就之蜡叶标本共三千五百余号，都三万五千余份，暨木材标本七十种。

蔡希陶一行于第二年 4 月始返昆明，所得标本打成邮包 63 个，准备寄回北平，而包裹出口海关，需要云南省教育厅出具书面证明，证明该标本无商业价值，可得免税。因此，蔡希陶致函代理教育厅长袁丕佑，云“今晨敝团赴邮局寄标本，海关以包裹数目甚多，最好由贵厅代为出给证明书函，以符手续。希陶一面嘱托邮局包裹处代为保存此项包裹，一面函知贵厅代为证明，惟手续未

① 倪琨、梁国贤致龚自知函，1933 年 12 月 7 日，云南省档案馆藏云南省教育厅档案，1012 - 004 - 1808。

清之邮件，邮局不能久存，甚望能赐与便利，日内将证明书发下，以利遄行为祷。”袁丕佑(1897—1959)，字蔼畊，云南石屏人，毕业于北京大学文学系。此龚自知出国考察一年，由其代理教育厅长。4 月 30 日教育厅致函蒙自海关，证明标本之用途，遂得以寄出。

1934 年 5 月静生生物调查所生物调查团再向滇西进发，而后转而向北。在滇西北采集之中，7 月间，蔡希陶在保山寄出 120 箱植物标本至北平。陆清亮采集于 1935 年 1 月结束，再返昆明。在昆明为邮寄标本事，陆清亮致函袁蔼畊，其云“敝团等二组陆清亮等已由迤西采集返省，共获标本三千余号，除提出全份赠送贵厅昆华民教馆陈列外，均由邮寄，共有包裹七十余个，特函贵厅转咨海关。”1935 年《静生所第七次年报》云：“蔡希陶君在过去一年采得云南标本六千号运交本所。蔡君之采集范围几遍云南全省，于云南之西北及西部曾有丰富之获得。”

1934 年 11 月，蔡希陶在云南三年采集结束，顺利返回北平。抵达北平后，《申报》记者特为采访，蔡希陶向其介绍在云南发现新奇之油渣果，“昨据蔡希陶谈，吾人此次在云南采集标本甚多，惟经详细研究后，方能决定其价值，现仅有余携回之油渣果种，已确认为国内所无，在云南安南交界处之云南镇边县采集者。……现带回种子七八十个，预备在本所附设之庐山森林植物园试种，将来是否能生长，则不敢定也。”[①]其后静生所所长胡先骕也屡次推介油渣果，其云：“静生生物调查所前年在云南发现一种葫芦科植物，种子大如鹅卵，仁甘香可食，土人呼之为油渣果。这种世界上最大的瓜子，以前在中国并无记录，只有印度、南洋一带出产，如果加以广遍的种植，则中国食谱上将又添一样

靜生生物研究所

採集植物標本

發現新奇油渣果種

土人購食其價甚昂

蔡希陶談將在國內試種

靜生生物研究所，近年數次派員赴各地採集標本，對學術上多所貢獻，前又派該所採集員蔡希陶，赴雲南安南邊境採集植物標本，本年底可抵平。該所明春並擬派採集員十餘名，赴雲南車里一帶採集，該處面積，約有江蘇一省之大，而爲中外人所未採集之域，將來定有許多新發現也，昨據蔡希陶談，吾人此次在雲南採集標本甚多，惟須經詳細研究後，方能決定其價值，現僅有余攜回之油渣果種，已確認爲國內所無者，該果原名係 *Hodgsonia Macrocarpa Cogn* 在雲南安南交界處之雲南鎮邊縣採集者，此項果種，大半生長於熱帶，最初在希馬拉雅山，漸漸移至安南印度馬來亞，爪哇，馬六甲等地，現帶回種子七八十個，預備在本所附設之廬山森林植物試種，將來是否能生長，則不敢定也。至此瓜之形式，有如南瓜，內有種子六個，大小如普通梨，內有核肉兩個，中有一層薄片，其味甘美，種植三年後，方能開花結果，花呈五瓣狀，黃色，每瓣有捲鬚，因甚美觀也，果則結在大樹上，高及十丈，每年冬天則枯死，土人購食，需價三角，與肉價相等，故非貴族不能食用，將來若能在國內培植，亦爲國人添植一種食品也。

图 1－14　1934 年 11 月 28 日《申报》对蔡希陶的报道

① 采集植物标本发现新奇油渣果种，《申报》1934 年 11 月 28 日。

山珍。”[①]1959 年蔡希陶创建西双版纳热带植物园后,曾对油渣果进行栽培试验。

蔡希陶于 11 月返回北平,而陆清亮等仍在云南安南一带采集,于 1935 年 1 月 3 日抵达昆明。在昆明,陆清亮将所采标本通过邮局寄回北平事宜。因数量甚多,而路途遥远,携带诸多不便;运输经过安南,耗费也甚大,故采取邮局寄回,所耗寄费 700 元,合滇币千余元,想必为数不小。陆清亮、李元等于 1 月 7 日自昆明出发返平,随行还有云南省教育厅派赴北平静生所学习两人。经过二十多日旅程,于春节之前抵北平。

教育厅选派赴静生所两名学生,乃农业学校学生梁国贤、倪琨,此前,受教育厅之令随静生生物调查所云南生物调查团一同考察,1934 年底考查结束,返回昆明,随即又奉教育厅令,赴北平静生生物调查所学习深造,一年为期,教育厅发放旅费及每人每月津贴国币 15 元。其时,云南闭塞,能获出省机会,应是非常难得。

蔡希陶在云南所获,运回北平之后,经静生所人员研究,发现新种甚多,1934 年仅胡先骕所作初步研究,发现樟科数新种,并发现东越南山核桃 *Carya tonkinensis* 在中国为首次记载之植物,穗花紫杉 *Amentotaxus argotaenia* Pilg. 及马尾树 *Rhoiptelea chilantha* 等均为在云南首次发现。1935 年胡先骕继续研究中发现的新种则更多,并于桑科中立一新属,曰司密士木 *Smithiodendron*。中国兰科专家特以蔡希陶之姓命名由其采自大围山特有属——长喙兰属(*Tsaiorchis*),以纪念蔡希陶之贡献。蔡希陶也因此晋升为研究员,并于当年荣获第二次范太夫人奖。静生所研究员职称为中级职称,高级职称名为技师。蔡希陶等在云南所获,经静生所交换,很快为世界著名标本馆所收藏,并作植物分类学所研究,而见诸于文献。

三、蒋英

中央研究院自然历史博物馆成立于 1929 年,在其成立之前一年,尚属筹备时期,即派科学考察团赴广西考察,其中之植物部分由秦仁昌负责。成立之后第二年,又派出科学考察团赴贵州考察,植物部分由蒋英负责。此又去二年,1933 年 6 月,自然历史博物馆派常麟定、蒋英、唐瑞金、林应时、陈绍良等组

① 胡先骕:如何充分利用中国植物之富源,《中国植物学杂志》第 3 卷第 3 期,1936 年。

图 1－15　蒋英(华南农业大学档案馆提供)

成自然科学调查团赴云南采集,常麟定负责动物部分、蒋英负责植物部分、林应时则负责后勤事务。蒋英(1898—1982),字菊川,江苏昆山人。1920 年入金陵大学森林系,1925 年毕业。先在安徽安庆农业学校任教,1928 年 3 月,经秦仁昌介绍往广州,任中山大学理学院生物系助教;1930 年 2 月又经秦仁昌推荐,来自然历史博物馆任助理员。其时秦仁昌即将赴欧,蒋英实为继秦仁昌之后,负责博物馆之植物分类研究。

自然历史博物馆之云南调查系自上海乘船至安南,再由安南转入云南,先在云南南部采集,预计整个调查为期十阅月。云南南部为热带北缘,其植物分布与种类属于另一番景观,当有不少新发现。“本馆对于中国西南部之产物收集较富,故对于云南之调查,不宜独缺,且以山川形势关系,云南物产每与中国之东南部悬殊,尤以南边各县所产之生物为内地所无也。”①调查团对此行甚为期待。

调查团临行之前,6 月 8 日自然历史博物馆主任钱天鹤致函中研院文书许寿裳,请其以中央研究院院长蔡元培名义致电云南省主席龙云和云南省教育厅长龚自知,请求云南当局予调查团以保护。龚自知毕业于北京大学,系蔡元培之学生,有此层关系,或者能予调查团更多便利。其后,不知云南方面是如何回复,也不知调查团在云南采集情形,在中央研究院的档案中仅有一通博物馆就调查团蒋英之行李被盗致函中研院总办事处,从中可悉云南省教育厅曾派员加入采集。此录其函如下:

> 兹据本馆云南自然科学调查团职员林应时函称:“二十二年十二月六日本团团员蒋英及云南教育厅特派参加员杨发浩等由思茅出发,前往车里一带调查,托思茅县政府向伕行雇佣伕力挑运标本行李,行至中途,潜逃伕力一名,带走物件一担(所有失物另开详单),公私款项物品共值滇金八百六十一元八角,合国币五百六十元三角七分。当即请思茅县政府追

① 《国立中央研究院自然历史博物馆二十一年度报告》。

查。现已由伕行赔偿滇金三百五十元，合国币二百二十七元五角，尚少滇金五百余元，应如何办法，请示遵行。”等语到馆。除已由馆迳电思茅县长，从严追查外，相应抄附失单报告贵处查照。①

教育厅之杨发浩，系上年静生生物调查所派蔡希陶在云南采集时，教育厅为培养其自己研究能力，特派杨发浩等人跟随采集，此又派杨发浩跟随蒋英采集。蒋英被盗物品公物有药品、寒暑表、洋剪刀、电筒、照相软片、永备电池等；私物有皮箱、衣服、皮鞋等，盗窃者为挑夫。其时云南之力夫，系由夫马行管理，且有严格之管理规则。每夫可任重六十斤以下，付定金后，写立保单，途中有事，均由夫马行负责。此种雇夫管理，在十多年前钟观光来云南时，即便这样，并按此雇佣。蒋英所遇，实属例外，通过官署也未找到行窃者。故调查团改变路线，未往车里，而是返回昆明。几个月后，吴中伦也来云南采集，在7月5日其在昆明与省建设厅接洽保护办法，其《日记》记载云：“今日见袁厅长时，请彼函各地方当局，于必要时派兵若干借资护送。据李校长（农业学校）云，中央研究院本拟至车里采集，孰至普耳，行李为挑夫窃去，一切记载文件失落一空，故不能如愿，即从前之记录亦无由补做。余等以后前往，若不与李专员等同行，当须小心行事。”②随蒋英一同考察之杨发浩，系农业学校之学生。吴中伦与农业学校联系，也是想得到学校派学生参加考查，故与学校接洽，获悉蒋英在普洱遭遇。

1934年1月下旬，调查团抵达昆明，不知何故，蒋英已决定先一人自昆明直接回南京，其余人员拟转赴四川，在四川再为采集，而后沿江而返南京。在离开昆明时，将所采动物标本三十箱，植物标本六十箱直接寄往南京，为寄此等标本还请财政部办理免税护照。同时，也请云南省教育厅向蒙自海关代为证明此类标本纯属研究之用，为此蒋英和林应时专为拜见龚自知。教育厅当即函请海关为之免检，并要求博物馆将所采标本留下一份，以作将来组织人员研究及兼作纪念。蒋英、林应时对此无权答复，乃电请博物馆代理主任徐韦曼及院长蔡元培，并言标本“不必鉴定，以免往返”。徐韦曼复电教育厅“赠送贵

① 自然历史博物馆函中研院总办事处，1934年1月22日，中国第二历史档案馆藏中央研究院档案，三九三(299)。

② 吴中伦著：《吴中伦云南考察日记》，中国林业出版社，2006年，第8页。

厅标本已电林君检留一份。本院同人在滇诸承关切，公私两感，特谢”[1]，留在昆明的标本交由昆华民众教育馆收藏。据此，赠送民众教育馆植物标本 2 000 余份；动物标本因剥制需时，乃先寄南京，待制就完成，再行赠送，后无人过问，未曾履行承诺。

昆华民众教育馆 1931 年设于昆明孔庙，1932 年 4 月改组完成，内设阅览、讲演、健康、生计、游艺、陈列、出版等部。陈列部有关于云南所产生物者，即生物标本陈列和动物园。国内多家机构来滇采集动植物标本，所得均要留存一份给该馆作为展览之用。而活体动物，则向有关县府征集。民众教育馆馆长为周立慈，陈秉仁曾任其中之陈列部科学室指导员，其研究气象学，曾赴中央研究院气象研究所学习。静生所蔡希陶在滇南所采标本运回昆明后，存放在文庙崇圣祠内，并在祠内整理标本，后运往北平。蒋英所采，也留存在此。云南省立农业学校派学生参加来滇采集团活动，除对外来者的支持外，还有自行开展研究之意。但是，其研究有限，出版《民众生活》期刊四年，关于植物学仅有褚守庄一篇译作《云南气候与植物分布》，其著者克勒脱纳（W. Credner），德国人，中山大学地理系创办人，1929—1931 年任地理系主任，教授。

再回到博物馆调查团在云南采集上来，从植物标本装箱数量看，可知此行收获还算丰富。而动物采集，在蒋英离开昆明时，常麟定一行还在滇南采集，2 月 19 日离开建水。离开之后，建水县长致函省教育厅，报告调查团行踪，云“该团动物组主任常麟定，团员唐瑞金、施泽远等三员，于二月四日到境，由职县照料住于学校，至十九日出境，除遵令选派得力团警护送至曲溪县城外，理合将该团人员入境出境日期具文呈请钧厅鉴核备案。”[2]2 月 25 日常麟定到达江川，3 月 16 日离开江川往晋宁。本书关注云南植物研究史，而云南动物研究史同样为后人关注，故附录在此，以备有心者查阅。而植物采集在陈绍卿率领下，一行三人 3 月 5 日到达屏边，3 月 16 日离开回昆明，此前还曾抵达何处，则不知也。

调查团于五月初离开云南转入四川，在离境之时，调查团还有一函致教育厅，“去冬曾蒙贵厅发给空白训令三十件，以资岁时填注应用。敝团

① 徐韦曼复龚自知电，1934 年 1 月 28 日，云南省档案馆藏云南省教育厅档案，1012－004－1808。
② 黄承祐致龚自知函，1934 年 2 月 25 日，云南省档案馆藏云南省教育厅档案，1012－004－1808。

现将结束，拟由盐津入川转京，已用二十四件，尚余六件，兹特函奉还，即请查销为荷。"[①]回到南京。《自然博物馆年度报告》对此次采集作如下记载：

> 云南采集团曾于前年度末出发，由常麟定及蒋英二君分担动植物采集事宜，途经昆明、大理、蒙化、景东、镇沅、普洱、思茅、墨江、沅江、石屏、建水、曲溪、通海、江川、晋宁各处，更取道昭通、大关、盐津入蜀，在二十三年五月间返馆。共得动物标本四千四百七十四号，高等植物约一千号，菌类约五百号。[②]

以上是根据档案材料，记述云南科学考察团之经过。关于蒋英此次采集，其后，多有不同记载，仅《云南植物采集史略》稍为正确，其云："1933 年春，他与助手陈少卿经由越南到达昆明，云南省教育厅派杨发浩协助他们工作。在思茅地段采集期间，蒋英的行装被挑夫全部窃走，他便只身中途返回南京。陈少卿、杨发浩继续辗转采集，到 1934 年夏才回到昆明。据陈少卿回忆，采集植物标本约 13000 号。"[③]这段文字被引用甚广，与本书所引档案材料有所出入，有必要予以更正与补充。其一，所言时间两者不同，当以档案记载为准；其二，陈绍良是否即是陈少卿？有一处还写作陈绍卿，余曾阅读陈少卿档案，其未曾有此别名、化名。而其时，陈少卿服务于博物馆，且其之履历表所载，此段时间正在云南从事采集。据此笔者认同陈绍良、陈绍卿即为陈少卿；其三，蒋英中途确实退出调查团，《二十二年度报告》未予言明，但在另一份档案，1934 年 4 月 6 日博物馆致函总办事处云："本馆云南调查团职员蒋英由云南返京，并因公往北平一次"，蒋英由云南直接返回南京，而不是由四川返南京，可知提前约两月返所；其四，所获植物标本数相差太大，当以《报告》为准。随蒋英考察之农业学校学生杨发浩返回昆明后，即随蔡希陶一同在云南继续采集。

---

① 中央研究院自然历史博物馆云南自然科学调查团致云南省教育厅，1934 年 5 月 2 日，云南省档案馆藏云南省教育厅档案，1012－004－1808－027。

②《国立中央研究院自然历史博物馆二十二年度报告》。

③ 包士英等著：《云南植物采集史略》，中国科学技术出版社，1998 年。

四、陈谋与吴中伦

中央大学农学院陈谋同中国科学社生物所吴中伦一同前往云南采集，结束之后，1935年《中国科学社生研究所报告》云："云南（采集），此为与国立中央大学农学院联合举行者，原定之夏末秋初方行结束，不幸采集员陈谋君中途染疫去世，乃于四月结束，计得标本约三千号。"所载甚为简略，此据吴中伦所著《云南考察日记》、云南省档案馆所藏档案及其他相关文献，作一详细记述。

此行缘起，吴中伦1993年为《云南植物采集史略》一书作序，回顾其60年前云南之行有云：

> 我们到云南采集，是当时中央大学农学院森林系教授张福延（字海秋）先生得悉中央政府将派遣一个中缅边境考察团（由参谋本部任命一位李参谋，外交部任命周汉章组织大地测量员和医务人员若干人），前往中缅边境察勘。张海秋先生想借此机会到滇缅边境采集植物标本，建议由中国科学社和中央大学森林系各派一人前往采集。中大森林系派助教陈谋先生，科学社派我参加。我们从南京到上海乘轮船经汕头、广州到越南海防登陆，再从海防经河内乘火车到老街，而后进入云南河口到昆明。①

吴中伦（1913—1995），字季次，浙江诸暨人。1926年他在上海附近一个私营的华南农场当练习生，1930年入浙江大学农学院高级农业职业中学学习农艺，1933年毕业后，到中国科学社生物研究所当练习生，从事植物标本的采集和制作。1933年秋，跟随郑万钧到安徽黄山采集，写有《黄山植物采集记》，1934年即受命偕陈谋往云南采集。此时中国科学社生物研究所植物部主任由钱崇澍担任，其为中国植物学前辈，中国植物分类学第一篇论文，即其1916年在美国留学之时所写。吴中伦深得其栽培，后将爱女许配给他。不过吴中伦在云南采集则受郑万钧指导。陈谋（1903—1935），字尊三，浙江诸暨人，浙江

---

① 包士英等著：《云南植物采集史略》，中国科学技术出版社，1998年。

图 1－16　陈谋(陈宁提供)

省立第一中学高中部理科毕业，曾任该校仪器标本部管理员。1927 年 8 月浙江大学农学院聘请钟观光建立笕桥植物园，乃跟随钟观光，曾多次往浙江东、西天目山，四明山，天台山，南、北雁荡山及普陀山等地，并于 1927 年协助钟观光建立浙江大学农学院植物标本室。至于陈谋何时转入中央大学，则不知确切，在中大从事何种工作更是一概不知。陈谋在云南采集途中患病身亡，年仅 32 岁，令人惋惜。

由陈谋、吴中伦组成云南植物采集团乃是偕参谋部专员李元凯和外交部专员周汉章一同赴滇，1934 年 6 月 10 日自南京出发，经越南进入云南，且行且采，7 月 3 日抵达昆明。到达之后，陈谋和吴中伦借鉴来云南采集其他机构方式，先向云南省教育厅寻求帮助，据《吴中伦云南考察日记》，7 月5 日，他们首先往农业学校，拜见教务主任秦仲虔及校长，接洽聘请练习生，作采集助手；并由他们引见教育厅长袁丕佑，请求办理护照，请其训令所到各地政府予以保护。当听说蒋英在普洱物品被盗，尤其是采集记录也被窃走，致使采集未能如愿，甚为可惜，认为自己行事，当须小心。接洽结果，聘得二名练习生，“一名殷毓森，于今岁卒业于此间乡村师范；一名严春发，于去岁卒业于此间森林科。两君均云南籍，严君则为本城人，殷君则为楚雄人。与谈余等采集方针，并请彼等明日入校居住，以便接洽商议也。”①此为吴中伦 7 月 9 日《日记》，其等在与农业学校接洽后，即住进学校，故邀请两练习生也来校居住。练习生每人每月津贴为滇洋 250 元，由教育厅支付，先前国内来滇采集者聘请助手，亦这样处理。两名练习生之殷毓森其后情况不知，而严发春曾往中央大学专科修业，肄业后任职于昆华农校及农场管

图 1－17　吴中伦(采自《吴中伦云南考察日记》)

① 《吴中伦云南考察日记》，中国林业出版社，2006 年，第 10 页。

理员，云南大学附属实习农林场助理员，1949 年任云南省林业厅工程师。陈谋、吴中伦请袁丕佑签署护照虽得口头允许后，再以植物采集团名义致函教育厅，正式提出书面请求，其函云：

> 兹本团派采集员陈谋、吴中伦二人前来贵省采集植物，藉以调查贵省植物之分布及种类，然以人地生疏，难免发生枝节，故特将以后采集经过各县另录一单，敬请转请省府分别通令各县，派兵切实保护，以利耑行。并烦饬贵省各地海关，嗣后本团于途中陆续寄运标本，予以免税查检放行，实为德便。①

植物采集团开具采集所经路线如下：昆明—安宁—禄丰—广通—楚雄—镇南—姚安—祥云—弥渡—凤仪—大理—宾川—邓川—漾濞—永平—保山—龙陵—镇康—缅宁—澜沧—思茅—宁洱—墨江—元江—新平—新兴—昆阳—宜良—路南—弥勒—泸西—丘北—广南—富州。教育厅于 7 月 31 日给采集团签发护照，即一县一张，令"沿途地方官及团警遵照，俟该团持照到境，即验明放行，毋得留难；并由各地方官选派得力团警接替护送，一俟采集完毕，即将此照缴销。"

外交部专员周汉章来云南乃是勘察滇缅南端边界，此前，缅甸殖民者英人侵占班洪，引起全国人士注意，但英国却言未占中国尺疆寸土，为调查究竟并划定滇缅南段未定界，参谋部、外交部派人来云南。周汉章(1887—1966)，名光倬，云南昆明人。1922 毕业于南京高等师范学校史地系，1947 年任云南大学副教授，1957 年经其导师竺可桢介绍，调至中国科学院昆明植物研究所任副研究员。抵达昆明后，获知英方提出抗议，谓在两国未派人会勘以前，单方不能派员调查，乃受令暂停昆明，不能前进。边界勘查一时不得进行，陈谋、吴中伦先在昆明附近采集，进入 8 月，乃将所采寄回南京，4 日即为先行，由昆明乘汽车至禄丰县，然后找马帮步行半月到大理，在苍山中和寺及洗马塘处采集标本。随后渡洱海登宾川鸡足山，住真禅寺等处采集约月余，计得千余号，再折回大理，并赴巍山县一带采集。标本压制后均陆续寄回南京。同年 11 月

① 国立中央大学农学院、中国科学社生物研究所植物采集团致云南省教育厅厅长袁蔼畊函，1934 年 7 月，云南省档案馆藏云南省教育厅档案，1012 - 004 - 1808。

4日，与周汉章等人在大理会合，遂一同经下关、漾濞、永平抵达保山。

如下引几段《吴中伦日记》，8月26日，记录其在大理拜访被英人长期雇佣在当地采集者王汉臣。

> 前晚往访此间由英领所雇佣之采花经理王汉臣君，彼昔曾从英人采集，后英人死，英领即雇长驻滇省采集标本、种子。余等至，彼以所采标本相示。观其所采以石楠科及樱草二类为最多，皆美华可爱。有数石楠科不特花色艳美，而且叶片碧绿，更有数种其叶芬芳袭人。计其种类，亦不下半百。彼除采标本外，又收种子，至集成送诸英领，再由英领献诸国内。按目今世界植杜鹃（*Rhododendron*）最多者，首推王家公园，而杜鹃之种则多出自吾国，尤以云南一省为最丰。然今吾国对此类之收集，尚乏完备之处，故欲研究是科者，反须至英国方能觅得各种之标本，岂不有愧。同时亦可见英人研究之野心，而吾辈研究植物者有见此而不为之痛心欤。
>
> 吾国生物之丰，人所共知。然近年来以政治未上轨道，经济支绌，政府未暇注意科学之研究，故虽有丰富之生物，而未能有大规模之研究，调查定名多为外人捷足先得。然以国土实大，含蓄实富，至今未曾定名、未调查者，犹不在少数，尚须研究者之经之营之。尤以云南一省，以气候之温暖，地域之宽袤，且以荒峦之处，人迹难至，其研究益大。今国内研究机关有见于斯，年来至此调查亦不乏人，前有静生生物调查所，继之有中央研究院博物馆，今本团亦因此次参、外两部派员往滇缅边境调查界限（线）事，从往彼处略作调查。然此先后三团体之调查，均非长期驻停采集，东奔西走，沿途略作收索而已。顾植物之花期，四季皆有，今所到诸机关作一走马看花之调查，遗漏岂得免乎。故余意欲调查滇省植物，必须有三四常驻人之采集，人员分扎各处，精密搜索，如此则三四年后，自可较为周全。如今云南为吾国之领土，英人竟如此聘佣华人，周详采集已有八年之久，而犹继续聘用，以期完全无遗，吾国对本国之领土岂尚能忽视乎。
>
> 于科学之研究，虽云无国际之界限，一般社会人士亦因此议，而觉外人之来此采集国内生物可以不必计较。实则不然，顾一国之文化，须求诸外邦之研究，于一国家之光荣不免堕落。且外人将国内之植物种子输至自国，迨其研究，得知其经济之价值，再广为繁殖利用，即如今英王家公园之杜鹃，其能用作观赏者，即广予繁殖供诸各国而获其利。前日往访王

君，彼尚采有百合多种，均花美而球肥，其物既可作观赏之用，尚可作淀粉食料。反之，如国人能自行采集研究利用繁殖，再沽诸外邦，既可挽回利权，又可增加国家之体面。至调查之法，其实亦仅须由政府创设一生物采集调查训练所，训练若干技术人员，分往各处工作，则二三年后即可调查周详，致知格物矣。现英领聘用王君，因驻 Lock 及 Flace，采集多年，对于采集颇有经验，然彼以缺乏科学常识，于记载及调查之记载，尚未能臻完美之境。且彼因未入学校，仅识植物之形状、颜色，于科属犹未能认识。如此于调查植物分布之习性、分布未免难臻完美。故如国内欲训练是项人员，对于普通之科学常识、文字均稍须优美，最好能写生，将奇珍之种即行绘下。因植物已制成标本者其颜色形状不免稍差，若能予以正确之写真，则研究自易矣。①

吴中伦来云南采集，年仅二十一，为一中学学历之采集员，但其文字流畅、见解深刻，其后学术成就之取得，此时已奠定基础。中国生物学家在中国创建

图 1-18　考察途中在大理中学校长李浚家中合影：后排左起吴中伦、周光倬、陈谋、李浚(陈宁提供)

① 《吴中伦云南考察日记》，中国林业出版社，2006 年，第 37—38 页。

生物学机构，研究中国动植物，为利生厚民的同时，还为赢得在国际生物学界的话语权。秉志、胡先骕、钱崇澍在中国科学社生物研究所所营造之学术环境、所倡导之价值取向，对吴中伦已有深刻影响。此再摘录其11月16日在永平采集情形：

> 江山虽好，然非久留之地，惟有念念于心，亦只能勉强惜别。向东斜上，约十里至平坡村。一路草苍木翠，因气温高故。至村有小食店，群蝇蜂聚，亦天热之恶事也。午膳后复东行，路不甚斜峻，约五里忽闻水声隆隆，沿峰右折至水石坑，一源飞涛，倾自天汉，触石则飞溅若撒珠；腾空则悬垂如银瀑，有逾万马之奔腾，雷电之袭幽。涧间全石为底，均大逾数丈，有类卧象，有如睡狮，因其较小者早已被激下坠，尚有插足之余地哉。至于两岸峥嵘，耸谷于崖之隙，缀生草木或盘曲如鹿角，或依贴如鱼鳞，各具特别妙态，与平地者异。上坡顶，水云寺在目。水云寺寺小无名额，故寺名究竟如何，无从问知。惟于两侧月门有秋水、白云二匾，恐即指此"水云"。于寺之东侧有杜英科（Elaeocarpaceae）之植物二属，一属为杜英属（*Eleocarpus*），一为猴欢喜属（*Sloanea*）。吾国此科植物现已知者仅此二属，今竟于一处齐得之，不亦可喜乎。况庙侧只此二树，而均已结果，可作标本实奇矣。①

吴中伦写景状物，能带人身临其境，可见文笔清新雅洁，如此妙笔，《日记》中随处可见。所见植物，即可鉴定到属，可见其植物分类学造诣已深，此类新奇之发现，《日记》中记载亦甚多。

其后，植物采集团自保山南下而腾冲、而德宏，在芒市逢1935年元旦，随后进入西双版纳，4月返回昆明，27日途经墨江，陈谋病逝。《吴中伦云南考察日记》手稿未能完整保存，仅至3月31日止，故未有记载。但同行外交部专员周汉章留下《1934—1935中缅边界调查日记》，于4月29日有如下记录：

> 往文庙（今建设局）看吴中伦君及殷、严二君。观彼等三人之面色，皆

① 《吴中伦云南考察日记》，中国林业出版社，2006年，第93—94页。

焦愁之状，甚悲惨。尤以吴君感触多，不似其离普洱时之活泼有精神，肤色亦发青而枯。予问陈君病沉重至死经过甚详。此次陈君之死，以劳顿不得休息，途中又遇雨，外感容易，愈增其病状。故竟不能延长其生命，于廿七日下午二点在途中即气绝。为之悲感不置，但亦仅有安慰吴君，并注意其死后之设法追念抚恤事。同时并约吴君等来马店坐。晚饭后偕同行诸人备菜盘四碟，酒、茶、烛、钱纸、香等物，赴殡陈尊三君之小庙内祭奠，见其棺木，令人起无限感慨。在宁洱时予曾看其两次，觉其面容消瘦而黄枯，然其神情似尚可支持，并未料其即危。但据其云夜间不能睡眠，背腰俱痛楚，睡眠实不能安，亦即不能卧下，则痛苦殊深。当时惟有以感情之语安慰之。予所购药品，大部在救急。此次曾携带少数医治肾脏病之药针，亦早已在思茅打完，故彼意既无药，亦惟有赶路赴昆明医治，不问其行程之变化耳。当时肝脏已比在思茅时膨大。今仅相隔三日，竟辞予等而长眠，能不感恸。其棺木系柏木，价约二百元现金，正在加漆。死才四日，然天气炎热之故，已有腐朽气味。同人均行三鞠躬。予对其棺前，将安慰其灵魂之意祝告之。大意其精神，其辛苦，其志向，为科学而牺牲，尤其对于云南之科学，当为之表扬于世，使世人明白其情况。身后抚恤之事，当向中大及云南教育厅各方及学术界设法为之鼓吹，总有以生者不致受冻馁之忧，对死者得以瞑目于九泉之下。话至悲痛处，予喉为之哽咽，泪欲滴。最后偕吴中伦君赴县政府访李县长，感谢其代办理陈君身后之事，望以后仍多为帮助。李县长对于此事，认为应尽之责。至以后如何办理，一俟南京回电到来决定。①

关于陈谋去世，吴中伦晚年为包士英《云南植物采集史略》一书作序，有所回忆，其云：

在大理期间陈谋先生患病（可能是肾炎），但仍坚持同行，经下关、漾濞，渡澜沧江，越碧罗雪山到保山。到保山后陈谋先生病情未见好转，为减少劳累以利于康复，决定由殷毓森陪同他从保山直抵镇康。我和严发春由保山西行经蒲缥渡怒江（惠人桥），越高黎贡山到腾冲。在腾冲曾到

① 周光倬著，周润康整理：《1934—1935 中缅边界调查日记》，凤凰出版社，2015 年，第 284 页。

凤仪镇、河顺(今和顺乡)、硫磺塘采集。凤仪村边见到一株大秃杉。由腾冲出发经勐连、龙陵、芒市、遮放、象达、蛮(芒)耿、勐板到达镇康。在镇康与陈谋、殷毓森先生会合。虽离别不久,但异乡分别又重逢,倍极欣慰。由镇康一同前行,经孟定、四方井、耿马、双江、上勐允、瓦底寨到澜沧。陈谋先生从镇康改坐滑竿,但路上颠簸、食宿很差,病情未见好转。外交部随行医师认为一定要减少劳累,建议由澜沧直到思茅。决定由殷毓森继续陪同陈先生径往思茅。我和严发春绕道勐满、勐海(佛海)到车里(景洪),再经普文到思茅,又与陈先生他们会合。陈先生久病,身体十分虚弱,但也只有前进回昆明。我们一同由思茅经普洱到磨黑。在把边江又遇雨,陈先生病情加剧,外交部人员早已先去,无医无药。当时我见陈先生病况危急,即奔墨江与县府联系,请到一位医生赶回抢救。但返行不久,见到陈先生所乘滑竿已经把坐椅放平抬来,察知陈先生已在途中去世,时约1935年4月下旬。这次我随陈先生远别故乡,万里同行,相依为命,如今陈先生突然长逝,极为悲痛。在墨江县政府的协助下买了一副柏木棺入殓。我和严、殷三人及县府官员参加祭奠。陈谋先生病逝当天即打电报到南京汇报请示,回电要我迅即回南京。灵柩抬运缓慢,路上行走一个多月才到达昆明,安葬于昆明东郊三公里处。时约1935年6月中旬。

翻检云南省教育厅档案,其中有几通吴中伦在陈谋去世后,写给教育厅长龚自知致函,一为报告陈谋去世消息,一为运送陈谋灵柩,而请教育厅帮助。分别录之如下:

谨启者:

敝团此次在贵省工作,瞬将一载,自度收获尚能满意,熟知天有不测风云,人有旦夕祸福。敝团采集员国立中央大学农学院森林系助教陈谋君于去岁十一月一日在大理洱海边略受风寒,当延医诊治数日,即告霍然,直至镇康,一路均健康如常。迨至由镇康将出发,是病复发,嗣后时轻时重,绵延至本月二十七日,行抵墨江县境内二补冲地方,突然严重,施救不及,卒至长逝。现已去电南京主管机关报告种切,并将尸体入殓,暂寄墨江城外庙宇内,专候京方回电,再行办理后事。同人等于痛悼之余,特

此奉闻。临颖悲泣，未尽欲言。敬请云南省教育厅厅长龚钧鉴

国立中央大学农学院、中国科学社生物研究所植物采集团 吴中伦谨启

四月二十九日[①]

仲钧厅长勋鉴

窃敝团来滇工作，瞬将一载，差已步遍两迤，自知经验欠缺，见识肤浅，成绩未能满意，然事关云南科学，安容敷衍，故始终未尝稍敢贪安，无日不努力工作。孰料事有不测，敝团陈谋君竟以工作劳碌，感受疾病；又以滇边交通困难，未及回省医治，至在墨江长逝，业已备函奉达，并蒙钧长慨允经济、纪念、事务各方面之援助，殊深感谢！

惟是陈柩早托墨江县政府代为雇夫运昆，乃时将一月，犹音信杳然，令人焦念非常；且今南京敝社又来电，速令返京。如此欲即去昆，则陈君后事尚无头绪，欲留则敝社电令又未便轻违。特恳钧长代为函催墨江县政府，速为雇夫运昆。至于后事如何办理，定今日下午一时半前来贵厅叩谒，禀商种切。

肃此，谨请

勋安

吴中伦　六月初十日[②]

吴中伦第一函写于 4 月 29 日，龚自知于 5 月 23 日复函悼念，然此过去几乎一月矣，不知何以迟延。第二函请教育厅向墨江县政府去函，代为催促起运陈谋灵柩。第三天，即为运到昆明；至于函中感谢教育厅所给予诸项援助，今也不知，不过陈谋灵柩安葬，教育厅肯定参与其事。陈谋灵柩运至昆明后，吴中伦即匆匆回南京，而将陈谋之安葬及善后诸事托付给严发春和殷毓森办理，还有一些植物标本及昆虫标本也请两位制作完成，于 8 月之前陆续寄往南京。

陈谋、吴中伦此行采得标本 3 000 余号，均以陈、吴两氏名字记载。这些标本存放中国科学社生物研究所，1937 年抗战爆发后，这批标本未能运出，后该所房屋和物品被日军俱为焚毁，标本和野外记录付之一炬。所幸所得标本亦

---

① 吴中伦致龚自知函，1935 年 4 月 29 日，云南省档案馆藏云南省教育厅档案，1012－004－1808。

② 吴中伦致龚自知函，1935 年 6 月 10 日，云南省档案馆藏云南省教育厅档案，1012－004－1808。

有一份赠与昆明民众教育馆，后为云南农林植物所接管，得以保存下来。据《云南植物采集史料》统计，陈谋、吴中伦采集新植物有12种，因陈谋不幸于采集途中去世，其中5种以陈谋之名命名，以为纪念。1936年，中央大学耿以礼将所采的禾本科新植物定名为陈谋野古草（*Arundinella chenii*）；1936郑万钧将采自云南宾川椴树科和卫矛科新植物分别定名为陈谋椴（Tilia chenmouri）和陈谋卫矛（*Euonymu chenmouri*）。1961年，中国科学院植物研究所唐进、汪发缵将云南大理采的莎草科的新植物订名为陈谋草（*Scirpus chen-mouri*）。1966年胡先骕、孙必兴将巍山所采唇形科新植物订名为陈谋香茶草（*Plectranthus chenmouri*）。

五、王启无

本书前述钟观光、蔡希陶、蒋英、吴中伦率队在云南采集，不是遇匪，就是染病，仅静生所之蔡希陶较为顺利，故其时间也最久，成绩也最大。但静生所所长胡先骕并不以此为满足，以为尚有不少区域未曾到达，乃于1935年初再派王启无领队前来，作为期二年之考察，可见其科学探索之胸襟。行前1934年12月14日静生所致函云南省政府，请再次给予帮助。其函云：

> 敝所云南采集团蔡希陶等近三年在云南采集动植物，所得标本甚多，深荷贵省政府人力、经济双方补助，得以进行，毋任感荷。现蔡希陶等已工竣回所，据称贵省物产丰富，面积广袤，未经探采之地尚广。敝所因又派遣研究员王启无、俞德浚及杨发浩，技工李元等，定于二十四年一月中旬由北平起程赴滇，继续采集，期限两年。第一年赴西北鹤、丽、剑、中甸、维西、贡山、阿墩子、菖蒲桶一带，第二年赴西南思茅、普洱、车里一带采集植物标本，仍恳请贵省政府每人发给随身护照一纸，并令饬经过各县县长妥为保护，予以运输之补助，俾得克竟全功。事关科学研究，谅邀俯允。即希查照办事。①

① 静生生物调查所致云南省教育厅函，1934年12月14日，云南省档案馆藏教育厅档案，1012－004－1808。

图 1－19　王启无(包士英提供)

王启无(1913—1987),生于天津,清华大学毕业,1933 年 7 月入静生所任助理。1934 年曾至百花山、东西灵山、西陵一带采集,得腊叶标本 1600 号,掌握野外工作经验之后,即被派往云南。在筹备之中,《申报》记者曾到所采访王启无,云:

> 滇省当局,对该所科学研究,极表赞同,以往在滇工作,俱承龙主席热诚接见,赞助多方,并予以经济上与人力上之实际援助,而该省教育厅长袁丕佑先生、民教馆长周雪苍先生之毅力热心,使该所在滇工作得极大之精神上与物质上种种之方便。顷记者得获见主持此次去滇工作之该所研究员王启无君。据谈,该所前在滇工作三年,对滇省植物已有较广泛之知识,此次主要目的则在西北角与滇南边地,故为工作便利计,分南北两队工作,现已筹备就绪,并已与滇省当局取得密切之合作。①

1935 年 3 月王启无等到达昆明,不知何故,俞德浚并未随行,而是率李春茂、李元前来,今日于此两人之生平已无从获悉。王启无抵达昆明后,致函龚自知,云:"敝所续派启无及团员李春茂、李元来滇,去迤西、迤南各县继续工作,已由敝所有函到贵厅外,谨援前例,请派人两名同往工作。"②教育厅于护照、训令,自易办理,3 月 30 日云南省政府给静生生物调查所植物调查团发放护照 4 张,并由省主席龙云签署下达沿途各县政府训令,云:

> 本府填给护照四张,交与该团团员王启无、李元、李春茂及本省所派农校学生杨发浩等,每人携带一张,以利耑行。又请令饬经过各县之县长,妥为保护及补助运输之处。又饬该县长于该团经过该县所属地方之时,检派得力团警妥为保护,遇有该团请求雇役运输及雇用船马,代办食

① 静生生物调查所将再派员调查云南植物,《申报》1934 年 12 月 27 日。
② 王启无致龚自知函,1935 年 3 月 12 日。云南省档案馆藏教育厅档案,1012－004。

宿等事，仍由该县长妥为照料，所需夫马食宿等费，应由该团照市价给价，勿须地方供给。此外遇有该团商办事件，亦应酌量补助可也。①

至于第二点，则有一定难度。因有旧人杨发浩入选，王启无乃又致函龚自知，云“杨君曾先后由贵厅派随中央研究院生物调查团及敝团工作，经验湛深，定当借重，即请贵厅继续照派。敝团工作区域辽阔，人力不足，即请贵厅添派一人，在敝团多一臂助，工作得如预计完成，贵省科学研究中又多一就地实习之机会，恐所赞同。”②至此，教育厅始才同意派遣杨发浩，其费用照前此规定办理；至于添派一员，则认为经费有限，难以照办。此前，教育厅派出学生加入采集，均采积极态度，此却为迟疑，不知何故。至于出省学习事，则不予同意。事已至此，王启无不再勉强，4 月 9 日致函教育厅，请教育厅函知杨发浩，即日来团工作，“将来出省学习研究事，由敝团负责，至二年后工作完毕，则与杨君自行接洽。”或者杨发浩并不知教育厅与王启无之间关于其出省学习商谈之结果。故在许诺参加王启无调查团之前，为个人前途和生活待遇计，稍有迟疑，其致函龚自知，云：

生谬蒙知遇，与梁、倪两同学先后被派参加该团工作，具奉钧长面谕，俟考察完竣，由公费送出省外研究，以养成云南是项专门人才。当该团第一组暂行结束回省时，梁、倪两同学以野外工作完毕，即蒙送平所中作室内研究。兹生值该团第二组重复继续来滇，又蒙派参加该组工作，计期两年以后，方能结束，则生在该团服务须达四年之久，始能出省研究。生现与该团接洽结果，除供给旅费外，在研究期间，每月仅允给津贴十元，似此菲薄，生活尚难维持，研究不能专一。生家道寒微，无力补助，将来出省之事，恐为事实所不许，于愿未卜，且负钧长栽培之厚意。故缕陈到团接洽经过，请予鉴核，恳俯准援照前送梁、倪两同学先例，从优待遇，批示祗达，俾生得安心工作，俟两年完毕，再请查案，送平研究。③

杨发浩为个人计较也属合理，函文也甚恭谦。从其一直跟随静生所调查

① 云南省政府训令 186 号，1935 年 3 月 30 日，云南省档案馆藏教育厅档案，1012 - 004 - 1080。
② 王启无致云南省教育厅函，1935 年 3 月 27 日，云南省档案馆藏教育厅档案，1012 - 004 - 1080。
③ 杨发浩致龚自知函，1935 年 4 月，云南省档案馆藏教育厅档案，1012 - 004。

团在滇工作，按前例可以获得教育厅同意，其想获得一个承诺。教育厅派倪琨、梁国贤赴静生所学习，并发放旅费及津贴。但对杨发浩赴静生所学习，教育厅则请调查团与杨发浩自行接洽，似乎不关其事。教育厅选送人员出省学习，乃是为了开展研究，在第一批两人刚刚离省不久，即发生变化，想必是教育厅对本省研究并无周密之计划耳。二年后王启无工作结束，杨发浩并未赴北平静生所学习。不久，抗日战争全面爆发，其学习计划更是无从兑现，而是随静生所续派调查团主任俞德浚在云南继续工作。此系后话，留待后述。杨发浩到团工作在 4 月 20 日，当即领得津贴，自是日起，合发 4 月份三分之一及 5 月份全月新币共 40 元。不知此新币与滇币如何兑换，但不是按此前津贴每月 250 元滇币旧规定执行，而是有所降低。

调查团主要事务得到落实，先在昆明附近稍事工作，再往滇西北考查，5 月抵达大理，继而向丽江进发。其人员除王启无等四人外，当还雇佣其他人员，只是未见记载，已无从知晓。在离开大理时，杨发浩致函龚自知，报告途中情况。其云：

> 屡蒙派遣，惭愧无成。此次奉遣后，曾晋厅数谒，未获巧见，临行会匪乱紧急，匆匆离省，殊歉。兹已抵大理，寓省立中学。此校天然环境良佳，同学辈俱刻苦勤勉，未来无限可卜。此地略事工作，刻已结束，日内即西进维西，再分向菖蒲桶、知子罗、上帕、阿墩子等地。西北宝藏或能见其大概如何，后续禀。此行涉边远蛮夷之区，有无应注意之事项及附带之工作，鹄候钧谕，以期照办。[①]

调查团在大理也仅是略为采集，是处被中外采集家采集次数甚多，非王启无采集重点区域。到达丽江之后，丽江县长王凤瑞有函向教育厅报告调查团行踪，“王启无六月九日到丽江，李春茂一行六人前往雪山脚，在雪山预计二月。人地生疏，请觅歇脚地点，并派熟悉向导二三人同往。”[②]此后去维西，确切时间不知。

维西为高山区域，多为天然林，收获甚丰；再渡澜沧江、怒江，进入叶枝、菖蒲桶、察瓦龙等地，均为以前西人罕至地区；察瓦龙地临西藏和缅甸，更为学人

---

① 杨发浩致龚自知函，1935 年 5 月 31 日，云南省档案馆藏教育厅档案，1012－004－1080。

② 王凤瑞呈函云南省教育厅，1935 年 6 月 14 日。

未到之域。王启无采得标本 9 600 余号,外有木材 300 余种及大批苔藓类、藻类标本与球根种子。

9 月,在采集途中,杨发浩确知自己津贴每月仅为滇币 150 元,为此致函龚自知,申诉待遇不公;王启无也去函,为杨发浩鸣不平,并报告途中采集情况。下为杨发浩函:

仲钧先生赐鉴:

西行大理曾奉请谕示,六月北行维西,七月复北上康晋、叶枝,八月进菖蒲桶,沿怒江北极康边,西达求江交界,工作情况甚佳。生勤慎从事,未辱所使。

兹谨禀者:生于廿二年秋奉派参加中央研究院云南科学调查团,当结束时,会钧长外出考察,未得主持外出深造。继奉袁代厅长面谕,再参加静生云南生物调查团,往南方工作至结束回省。时又谓中央研究院调查团已走,津贴应该停止,几经呈请,直至钧长理事方准发至去年十月,至外出事仍未得俯准。生徘徊中途,莫知所之。继至本年春静生第二组云南生物调查团来滇,奉派参加,复承钧长俯识,敢不宣力。

奉派之次,匆匆成行,迄今已阅六月余,山间邮递不便,消息茫然。昨日回署,得带领款人书,谓厅中津贴只给一百五十元,较前奉公函稍有出入,敬谨上达厅中公函。照梁、倪两生旧案,月给旧滇票二百五十元,自思梁、倪两同学参加静生第二年已蒙钧长斟酌情形,月给二百五十元,参加中国科学社、中央大学之殷、严两同学亦同然。生承钧长驱使,三年来勤谨从公,早在洞鉴,自度当可照同学旧案。生蒙于数百同学中独承识拔,感荷知遇,无时或已。戋戋微事,何庸累牍,惟旅途消费稍多,各地交际酬答,亦非得已。现已枯窘万分,节缩无由。生家道寒素,无力贴补,若再减发,将何以处。承我公名睐青鉴,一再俯拾,自惭未能无尽力,来日方长,但听驱使。谨屡书实况,良非得已。戋戋微事,敬乞一顾。临笔神驰,不胜企盼,尚请赐福。

敬请

教祺

生　杨发浩　谨上　九月廿七日　菖蒲桶

赐复掷交维西县叶枝土司署①

① 杨发浩致龚自知函,1935 年 9 月 27 日,云南省档案馆藏教育厅档案,1012 - 004 - 1080。

教育厅显然对于杨发浩不公，为此王启无以静生生物调查所云南生物采集团名义致函教育厅，提出此事有失公允；王启无尚有不平，又致私信与龚自知，多所质询，没有客套，与杨发浩之谦卑，迥然不同，函文如下：

仲钧先生赐鉴：

行前诸承照拂，离省西行，以迄缅藏之交，穷极边隅。近六十年来植物学家 Forrest 以至 Henry 未竟之业，差堪告慰。同人等勉尽职责，而地方当道臂助多方，克底于成，皆赖我公大力，承厅方遣杨发浩君同行。杨君先后已随中央研究院及敝团第一组工作二载，经验堪深，故此行出入藏缅，地多险阻，事尤繁剧，而杨君施应裕如，真滇省英才，我公也善知人者，能相割爱，至感至感。近闻杨君谈及厅方津贴，前通知杨君时，公函中明订为滇票二百五十元。近得昆明取津贴有人来书云，厅方只允发百五十元，并云通知者系笔误。事属轻微，杨君不欲上渎，念彼清寒，故愿为我公陈之。

厅方派遣随习，此非首次。前敝团第一组有倪、梁两君，中央研究院有施、杨两君，中国科学社中央大学有殷、严两君。闻初派时俱为津贴一百五十元，有旧案可稽；而后或一年（如梁、倪两君）或数月（如严、殷）俱增至二百五十元。往迹犹新，此举适所以奖勉勤奋，至当至当。

平心论之，杨君之派来敝团第二组，确为第一年，照旧案，则通知者，确为笔误，津贴确为一百五十，然试查以往，已随中央研究院一年，又来敝团第一组随习一年，今复派来敝团第二组工作，也近一年。随习三年事，想也有案可稽，先生想也深悉。而杨君从习勤奋，中研院蒋君、敝团蔡君类能道之，先生想也洞悉。如据旧案，也以二百五十为宜，以为如何？如奉奖掖后进之旨，也以二百五十为宜，以为如何？知人如我公，爱才如我公，此事当可了然。进一步言之，如前通知杨君者非笔误自佳，免以少数而伤大信，免少数而失公允。退一步言之，若以往事难更，现本季工作结束在即，年来杨君从习奋勉，同行欣悦，自即日起，以二百五十照发，正所以奖忠奋而励勤勉，以为然否？明鉴如我公，此情早所深悉，不待此言。念杨君清寒，而所上公函中又多未尽之意，再详陈之，望即准所请，是恳。

现在求江上游，下月底结束，即南下，预计为五福、车里、江城沿边一带。来日大难，艰巨尤多，结果如何，毫无把握，但愿同人共勉耳。赐复大理邮局转。

敬请

秋安

王启无　上　九月廿九[1]

王启无对于杨发浩所遭待遇之所以鸣不平，虽然也关系到其之工作是否顺利，但主要还是其道德力量之体现，否则不会发出“知人如我公，爱才如我公，此事当可了然”这样呼吁。经杨发浩恳请和王启无呼吁，教育厅作出自11月份起，杨发浩津贴为250元，截至工作完毕之日止，但至多不得超过六个月。教育厅更正其错误甚为有限，首先对此前六个月不予补发，其次，明知王启无在云南调查为期两年，仅许杨发浩为其服务一年。为何如此处理，教育厅未作出解释。届时又将如何，留待后述。

王启无此函还有值得关注者，其将在云南之采集事业，言之为“近六十年来植物学家Forrest以至Henry未竟之业”，即将植物学事业看作是人类共同之事业，在思潮纷乱的年代，如此观念才为纯正，只要加入国际植物学界，即是继承其学术传统，在其基础之上贡献自己才智和勤奋，发展该学科，才是为学之道。

静生所所长胡先骕主编之《中国植物学杂志》于王启无在云南西北之行程，报道甚多，恰可补此档案资料之欠缺。其云：

云南植物采集近讯　静生生物调查所今春特派王君启无前赴云南采集植物标本，一年来所获竟得种子植物及蕨类植物八千余号之多，在历年来各次中外采集队中，实为仅有之优越成绩。

顷据王君自滇缅藏交界之菖蒲桶来函，谓今春抵大理，适当杜鹃、樱草及柳属等植物怒发之候，所获极富。其后即北上维西、叶枝，及藏属之察瓦龙，日住帐篷，旅行于蛮雨荒烟之中。察瓦龙以前从未有植物学家到过，兴味尤浓。山脊针叶林密布，荫天蔽日；而溪壑中则杨桦、山踯躅、花楸诸木杂生，种类繁多。菖蒲桶尽为阔叶林树，大数围，高与天齐。枝干

[1] 王启无致龚自知函，1935年9月29日，云南省档案馆藏教育厅档案，1012－004－1080。

> 经年累月，苔藓芜生，假寄生之兰科及蕨类植物，即繁生其上。龙胆、虎耳草诸属之草本植物，遍山满谷，美不胜收。①

调查团在滇西北采集竣事之后，于是年年底返回昆明，稍事休整，准备开春之后，往滇南热带地区采集。出发之前，1936年1月18日，王启无想起教育厅遣派到团工作人员杨发浩，至5月即行结束，而该团在滇南工作预计在11月完工，乃函教育厅，“敝团今春将南去思茅、南之五福、勐海、车里、镇越诸地，预计至冬初十一月可毕，滇中三迤植物调查粗可结束。敝团五年在滇，承贵厅多方臂助，现告竣有日，望将杨君津贴发至工作完毕时止（约在廿五年十一月底），俾免中断，而资奖劝。”②随即王启无率队向大理出发，希望教育厅回函寄至大理邮局，但教育厅并没有立即作答。

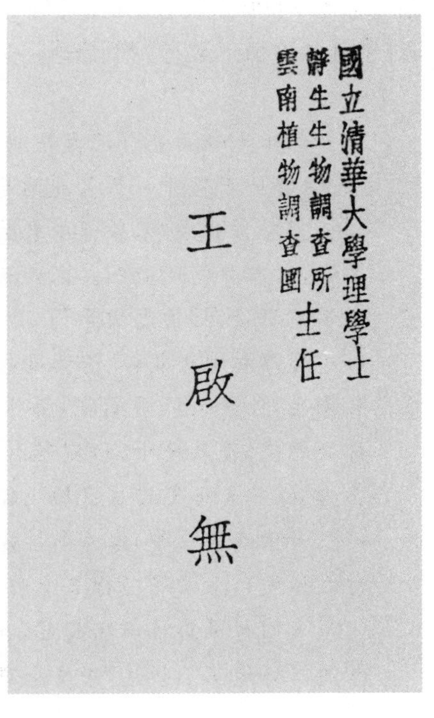

图1-20　王启无在云南采集时使用的名片

在大理又稍事停留，既而向南，经顺宁、镇康、澜沧、车里。入澜沧时间在5月2日，出澜沧则在6月3日。一路上杨发浩就其津贴到期之事，多次致函龚自知。其中在澜沧所写云：“此间情形外间传言甚恶，虽言语人种不同，地位稍南，地势稍低，并无大碍。南处工作俱顺利进行中。明日下车里，拟暂工作一二月，然后沿边南下。惟去岁奉钧示，以本年四月底为限。闻该团主任曾详陈情形，谅邀鉴及。现预计时日恐年底方能竣事，再恳体察情形，依照原日旧案，俾得略尽蚁忱，收功一篑。”③事已至此，教育厅乃不得不同意延期，“查该生津

---

①《中国植物学杂志》，1935年第二卷第三期。

② 王启无致龚自知，1936年1月18日，云南省档案馆藏教育厅档案，1012-004-1080。

③ 杨发浩致龚自知函，1936年5月2日，云南省档案馆藏教育厅档案，1012-004-1080。

贴，前经规定，以六个月为止，本难再发，惟据称工作未竣，姑如所请照准。”于是，工作至王启无离开云南为止。

滇南为热带雨林，海拔较低，燥热多雨，向称烟瘴之地。王启无在此又得腊叶标本9 000余号，及大量苔藓、菌藻、球根、种子及木材等。《中国植物学杂志》于其旅途情形又有如下记载：

> 静生生物调查所云南植物采集团王启无君，自去冬沿滇省西境南下以来，现已至猛浑一带。此后即将沿澜沧江南下云南最南之区域车里工作。王君过猛果东，曾便中轻装去斑洪一游，来信谓“只留一日，而耳闻目击者，远非外间所能知。国人奇耻，大好矿山视同草芥耳；日内得暇，当写斑洪一日谈，只怕无暇耳”。
>
> 猛浑林木极茂，几全为阔叶常绿树所占据。林内组织，复杂非常。大树密生，外间虽风雨剧作，而林内犹能不风不雨，如置身屋内然。树下复藤蔓缠绕，垂悬枝干间，宛若巨蛇。其地除盛产举世闻名之普耳茶外，复多樟脑，二者每年皆成巨额之输出。
>
> 云南迤西一带，本为烈性痢疾与肠窒扶斯等疾病横行之区（即一般所称之瘴气），王君等一行二十余人，日啖金鸡纳二瓶，始免于疾。
>
> 又同行采集员李春茂君，自猛满去南峤途中，突遇夷族罗黑人拦劫，幸随有当地团丁护送，未发生事故云。①

1937年春，王启无亲将两年所获大量标本运回北平。为节省开支，静生所曾多次与有关部门交涉，要求减免税款，终经教育部批准，才得以办妥。此批标本，后经研究，成绩依然斐然。冯国楣尝评之曰：“虽仅二载的采集，而收获之丰，已超越前人的工作而创新纪录，尤其是滇南热带雨林中的采集成绩特著，发现珍异的新种以数百计，地理新分布的种属更多。”②

静生所所长胡先骕对王启无在云南采集甚为满意，曾多次言及采集之成绩。1944年言“静生生物调查所王启无先生在滇桂交界处发现一种很有经济价值之胡氏核桃（*Huocarya*）（按：胡氏核桃之定名，乃郑万钧博士用以纪念植

① 国内植物学界消息，《中国植物学杂志》，第三卷第二期，1936年。

② 冯国楣：云南植物采集概略，《学术研究》，1963年第3期。

物学家胡先骕博士者——记者注)，为很大乔木，果大如核桃，可在华南石灰岩区栽培，如加以研究，也许由胡氏核桃可在中国南部建立一新的坚果业。”①1946年又言：“台湾杉另一种则为 *J. flousiana*，首先发现于上缅甸与怒江山谷与滇北菖蒲桶2 250至2 550公尺之高山上，高至70公尺。王启无教授曾砍伐一株，数其年轮在1 700年以上。此外或有更老之树，曾经逢秦汉之盛世，不啻商山四皓尚生存于今世也。”②

林学家傅焕光1946年撰写《中国的森林》一书，其中关于云南热带森林情况，即根据静生所在云南调查结果，且云其时对云南热带森林之调查仅静生所为之进行。其云：

> 云南之暖带阔叶树林，西南部夷区尚多，但未经正确调查，仅由静生生物调查所植物采集组，实地正当观察。自顺宁以至镇康，长凡六十余公里，一路均有片段之阔叶树林，生长间有巨大者，镇康西部之卡房，林相殊为茂聚，主要树种为槠、栎、榆、榉、山毛榉、锥栗、樟树等属，樟树颇为普遍，镇康东门附近一株，胸径几达三公尺，盖千年古物也。由此南至耿马，均有大林，四方井一带尤大，成材发育，已达终点。低洼之区，竹林亦多修伟。耿马至双江县为荒山，双江以南至下猛(勐)允一带，则为山毛榉之大林，更下至澜沧县以南，榕树渐茂，已入热带境地。澜沧东南，向仅元江县东北角之阳武坝，尚有相当林木，西向中缅未定界区域，闻尚有巨林。

又云：

> 云南南部热带林以红河入澜沧江下游为主，与安南接壤，自红河东岸，靖边县之大围山起，森林沿河而西，而南，但以安南境内为多。红河区域，与澜沧流域之间，地高在海拔一千公尺以内，亚热带森林，断续不绝，但不若海南岛森林经济价值之大。澜沧流域以车里思茅为中心，河谷在

① 1944年4月11日胡先骕在中正大学农学会讲演词，刊于《国立中正大学校刊》4卷15期，1944年。

② 胡先骕：美国西部之世界爷与万县之水杉，《观察》周刊2卷14期，1946年。

七百公尺以下，为栎树、榕树、厚朴、肉桂、红木、黑心木，樟树，及竹类聚生之地，著名之柚木，亦间有之。此区森林分布地带，据静生生物调查所李春茂君所述，澜沧县之东南，至南峤途中，大林甚多，林木极大，在西顶附近，胸径可达二公尺以上，小者亦在三十公分之间，迤南阔叶树林之大，当推此区为第一，南峤至佛海亦有大林，至车里则东北、西北、东南均为原始茂林，尤以东部之帮客箐为最，楠木花梨木均多，此带森林面积最大，与猛（勐）养森林相连，中藏象、莽、虎、豹。小猛（勐）养四周皆林，西达猛（勐）宋，则以栎树类为最多，东南紧沿澜沧江之橄榄坝，则竹林与棕榈，木绵俱茂，由此东行至猛坎、猛醒，森林深密之程度，至于日间穿行，需用火炬，车里以北，思茅西南之永靖关、龙潭，糯札渡，皆为大林地带，但原密雄伟，不及车里、思茅，澜沧以北则入暖带林区，地亦趋高。车里以南，近邻安南、缅甸、暹罗为世界热带巨林之一。①

傅焕光 1946 年任农林部中央林业实验所副所长，兼水土保持系主任，至于其系如何获得静生所在滇南调查材料，则有不知。王启无此前并未见其将云南考查予以整理发表，直至 1961 年，王启无在美国出版《中国的森林》一书，当有记述。

六、俞德浚

1937 年静生生物调查所与英国皇家园艺学会合作，采集云南植物之种球。由英国皇家园艺学会出资 400 英镑，作采集之用；静生所特派俞德浚、刘瑛，于是年初离平赴滇，担任兹事。其时，正是王启无在云南调查结束之时，故继续沿用静生所云南生物调查团名称，改由俞德浚任团长，随王启无一同而来的李春茂则留下继续工作。静生所在云南采集真是不曾中辍，在国内无其他机构可以比拟，唯此前有几个西方学者可与之比肩。

俞德浚（1908—1986），字季川，北京市人，1928 年入北京师范大学生物系，1931 年毕业。时胡先骕兼任北师大教授，经常鼓励学生云：大学毕业后可进研究所作专门之工作。俞德浚甚得胡先骕之器重，在其未毕业时，纳为助教。

① 傅焕光著：《傅焕光文集》，中国林业出版社，2008 年，第 143 页。

图 1－21　俞德浚(中科院植物所提供)

毕业之后，即推荐至重庆，为民族资本家卢作孚所建立的西部科学院组织生物研究所植物部。在四川，俞德浚主要担任植物采集工作，曾与中国科学社生物研究所、静生所、中央研究院自然历史博物馆等机构合作进行。1935 年俞德浚被胡先骕召回，任静生所研究员。两年之后，复被派赴云南，继蔡希陶、王启无之后，在云南作园艺植物之采集，担任静生所与英国园艺学会的合作项目。

随同俞德浚而来之刘瑛，其生平事迹不甚清晰。包士英著《云南植物采集史略》云其出生于 1915 年，北京市人。“青年时为王启无私人雇员，1935 年随王启无赴云南采集植物标本。”本书前述王启无在云南采集，随行者并无刘瑛，而是其后随俞德浚而来。刘瑛早期是否为王启无私人雇佣，也有疑问。《静生所年报》记载，刘瑛 1934 年入静生所，任助理。王启无长二岁，早一年入静生所，也为助理员，无需雇请一名助手。刘瑛入所后不久，1936 年发表《中国之绿绒蒿》《中国之鸢尾》《中国之囊兰》等文，此后专事采集，俞德浚采集结束，北平沦陷，静生所与教育厅在昆明联合设立云南农林植物研究所，随俞德浚一同加入该所。1949 年后服务于中科院植物研究所，曾出版《高等植物标本的采集和制作方法》一小册，在 1957 年反右运动中，被辞退，此后下落全然不知。

俞德浚一行出发之前，胡先骕致函龚自知，云“敝所前曾派员赴贵省采集生物标本先后已届五载，均承贵厅转呈省府令饬各县予以保护，不胜感谢。本年春间敝所续派俞德浚、刘瑛、杨发浩、倪琨、李春茂五人续往迤西及西康边境各地采集植物标本，仍恳贵厅呈省府照往年办法”①，予以保护。调查团于二月初旬由北平出发，途经香港、安南而入云南，2 月抵达昆明。到达昆明后，当即与云南省教育厅交涉，于 3 月 16 日收到护照 5 份，省府训令 28 件，令沿途各县官警保护。至于人员，教育厅还是派杨发浩加入，此前教育

① 胡先骕致龚自知函，1937 年 1 月 19 日，云南省档案馆藏云南省政府档案，1106－005－01558－040。

厅多次欲中断杨发浩在王启无率领的调查团的工作,勉强维持到最后,此何以又予同意,则不知底细。此外还有在静生所学习回来之倪琨,其与调查团现在之关系为何,亦不知。俞德浚请求教育厅还有兑换货币事,此为先前所没有,此摘录其致教育厅之函如下,借此亦可获悉俞德浚在昆明之准备,及预计采集路线。

> 此行团员五人,携带夫役多名,本年三月中旬出发,十二月间始克返省,途中需用大批款项,而其中如永宁、中甸、木里诸地,或以邮兑不通,或则汇水奇昂,且在边区各县纸币又未能尽行流通,一切交易,均需现金,为此恳请贵厅发给证明函件,以便向富滇新银行兑换云南半开硬币三千元应用。①

在临近出发时,对采集计划又作扩充,改派刘瑛组成一分队前往滇南各县,其他则不变。《静生生物调查所第九次年报》对调查团第一年采集之成绩,有如下记载:

> 俞、刘两君,二月到昆明后,即率领本所在滇原有采集员工倪琨、杨发浩、李春茂等十余人,前往云南西北部高山区域,作长期之采集,继更西进,四月抵丽江,为采集便利计,至此,全队分为三小组,散至永宁、木里、康边之木里土司、中甸、西康之定乡及稻城与德钦、澜沧江东岸之白马山及其西岸之四莽大雪山等处,作精细之采集。共计一年来所采得各种植物标本,达一万余号,植物种子二千七百余号,更有菌藻球根等标本,三百余号,现已运到昆明,最近即将分寄国内外。此次采集之异常成功,可使下年度合作有继续之可能。

英国园艺学会此前欲得中国植物之标本或种质资源,皆是自行派员来华,直接采集。此时,中国国家主权在自然资源领域得到体现,西方人士来华采集植物,掠夺资源的历史已经结束,但要获得种质资源,因受《外人在国内采集标

① 俞德浚致云南省教育厅函,1937年3月10日,云南省档案馆藏云南省教育厅档案,1012-004-1080。

本限制条件》的制约，不能再援前例，只好寻求与国内学术机构联系，以共同采集。之所以要选择与静生所合作，实是因为静生所经过近十年的努力，已成为中国生物学研究最大机构，不断发表论文，经交换而传播至国外，引起国外学术界的重视，胡先骕也因其本人的研究和主持静生所成为国际知名的科学家，受到普遍尊重。静生所前在云南的植物调查所取得的成绩，更让人艳羡不已。由于静生所系民间所办，研究经费有限，为培育和推广云南的高山花卉，1934年与江西省农业院合办了庐山森林植物园，以为庐山有湿润的亚高山自然条件和便利的交通，引种杜鹃、报春、龙胆等云南高山花卉，可繁育出园艺品种，以改变这些原本产于中国的园艺植物，却要依赖进口的尴尬局面。但苦于经费未能立即组织实施，与英国园艺学会合作，可谓恰得机缘，静生所主要目的即为庐山森林植物园采集种子。

至于采集途中情况，未得俞德浚只言片语，仅有一通倪琨、杨发浩在丽江采集时写给龚自知厅长的汇报之函，从中略知当时情形：

仲钧厅长钧鉴：

此次在昆，未得面陈微情，及请示一切，殊深缺憾。归家后接该生物调查团主任俞季川来函，催赴西北工作，已于本月初抵丽江，其间经过情形，方知甚属荒唐，但事已至此，惟勉强赴命，以不负钧长栽培为原则，俾全终始而已。

本年大体计划，以移高山植物往庐山森林植物园为目的，已决定木里、中甸、阿墩子为三中心点，尽年内冬初毕事。现刻在丽江开始工作，见有经济价值及可供园艺栽培之植物甚多，窃思若本省举办小规模之植物园，材料之供给，实占天时地利也。

此行因事出仓卒，荒谬之处，伏祈钧宥并恳照往例予经济上之补助，更祈时加训谕，俾便遵循。

肃此敬请

教安

生　倪琨、杨发浩　谨上　四月十九日丽江

云南省教育厅派员随静生所调查，乃是培养自己人才，以在云南开展相应研究，几年之后，了无进展，所派人员，也为着急，因之倪琨、杨发浩有此建言。

是年年底，采集结束，返回昆明，俞德浚致公函于教育厅，请求发给证明文件，以便将所得种子付邮时能免税放行。此次种子共计分装50包裹，分别寄往庐山森林植物园、香港大学、英国爱丁堡皇家植物园及美国哈佛大学阿诺德树木园等处。寄往庐山的种子，经植物园于1938年春“及时莳种，均有良好结果”。惜未久，庐山也因抗日军兴而沦陷，庐山森林植物园员工被迫撤往云南，园林便无人看管，此批经千辛万苦得到的珍贵高山花卉种子未能繁殖到开花结果，达到应有的目的。

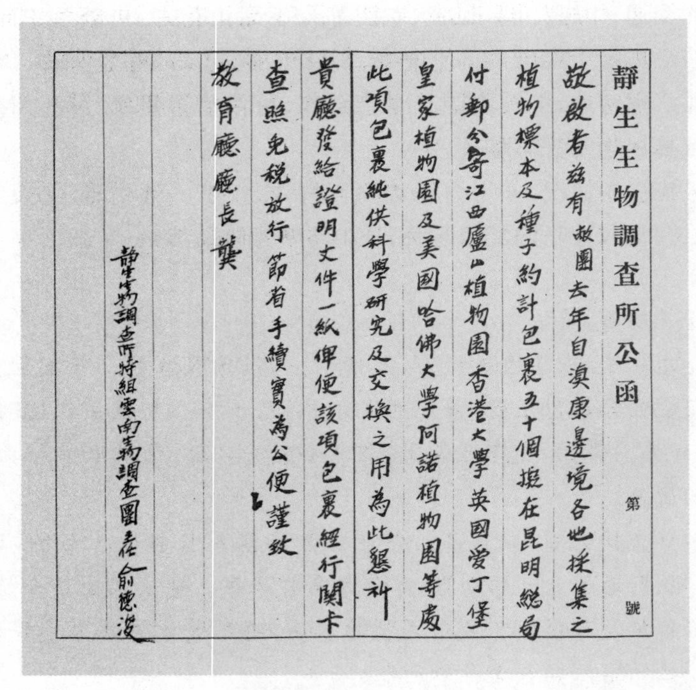
靜生生物調查所公函　第　號
敬啟者茲有敝園去年自滇康邊境各地採集之植物標本及種子約計包裹五十個擬在昆明總局付郵分寄江西廬山植物園香港大學英國愛丁堡皇家植物園及美國哈佛大學阿諾植物園等處此項包裹純供科學研究及交換之用為此懇祈
貴廳發給證明文件一紙俾便該項包裹經行關卡查照免稅放行節省手續實為公便謹致
教育廳廳長龔
靜生生物調查所特組雲南生物調查團主任俞德浚

图1-22　俞德浚致云南省教育厅公函手迹（云南省档案馆档案）

1938年，英国皇家园艺学会又出资400英镑，与静生所继续合作，美国哈佛大学阿诺德树木园也以600美金加入此项工作。故俞德浚仍在云南率队采集，只是规模更大。

五月初，俞德浚君，率领队员，由昆明往大理后，即分为南北两组：南组，由刘瑛率工役二人，前往滇省西南部之顺宁、镇康、缅宁、景东等处之山岳地域，及云南与缅甸之交界处，专事亚热带林木标本之蒐集；

北组，即由俞德浚君率同杨发浩、李春茂、蔡希岳暨工人等，前往云南西北隅之丽江、维西，且越碧罗雪山而至怒江、俅江、茨中、高黎贡山、打拉及藏边等处。继复分为二小组：李蔡两君为一组，在怒江西岸之碧罗雪山及高黎贡山之南部采集；俞杨两君，则在高黎贡山北部，俅江谷地、察瓦龙及滇缅边地等处采集。十二月初，各队始由维西，经丽江及大理，而返昆明。

一年来，其各队工作进行俱利，其成绩较之去年尤佳。总计本年各队所采之各种植物标本，近一万号；各种种子，达千余号，尚有球根、剪枝、苗木等甚多，均运回昆明试种，其标本多为珍异之品，对于科学上及经济上均极有研究价值，尤以高山产之杜鹃种类极多，珍异罕见。其种子亦多为高山植物之富有园艺价值者。①

此《年报》所言球根、苗木“运回昆明试种”即试种于黑龙潭内刚成立之云南农林植物研究所。关于该所将在下章述之。俞德浚所获种子、标本部分寄往国外，加强了与英美等国植物学界的联系，并维持了长期合作关系。

俅江，又名独龙江，俞德浚1938年俅江采集，写有《俅江行》，该文未曾发表，手稿今藏于中科院昆明植物所，发掘出来，弥足珍贵，而文章甚长，此作摘引。

笔者等一行五人于民国廿七年春离昆明，启程西上，昆榆公路汽车三日到达大理。大理至丽江可通驮马、肩挑竿轿，沿途亦有旅舍食宿之便。丽江以北，均沿金沙江上行，经立地坪越大雪山而至维西，即入沧江谷地。此后运输惟持驮马背夫，沿途旅肆绝少，商旅均寄宿人家或支帐露宿，炊食自理，完全边地风光矣。……

六月一日行抵维西县属之叶枝，因闻若自茨中过山，其时山上积雪犹未融化，驮马不能通过，须在此更换背夫运送行李；又以入怒江后，钞票不能流通，须在此处购置盐巴（有红白二种，均出西藏盐井）、茶叶（普思各地所出之砖茶）、土布，以便就地换粮食。故笔者等为充分准备，计乃留住叶枝王土司家中，宽宅华屋，待客甚殷。……离茨中之次日午后宿于怒江边

① 《静生生物调查所第十次年报》，1939年1月。

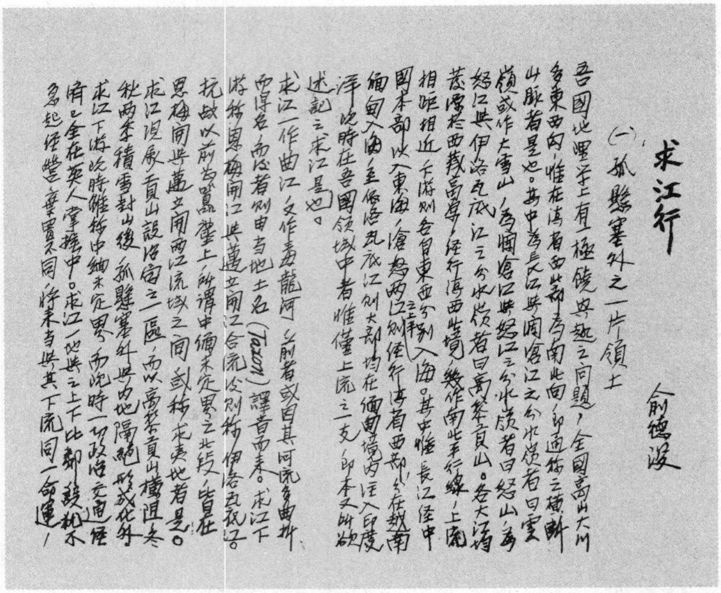

求江行

(一)孤懸塞外之一片領土

俞德浚

吾國地理學上有一極饒興趣之問題，全國高山大川多東西向，惟在滇省西北部為南北向，即通稱之橫斷山脈者是也。其中為長江與瀾滄江之分水嶺者曰雲嶺，或作大雪山；為瀾滄江與怒江之分水嶺者曰怒山；為怒江與伊洛瓦底江之分水嶺者曰高黎貢山。各大河發源於西藏高原，經行滇西北境，幾作南北平行線，上流相距相近，下游則各自東西分別入海。其中惟長江經中國本部以入東海；瀾滄、怒兩江之下游則經行滇省西部，分在越南、緬甸入海；至伊洛瓦底江則大部均在緬甸境內，注入印度洋。此時在吾國領域中者惟僅上流之一支，即本文所欲述記之求江是也。

求江一作曲江，又作毒龍河，前者或因其河流多曲折而得名，而後者則由當地土名(Taron)譯音而來。求江下游稱恩梅開江，與邁立開江合流後則稱伊洛瓦底江。抗戰以前為滇緬疆上，所謂中緬未定界之北段，皆在恩梅開與邁立開兩江流域之間，或稱為未定地者是。求江現為貢山設治局之一區，而以高黎貢山橫亘，冬秋兩季積雪封山後，孤懸塞外，與內地隔絕，形成化外。求江下游此時雖稱中緬未定界，而此時一切政治交通經濟已全在英人掌握中。求江一地與之上下比鄰，設如不急起經營，與實不同，將來勢與其下流同一命運！

图 1-23　俞德浚《俅江行》手稿第一页(中科院昆明植物所档案)

平山上之白汗洛教堂。闻怒江上游一带教堂凡六所，其中以白汗洛为最早，现在主持者为卜多(E. J. M. Burdin)神父。闻吾等为调查生物而来，与谈甚洽，并以其手采植物标本、蝴蝶标本相示。吾国边疆科学工作常出于若辈传教士手中，未可忽视。①

以上所引还是进入俅江之序曲，抵达贡山才邻近俅江，请再看俞德浚之文：

笔者等在贡山勾留凡十余日，一方面在附近作物产之调查，一方面在探寻俅江各地之情况。据各处访问之结果，为在俅江长期旅行工作便利计，须设想俅江为一全无人烟之区域，一切日常消费之食粮用品，均须作四个月之估计，在贡山须先有充分之准备；其次则以高黎贡山北段道途险阻，所有运输均靠背负，而每人负重不过三四十斤，如何将此四个月之粮食用具运送至俅江各地，亦大费周折。经与设治局及当地仅有之一二绅商多方合作，始勉强于七月五日启程。怒俅两江以高黎贡山为分水岭，怒

① 俞德浚：俅江行，手稿，藏于中国科学院昆明植物研究所档案室。“俅”，作者原稿作“求”。

入俅须翻越高越万尺之峰垭，与绵绵数十里之森林，而所有经路往来者少，须有当地土人为之向导。……俅江一地，除三五汉商前往收买山货药材外，历来甚少大批公务人员到达，为免误会，先由设治局用木刻通知当地首领，说明来意，并嘱其通知各处，修理道路，藉便调查工作之进行。

俞德浚一行，请背夫 26 人运输食粮，计划六七日翻越高黎贡山抵达俅江，然途中遇雨，气候恶劣，道路险阻，却走了十二日，且途中冻死背夫 5 人。俞德浚在俅江旅居凡三逾月，遍历各重要山川，并广采花木虫鱼标本与种苗，直至秋深始作归计，时高山已见积雪，即到封山时期矣。在俅江，俞德浚与当地少数民族建立良好之关系，其采集亦得到其援助，每至一地，必先为之砍除荆棘，修补梯桥及溜索，或先为砍伐竹木支搭棚架，以为暂息植所。故俞德浚临行之时，按俅人之风俗，剽牛话别。

图 1－24　俞德浚(左一)在独龙江考察时与向导和独龙族人合影

俞德浚在进入俅江之前，在怒江请得二位向导，一为喇嘛，在过高黎贡山时，见此情景以为不祥，次日不辞而去。幸得另一年轻向导一直跟随不舍，其后在独龙江采集时，也照应极为得力。该向导名为孔志清，独龙江人，通汉语。调查结束之后，俞德浚返回经过大理，特拜访大理政治学校校长，为孔志清办理入学手续，此后还曾予以资助，促其走出独龙江。1960 年代，孔志清成为独龙族人大代表赴北京出席第三届全国人民代表大会，俞德浚也出席是会，在人民大会堂他们不期而遇。此后，孔志清来北京均要与俞德浚晤面。1986 年俞德浚去世，孔志清还口述回忆他们之交往。其云：

> 1937 年 5 月，俞先生受北平静生生物调查所的派遣来到云南贡山，我们称他俞委员。当时高黎贡山冰雪消融，他们准备翻越高黎贡山到独龙江一带进行考察采集。俞先生一行四人，来贡山后雇请了许多民工，我被安排担任翻译和向导。出发后，我率先遣队走在最前面，俞先生等随后边走边采集标本。俞先生当时正值壮年，健壮结实，胡子黑黑的，一派英武气概。
>
> 我们独龙人有吃小猪的习惯，当考察队到达独龙乡时，我的父亲(当时任乡长)把一只肥肥的小猪送给俞先生。先生回赠五件棉布和一些洋铁碗，让我父亲第一次穿上了棉布。俞先生向我父亲表示，要让我到内地入学读书。
>
> 历时 6 个月的采集工作结束了。俞先生取道维西回大理，我把俞先生送到当时的贡山县城达拉，垂泪而别。俞先生到大理后，即去拜访大理政治学校的王木祖校长，介绍了我的情况，要王校长收我入学读书。
>
> 1938 年 7 月，大理政治学校来函并寄来路费，要我去读书，一同去的还有钟定邦(怒族，"文化大革命"中被迫害致死)。学校待遇很好，除供给食宿外，每月还发三元零花钱。学习期间，俞先生一直把我当亲人一样，关心和帮助。他和蔡希陶先生住在昆明云南农林植物研究所时，还两次寄钱给我，共四十元滇币。①

孔志清是独龙族第一位知识分子，其后于 1959 年任贡山县县长，后任怒江州副州长。昆明植物所赴独龙江考察，多得其关照，此系后话。而在 1939 年初，俞德浚一行回到昆明，刘瑛已先回，其二人即加入云南农林植物研究所。而杨发浩、倪琨、李春茂则为离开，此后也未曾从事与植物学有关之工作，辜负云南省教育厅对若辈之栽培。

---

① 孔志清口述、周元川记录整理：独龙江畔结深情——缅怀俞德浚先生，《植物杂志》，1986 年第 6 期。孔志清回忆时间不尽准确，当以俞德浚游记为准，赴独龙江在 1938 年，在独龙江采集三阅月，孔志清入学时间在 1939 年 7 月。

第二章 DIERZHANG

云南植物学研究机构之兴起与变迁

1937年“七七事变”爆发，中国文化中心北平首先沦陷，随后天津、上海、南京、广州等地继之。沦陷区之大学及研究机构均奉命内迁，昆明为主要落脚之地。抗战期间，昆明成为西南文化重镇，教授专家学者毕集，一时称盛。在此从事植物研究的机构有：云南农林植物研究所、西南联合大学生物系、清华大学农业研究所、中山大学农学院、中法大学生物系、北平研究院植物学研究所、中国医药研究所、庐山森林植物园、云南大学生物系、云南大学农学院。本书仅就主要机构予以记述，遗漏者盼今后有机会予以补充。

第一节　云南农林植物研究所

抗日战争全面爆发，平津地区大多教育文化机构都迁往西南，静生所虽依靠美国在华势力在北平勉强维持，若能在后方设置分支机构，也不失为良策，以便从沦陷区撤出，工作不致中断。即援引前与江西省农业院合办庐山森林植物园之例，与云南省教育厅协商，由两家合组成立一研究机构。欲取得地方政府的支持，必有发掘新的植物种类以丰富农林资源的研究内容；关切国计民生，注重农林生产，本也是静生所一向之宗旨，即以合办农林植物研究所相商。

在云南方面，其教育事业在民国之初，与全国其他地区相比，甚为落后，主要原因系全省经费均用于军政，教育经费匮乏，无力发展。自龙云接掌省政之后，首先保障教育经费独立。龚自知出任教育厅长，先使小学、中学在全省境内广为兴办，后又有云南大学之设立，聘请著名数学家熊庆来为校长。[①] 龚自知于农林教育及农林科学发展也素为重视，自静生所在云南进行植物调查以来，教育厅给予了大力的支持和赞助，而静生所人员在云南艰苦卓绝的工作，也备受教育厅之嘉许。由此也引发教育厅对研究本省植物的兴趣，在丰富的

① 江南：《龙云传》，中国友谊出版公司，1989年，第7页。

植物资源之中，发掘新的种类应用于农林业的生产，以利于国计民生。在昆明设立之民众教育馆，其中即设有研究部，来云南采集各机构回赠一份标本即藏于民众教育馆，只是没有专门研究人才。1934年教育厅特派倪琨、梁国贤两人赴北平静生所学习一年。但他们返回云南之后，倪琨随静生所俞德浚继续采集，而梁国贤则不知行止。当静生所提出与教育厅合办一学术研究机构于昆明时，即受教育厅之欢迎，经双方协定，所名即定为“云南农林植物研究所”。

一、创建缘起

1937年初，云南省教育厅长龚自知重静生所所长胡先骕之名，邀请其来昆明讲学。其两人因静生所在云南采集事已有多年书信来往，只是未曾谋面。此项邀请，胡先骕本为应命前来，只是有出国考察计划，难以成行，但在回函中，顺势提出愿与云南省教育厅合作在昆明创设一植物研究机构，函文如下：

仲钧厅长侍席

情深慕蔺，缘悭识荆，敬维公私多吉，为颂为念。

前奉来书，相邀赴滇讲学，本切下怀，近以枢府有命赴欧美调查教育，程期移至夏末，无暇入滇，怅何如之！

自维敝所在贵省采集植物于兹六载，屡荷官宪指导维护，使能大有成就，感激之怀，匪言可喻。伏以贵省植物之富，甲于全球，虽以敝所历年搜讨之勤，尚未尽采，奇秘而未开发之经济植物种类尤多，为发展贵省农林事业计，甚望能设立一农林植物研究所，则他日利用厚生资源有自。骕虽不敏，甚愿竭棉力赞助之也。若与敝所合作，则此机关，每年有一万五千至二万元之法币即可勉充经常费用。此次出国或不难在国外觅得相当补助费用。主持其事者亦有适当之人选。公如有意，不妨告知，以便详为规划，期底于成，是所至盼。

专此　即颂

政安

步曾弟　胡先骕　拜启

五月廿日[1]

[1] 胡先骕致龚自知函，1937年5月20日，云南省档案馆藏云南省教育厅档案，1012-004-1821-001。

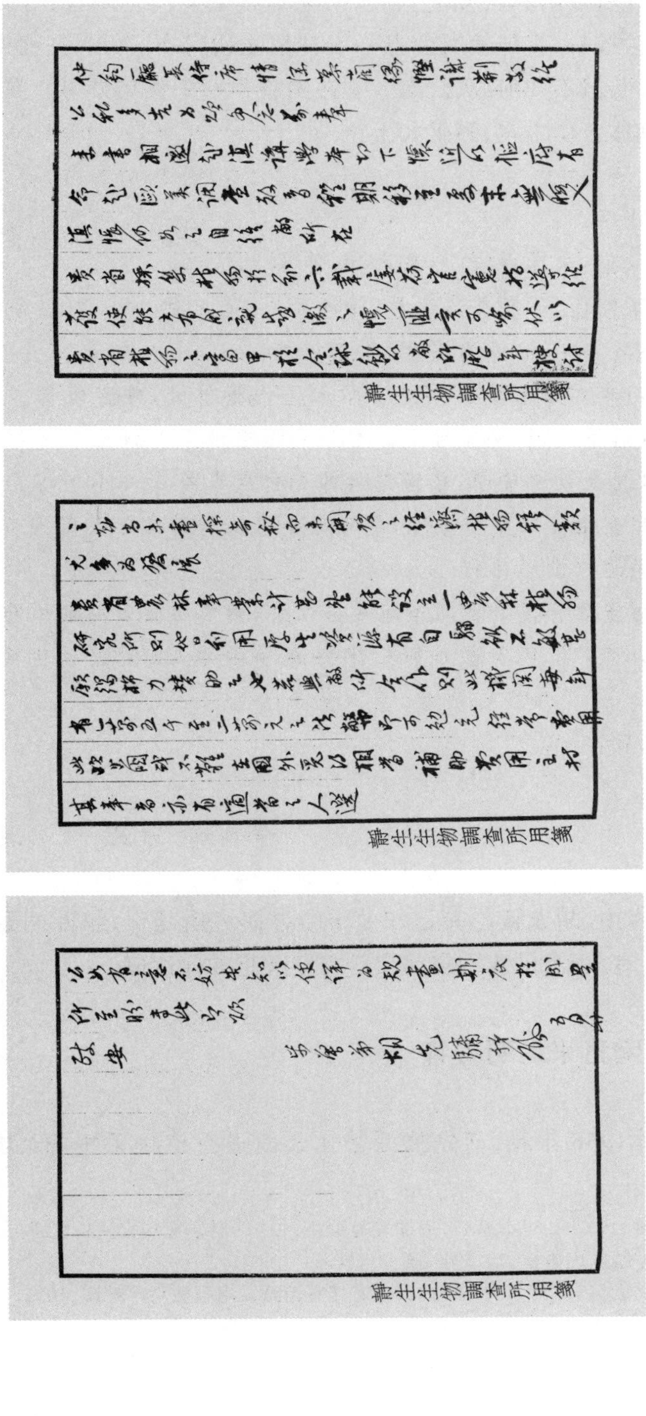

静生生物调查所用笺

[illegible]

静生生物调查所用笺

[illegible]

静生生物调查所用笺

[illegible]

图 2-1　胡先骕致龚自知手札(云南省档案馆档案)

几乎在胡先骕致函龚自知之同时，胡先骕致函其门生刘咸，告知“熊迪之先生回滇任大学校长，将与敝所合办一农林植物研究所。”①胡先骕设所建议，得到龚自知赞同，但不知何故，云南大学在实施中并未参与其事。龚自知不仅赞同，且提出具体合作方案，回函如下：

步曾先生道席：

久钦硕望，未遂抠衣，引领之标，仰慕无已。

承出国期促，不获莅滇讲学，此间同人，闻讯殊为怅惘，甚盼先生欧游归途，就便入滇一游，藉慰渴慕，无任祈祷。

贵所历年在滇采集工作对于学术上贡献甚大，殊深佩仰。惟维护照料有未周，远承声谢，弥觉汗颜。至蒙商询在滇合作设立农林植物研究所一层，于原则上极所赞同，兹谨拟具鄙见数点奉商。

一、完全由贵所主持办理，敝省每年可认补助常年经费国币五千元。

二、所址须设于昆明。

三、由省政府拨给近郊土地百亩以外，由贵所负责办理植物园。

以上几点，不审尊意如何？伫待惠赐函示，以便进一步商洽，换文定案。

耑复，敬候

道绥

龚自知　拜复　六月廿四②

在所见档案中，胡先骕与龚自知关于合办研究所函件，仅此两通，想必还有不少，只是没有入档，以致不知初步合作意向是如何达成。

二、蔡希陶再来昆明筹备

第二年，即1938年春，胡先骕派曾在云南进行植物采集的蔡希陶再往

① 胡先骕致刘咸函，1937年5月22日，周桂发等编注：《中国科学社档案资料整理与研究·书信选编》，上海科学技术出版社，2015年，第119页。

② 龚自知复胡先骕函，1937年6月24日，云南省档案馆藏云南省教育厅档案，1012-004-1821-001，档案中此函为底稿。

昆明，按静生所与教育厅商定结果，勘查适当所址及筹办其他相关事宜。蔡希陶到达昆明之后，教育厅拨借昆华民众教育馆尊经阁为云南农林植物研究所筹备处，并指示蔡希陶往昆明四处近郊勘查适当地点，以作所址及园址。经多番考察之后，蔡希陶将所得结果作函报告龚自知，认为以黑龙潭最为适宜，云：

> 连日考察结果，以北郊黑龙潭龙泉公园为最适宜。盖其处山地与平原配合得宜，水源四季不绝，且交通便利，风景幽美，倘能借作"云南农林植物研究所"所址及"植物园"园址，一方面于各种植物之栽培试验，至感便利；一方面于山水庭园之点缀布置，可臻完美，藉以促进一般人民之造林及园艺兴趣，而渐趋于国民经济建设之途，亦所以响应贵省当局历年苦心建设之宗旨。用特函恳贵厅长转呈省府准借公园及园前公产水田作为所址及附设园址，以便科学之研究，而利林业事业之发展。[①]

黑龙潭为一地下涌泉，潭深水碧，潭边建有黑龙宫、龙泉观两处道观及薛公祠。龙泉观内有唐梅、宋柏、明山茶以及元杉、清玉兰等珍贵古木，周围林木参天，环境幽雅，为昆明名胜。龚自知对蔡希陶勘查黑龙潭作为所址，甚加赞同，复向云南省主席龙云呈言：

> 窃以植物研究及园艺栽培，如设于公园之内，既可增加公园观赏之价值，复能吸引游人之兴趣。拟请饬由昆明市政府借用龙泉公园全部，以作为云南农林植物研究所所址，及附设植物园园址，借用期限定为三年。此项借用办法，对于市府管有之主权，即游人游览方面，均无妨碍，惟为求公园管理及植物研究双方量顾进行便利计，拟请一并饬由市府加委该蔡希陶为龙泉公园经理，以专责成。[②]

在云南方面商量借用龙泉公园的同时，云南农林植物所筹备处于5月1日在所借尊经阁开始工作，启用钤记。蔡希陶还准备待布置就绪后，举行开

---

① 蔡希陶致龚自知函，1938年4月19日，云南省档案馆藏教育厅档案，1106－003－0837。
② 龚自知致龙云函，1938年4月27日，云南省档案馆藏教育厅档案，1106－003－0837。

幕仪式。其本人已开始在木箱内育苗,勤于动手是其一生良好之习惯。

不久,省政府批复同意了龚自知的议案,并指令昆明市长翟翚具体落实。当时昆明市改设了一些古典园林为公园,向民众开放,却因缺乏园林专家主持其事,无所进展。市长翟翚不仅完全同意借用黑龙潭龙泉公园开办农林植物所和植物园,还以太华、圆通、翠湖诸公园之治理托付给即将成立的农林植物所。翟翚(1901 —?),字羽仙,云南昭通人。毕业于云南讲武堂,曾在龙云属下任职,后任云南军总司令部参谋主任,兼云南蒙自关海关监督。1935 年 9 月任昆明市市长。蔡希陶即与市长瞿翚商定借用龙泉公园办法,得到满意之结果,其致函龚自知,报告此事结果。

> 昨日晤见翟市长,一切皆已圆满解决。龙泉公园借用办法,完全照贵厅所拟办法办理,水田一层,亦蒙允全部交敝所应用。惟原有道僮口粮,则由敝所负担。翟市长除欢迎敝所负责兼管黑龙潭外,并表示以后凡所有太华、圆通、翠湖诸公园,只要人力财力够分配,亦拟全托敝所,以增风景。市政于此项事业,原有经费每年国币数千元,嘱希陶尽此数范围内筹划云。希陶当时表示,市政如有委托,敝所无不尽力,全市公园之整顿,请期以黑龙潭弄好之后。①

《借用办法》由昆明市起草,蔡希陶认为“措辞极有打算”,也甚为赞同,唯对借用期三年,未将此确定为永久事业,而感到欠缺,但亦不便提出异议,只是向龚自知表示:“三年后之问题,一方靠敝所方面之事实表现,一方尚赖先生多予给获,始克臻于永久。”②

所址、园址已有结果,农林植物所开办在即,蔡希陶还向教育厅申请开办费,提出预算如下:

标本柜	20 个	600 元
经济植物标本柜	10 个	300 元
副号标本柜	4 个	80 元

① 蔡希陶致龚自知函,1938 年 5 月 17 日,云南省档案馆藏教育厅档案,1106 - 003 - 0837。

② 蔡希陶致龚自知函,1938 年 6 月 8 日,同上。

续　表

实验桌	4张	100元
打字机	1架	500元
双筒解剖镜	1架	500元
植物园开办费　苗床	8座	400元
植物园开办费　购买花木种苗		500元
建筑费　建筑修理、筑路、盖苗圃		1 000元
图书		1 000元
		合计：5 462.00元

学术机构之开办费，至为重要，关涉到该事业之根基，若因欠缺，则事业不稳，难经挫折，甚有夭折之虞，但是教育厅并没有通过此项预算。在北平的胡先骕获知筹建农林植物所进程至此关键时刻，遂不顾一切，万里南来，以便与教育厅再为面商，并向陪都重庆的国民政府谋求支持。胡先骕出国考察计划，因抗日战争全面爆发而没有成行，此时其本打算，在已沦陷的北平，潜心于学问。

静生所创办以来，其规模日渐壮大，成绩不断，至30年代中期已为国内重要的生物学研究机构，在国外也享有声誉；其后又在有“夏都”之称的庐山，设立植物园，更产生了广泛的社会影响。这些都给胡先骕带来较高的社会威望，因此与国民政府中的要员也开始了交往。胡先骕对政府的教育、科学事业献计献策，要员们也愿支持胡先骕所领导的事业。此时，其往抗击日本侵略战争的大后方昆明，难免会引起日人的注意，为避之，故没有公开自己的活动。

在昆明，胡先骕致电重庆教育部请予补助农林植物所开办费1万元，然事与愿违，未能实现。再次电请，才蒙获5 000元。又与云南省教育厅相商，教育厅终允先期支拨开办费2 000元，后每月补拨350元；并于7月1日与昆明市政府正式签订借用龙泉公园合同。笔者十多年前撰写《静生生物调查所史稿》，因查阅档案有限，出现不少错误，其中将胡先骕与昆明市市长翟翚签订的合同，误以为是与云南省政府签订，此次重查档案，发现此份合同。合同共有13条，此照录7条如下，一以纠正旧著错误，一以证明农林植物所最初所址在黑龙潭内。

昆明市政府与云南农林植物研究所为拨借龙泉公园订立合同

一、该园经理一职,由云南农林植物研究所所长推荐该所职员一人,由昆明市政府加委之,以便园务管理,惟该经理仍由昆明市政府之指导与监督,负责办理公园经理职权内所应该办理之一切事项,并享有公园经理一切权力。

一、该园前水田,暂定拨借十亩,供云南农林植物研究所种植试验之用,其每年应有之租米,由云南农林植物研究所按照旧例缴纳于昆明市政府。惟该项水田,须待今年秋收后,再行拨借,将来如增拨,再由双方商同办理。

一、所有该园未借用之各村田亩租米,仍照案由该园经理催收,除留一部分为该园道众口粮外,余均照案解缴昆明市政府。

一、道众仍留园居住,照昆明市政府旧案管理待遇。

一、该园房屋器具匾联碑文、山场林木等均由云南农林植物研究所负责保护,不得任意修改移动砍伐损伤,如有更动,由云南农林植物研究所函知昆明市政府,得同意后,再行着手。

一、该园房舍,由云南农林植物研究所出资修理之,遇必要时,昆明市政府酌予补助。

一、该园房屋、田地借用期限,暂定为叁年,期满时,如不续借,一并交还昆明市政府。在借用期,云南农林植物研究所在该园种植之植物,所起造之建筑,期满时,由云南农林植物研究所无条件移交昆明市政府收管。云南植物研究所如需继续借用该园时,须得商市政府同意。

7月1日,云南省政府下发1234号训令,言“自民国二十七年七月一日起,以三年为限,借龙泉公园与植物研究所,订立借用合同,并任蔡希陶为龙泉公园经理。”①至此,农林植物所得告正式成立。这一天,蔡希陶在尊经阁设立的筹备处也告结束,而迁入龙泉公园黑龙宫正式办公,并在黑龙宫门口挂起“云南农林植物研究所”招牌,只是招牌不知请何人书写。

① 云南省政府训令,1234号,云南省档案馆藏教育厅档案,12(4)。

图 2－2　云南农林植物研究所在黑龙潭中黑龙宫挂牌开办

图 2－3　2018 年之黑龙宫(胡宗刚摄)

在筹划创办农林植物所时，胡先骕也得云南大学校长熊庆来赞许，以此所由静生所、教育厅和云南大学三家合办，并对该所人员作好安排，前所录胡先骕致龚自知函中言"主持其事者亦有适当之人选"，系指拟由云南大学严楚江执其事。蔡希陶刚到昆明筹办时，曾向当地记者有所吐露，一家报纸曾有这样的报道：

> 北平静生生物调查所，前组织云南生物调查团，来滇调查，迄今历时七年，该所近复与本省教育厅及云南大学，共同筹组农林植物研究所，并派蔡希陶君来滇筹备。蔡君昨（三日）已乘联运车由长沙抵省，据谈：农林植物研究所所长，系由静生生物调查所所长胡先骕兼任，严楚江为副所长（严君现任云大植物学系主任），在胡所长未到昆明以前，由副所长代行职务，所址即设于昆明，将来工作拟先由调查及试验着手，期于发展农林事业上有所贡献。研究所下，拟附设一植物园，以便试种各种农林植物云云。①

其后，云南大学并没有参与农林植物所创办，于副所长人选，胡先骕改任尚在英伦进修，即将回国的汪发缵担任。1938 年汪发缵回国抵达昆明而就职。胡先骕在昆明办完诸事之后，仍潜回北平。

农林植物所成立时，所中人员除蔡希陶外，尚有蔡希陶夫人向仲及邓祥坤等。蔡希陶本在筹办农林植物所之后，拟回北平，因战争期间"道阻未能北返，即派赴滇省，担任云南农林植物研究所标本管理员，向仲暨邓祥坤君，均因同样情形，调为云南农林植物研究所事务员及采集员。"②前已在云南进行植物采集的俞德浚、刘瑛在滇西北考察结束后，也加入农林植物所。教育厅前派往北平静生所学习的梁国贤时也被纳入斯所。在战争时期，能开创一学术机构，实属不易。由于资料欠缺，前述仅一概言，此中曲折，定有未周之处。

---

① 转引自胡俊：《原本山川极命草木——中国科学院昆明植物研究所六十周年纪念文集》，中国科学院昆明植物研究所，1998 年，第 16 页。

② 《静生生物调查所第十次年报》（民国二十七年一月至十二月），1939 年。

三、第一任副所长汪发缵

农林植物所已开办起来，其员工自当奋起工作，努力为之，遂定此项事业之大基。1940 年汪发缵撰写了《本所之回顾与前瞻》一文，此录一节，以见农林植物所最初之情形。

> 当本所草创伊始，龙泉公园中上观、下观咸驻受训练之义勇壮丁队，所中职员，遂跼蹐于薛公祠一偶，开始工作。唯时只蔡希陶、梁国贤二君，人简事繁，劳瘁可知。最重要之工作，乃为园中芟除荒秽，布置花木，为本所开辟苗圃，调查黑龙潭一带植物。阅半年，静生生物调查所所遴派之技术员，先后踵至，秦仁昌君自江西来，陈封怀君自湖南来，发缵自欧返国，职员有增，人事甫定，而薛公祠遂感不敷办公研究用。且祠为纪念明薛尔望公阖门殉义之忠烈故事而设，为游黑龙潭者必至。故有时碑记朗诵声与打字机声相映，案牍文稿辄为游客读物，且或高谈阔论，若筑办公室于道旁，殆战时文化机关之趣闻欤。廿七年冬，适壮丁队训练奉命结束，乃迁入下观工作，此为本所初有办公室、图书室、标本室之始，而办公、研究、实验诸端，遂得以分别并进矣。时发缵归自欧洲，携图书六百余册与俱，皆英国公私所捐赠，如此厚贶，则本所图书室始具规模。俄而秦仁昌君偕庐山植物园职工数辈，前赴丽江设站工作，而滇西北植物调查，遂由庐园分负继续寻探之责。①

汪发缵(1899—1985)，字奕武，安徽祁门人。1923 年就学于南京东南大学，受业于秉志、胡先骕门下，1926 年，毕业回家乡中学任教，曾经师长的推荐，在《科学》上发表译作。1928 年冬，接胡先骕邀请函，约赴北平，参与静生所工作。在汪发缵看来，能脱离人事纷繁的中学而到一个研究机构，单纯从事研究工作，是件令人愉快的选择。当春节过后，即赴北平，任静生所植物部助理，与唐进一同研究单子叶植物，且长期合作，学界已习惯将汪唐合称。1935 年，两人又同受中华教育文化基金董事会之资助，一起休假赴欧洲留学，在英伦丘皇

① 汪发缵：本所之回顾与前瞻，《云南农林植物研究所丛刊》，第 1 期，1941 年 1 月。

图 2-4　汪发缵(中科院植物所提供)

家植物园,作兰科和百合科的分类研究,小部分时间作其他单子叶植物分类。1938 年 10 月回国,汪发缵到昆明主持新成立之农林植物所。

上引汪文关于农林植物所开办情况,其言尚有未周之处,试为补之:静生所及中央研究院自然历史博物馆、中国科学社等机构历年在云南所采标本曾检一份赠予云南教育厅,此时教育厅皆拨付与农林植物所收藏研究;1937 年,静生所俞德浚率队在云南西北所采珍贵种子苗木也分配给该所保存和试种;庐山森林植物园也因抗战军兴,而搬往云南,该园除秦仁昌、陈封怀外,到达云南还有冯国楣、雷震、刘雨时等,初拟加入该所,后因该园早有引种高山花卉之旨趣,尚得经费维持,而龙泉公园内房屋不敷使用,即决定前往盛产杜鹃、报春、龙胆等高山花卉的丽江,设立工作站。关于该工作站,留待下节记述。

汪发缵 1938 年 11 月初到任,7 日与筹备人蔡希陶联名致函龚自知,云“本所过去对于贵厅领款及往来公文均属筹备人蔡希陶全权负责,兹本所副所长汪发缵业经抵滇,自本年十一月份起,遇有领款及往来一切公文,均更用本所副所长汪发缵之名义。”[①]此或为交接手续。

汪发缵来所主持之后,为将农林植物所办成永久性研究所,乃有兴建房屋之需要。1939 年 2 月 14 日,向教育厅呈请补助临时费 1 万元国币,用于在黑龙潭附近购置苗圃及庭园用地,建筑标本室、研究室。其言:“本所借用龙泉公园庙舍办公,原系临时性质,一切因陋就简,而种植各种植物,则须有固定场所,方策永久。同时室内研究,亦须有完善建筑。”2 月 27 日,教育厅同意先预支国币 2 500 元,用于购地。同时致函汪发缵,对建屋之款名目不应作为补助费,而是正式领款,并声言“所购之地及地上之建筑物概应确定性质,为云南省教育公产,产业权由省教育经费管理局行使”。由此可见,教育厅对合办农林植物所事业尚未当作自己事业,投资合作建设,即预设其解散,申明财产归属

① 汪发缵、蔡希陶致龚自知函,1938 年 11 月 7 日,云南省档案馆藏教育厅档案,106(837)。谢立三抄录。

问题。教育厅在事前申明自己财产权，本也属常理之事，只是缺少为事业奋斗到底之决心。4 月 19 日，云南省主席龙云批复教育厅之转请，“如呈照准”。农林植物所当即于小龙窝处购林地一块，约计 9 亩，并请大昌公司代为设计绘图、施工。

但是，此万元经费下达之后，工程并未动工，估计是工程量与建筑费相差过大，预算需 2.2 万元，9 月 25 日省主席龙云仍照准予以补齐。待第二年初才开始动工，3 月增加之款尚未下达，且物价日涨，汪发缵乃致函龚自知，一为修改图纸，以减少工程造价；一为催拨款项。

> 蒙贵厅一再慨予补助建筑费，共达 21 632 元，迨第二次批准之时，物价又复增涨，工价随之上腾，按当时情形，即以此有限数目，悉照原拟图样兴建，实不可能。若任其延误，倘物价续涨，则全厦工程堪虞，遂不得已为减工省料，得意全功，计将原有建筑图样改拟两翼办公室移于大厦之内，其厦前走廊去消，余与前无大异，尤无碍研究陈列办公之用。又为得早兴土木，免受物价工价续涨之影响起见，当已特拟改图样，而征得同意。兹再备文，连同改图一并送请查照。工程早经开始，待款尤为殷切，即希催将此增加 11 632 元一次发清，以应亟用。转瞬大厦落成，庶几所基永奠，实纫公宜。①

该项工程于 10 月上旬竣工，计有陈列室、办公室合为一幢，还有花房、门房、厕所各一间，总计全部造价及围墙地价，共费 34 184.34 元，教育厅出资 21 632 元，余为农林植物所向其他机关请款补助。新所址落成，汪发缵作这样描写：“自是黑龙潭外，溪流一碧，短垣半规，芊草绿褥，翠柏翁翳，广厦翼然其间，景物幽然，云南农林植物研究所所址也。”②该建筑开工之后，农林植物所请龚自知为之题字。龚自知拟就文字，请其同僚科员为之书写，其指示如下：“附题字稿一件，交周科员，请刘科员宝珧用贡川纸楷书一纸。行款照稿，中间八字，写成四寸见方；左右三行之字，写成核桃大。写好后，必盖印盖章，即用所附信封即日交邮，勿误！”龚自知所拟题字稿如下：

---

① 汪发缵致龚自知函，1940 年 3 月 23 日，云南省档案馆藏云南省教育厅档案，1012 - 005 - 0657。

② 汪发缵：本所之回顾与前瞻，《云南农林植物研究所丛刊》，第一卷第一期，1941 年 1 月。

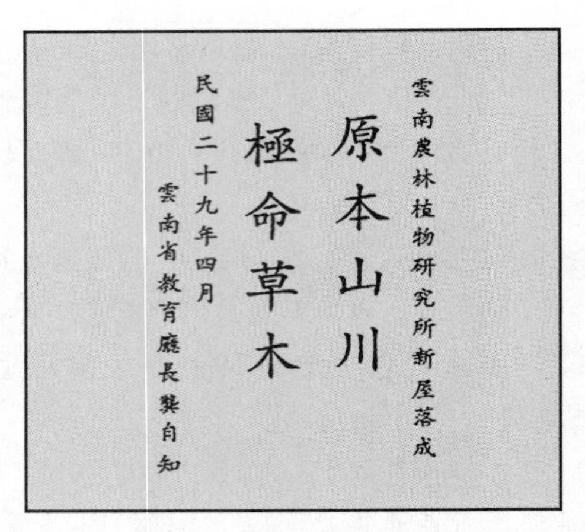

图 2－5　龚自知为农林植物所新厦落成题词样式

当日刘宝珧复函云："钧命写就寄出。"关于"原本山川、极命草木"，1998 年在纪念中国科学院昆明植物研究所成立六十周年时，吴征镒尝撰《抚今追昔话春秋》一文，言及此奠基石刻云："经胡（步曾）先生命意，并由龚（仲钧）厅长为建所题写了'原本山川、极命草木'的奠基石，此题八字意为以大自然基础归结到充分合理利用植物，是'其中有深意'的古训。'文革'期间的损毁，加之近期扩建植物园，拆了当年砖墙瓦顶的几十平方米的云南农林植物研究所的原建筑，奠基石不知遗落何处，甚为可惜。"①吴征镒言之为奠基石，想必当初刻之于石，吴先生也确实见过，但字并非龚自知所写。其时，龚自知经常给人写字，不知为何此不亲书。但其后"云南农林植物所丛刊"之刊名则为其题写。又"原本山川、极命草木"是否是胡先骕命意，则有待进一步考证。吴征镒大文将此历史旧迹披露出来，引起学界极大兴趣，中科院植物所时任所长韩兴国检出此八字出自汉代枚乘《七发》；吴征镒重新书写用之于中科院植物所、中科院昆明植物所纪念文集；中科院昆明植物所还将其用作所训；还有不少学者将其命名网络论坛等。

汪发缵任副所长仅一年，其本人未曾组织大规模采集活动，而是提请教育厅设立教育公有林，以此奠定云南省农林教育及农林学术研究之基础。其呈函云：

① 《中科院昆明植物所建所六十周年纪念文集》，1998 年。

图2-6　1940年建成办公新厦(1980年拍摄)

> 查云南幅员广袤,林木丰富,举世艳称,尤以迤西之天然林面积广阔,蕴量丰富,向以交通不便,运输困难,货弃山野,未加管理开发,今者滇缅公路已通,铁路亦开始铺设,滇缅沿线蕴藏林木,正可经营利用,各省向有教育公有林之办理,滇省极可仿效,此后云南地位更形重要,建国建省,农林人才必感需要。而农林人才之养成,胥赖农村教育及农林学术研究之发达与推广,故教育公有林之划设,实贵厅为发展农林教育之研究而筹备之一种基地也。北平静生生物调查所以往七年之调查工作,多赖贵厅补助,此次甚愿代为担任此项勘测工作,以答感情。贵厅能派遣得力地形测量员一人,辅助进行,其一切用费,该所并愿负担半数,余半数由贵厅负担。为此函请贵厅迅速及建议贵省政府准允划定教育共有林区,先行通过备案,一俟勘测完毕,划定地区再行呈报详细管理经营方案,以利进行。

此项呈请在1939年8月30日发出,9月2日教育厅遂转呈省府。省府如何批复则不知,确知最终准许勘测,但所选定区域不是滇缅公路沿线。为此教育厅拨付2 000元,农林植物所派遣李鸣岗及10名工人担任此项工作,在昆明附近各县勘测。1939年11月20日开始,至1940年2月结束。不过教育厅此款并非直接拨付农林植物所,而是李鸣岗将经手一切开支账目连同单据一并送教育厅清查,此亦其时经费使用之方式之一种。

此时,农林植物所为采集安全计,为外出采集人员配备枪支,共有三支。民国时期,公民有持枪之权利,只是要登记注册,领取执照,方可使用。1939年底进行检验,而所有枪支随采集人员在外,乃致函昆明市警察局,待人员回省后将持枪护照和枪支一同送局缴验。此三支枪支分别是:英造双筒猎枪一支,牌号C. W. Chuchen,子弹200发;美造龙头拉七一支,牌号Savage Anmsco子弹50发;安南造拉七一支,牌号Nationgle子弹50发。即一支猎枪,两支手枪。此前钟观光来云南采集,由于盗匪猖獗,以为佩枪易使盗匪为抢枪而生杀心,反以为没有枪更安全。其后,其他在云南采集者,均未携带枪支。抗战爆发后,云南成为大后方,在龙云治理之下,社会治安良好,采集者才可以拥枪自卫。

四、所长胡先骕亲为主持

农林植物所草创之后,胡先骕十分关心其发展。1939年春,中央研究院在重庆召开评议会,胡先骕自北平与会。会后,又自重庆飞抵昆明,为视察农林植物所工作,旋又返平。此次旅行,引起日人更大怀疑,虽说往重庆是接洽静生所经费事宜,但仍感到在北平不能久留。1940年春,胡先骕请静生所动物部技师杨惟义代理静生所所长,离妻别子,只身南下,由天津到香港转重庆而昆明,不拟再回北平,而亲为主持云南农林植物所。当初胡先骕创办农林植物所,是为静生所谋一个退路。胡先骕在重庆、在昆明为农林植物所经费而广为请求国民政府各界予以资助,“请陈果夫、请蒋介石补助云南农林植物所的经费,蒋介石便批军需署每年补助两万元”。[①] 军需署2万元,是胡先骕晋见蒋介石,与之谈抗战建国及科学文化建设等问题,蒋介石出于对胡先骕科学事业的支持,特为批准。

胡先骕为一公共知识分子,对国家政治、经济、文化、教育诸问题均有兴趣。对于政治人物蒋介石,胡先骕始也没有好印象。看见国民党在夺得政治权之后,政治设施种种腐败与紊乱,蒋介石与宋美龄结婚铺张浪费的行

① 胡先骕:对我旧思想的检讨,1952年,中国科学院植物研究所藏胡先骕档案。

为，以及连续不断发生的内战，认为新军阀与旧军阀同为一丘之貉。对于蒋介石观感的转变起于蒋介石积极从事建设，以巩固他的政权的时候，例如在各省修建公路，修建浙赣铁路、粤汉铁路，改良兵工厂，创办中央研究院，等等，胡先骕渐有点好感。1933 年，通过陈果夫引荐与蒋介石会面，胡先骕言："我批评了蒋介石许多过失，劝他向左走，这是我为王者师的思想。我有我稳固地盘，不求急进，我对他直言敢谏的态度，替他划策，使他对我发生了钦敬之心。我这时无求于他，但是我晓得在适当的时期，我是可得到他的帮助。我与蒋介石这次谈话的动机有两点：第一，因为我一贯是反苏反共的，但是看见国民党政治的腐败，认为若政治不革新，国民党必定会失败，故希望他能藉革新来巩固他的政权；第二，我对他敢于如此直且进言，表示我无求于他，因而在他的心目中，提高了我的身份，这是我以退为进的一种策略。"①蒋介石也有雅量，不仅接受胡先骕的批评，且还支持其所领导的科学事业。

除军需署拨款外，胡先骕还请得教育部每年提供 5 000 元。此款先由云南省教育厅于 1939 年 4 月 29 日向教育部呈请，6 月 2 日教育部回复云："查该厅、所合组云南农林植物研究所，在事实上似有必要，惟所请拨给补助费一节，本部并无此项专款，碍难照准。"但在 10 月 29 日，教育部通过中国银行汇来 5 千元，嘱云南省教育厅转于云南农林植物所，不知胡先骕在此中如何说服教育部长陈立夫。此外胡先骕还请农产促进委员会和农林部给予补助。由于有国民政府最高领导和有关部委的支持，令云南省地方官员刮目相看，支持力度得到增大，教育厅将常年费增至 1 万元。多方来款，可以兴建办公室、温室、员工宿舍，由此奠定农林植物所永久事业之基础。

是年 6 月，胡先骕在昆明还与云南全省经济委员会缪云台商定，由该委员会出资 1 万元，加入合办农林植物所之列。缪云台（1894—1988），原名缪嘉铭，字云台，云南昆明人。1913 年留学美国堪萨斯州西南大学、伊利诺伊大学、明尼苏达大学；1920 年回国后任云南个旧锡务公司经理，云南省政府委员兼农矿厅厅长等职；抗日战争期间任国民参政会参政员，云南经济委员会主任。胡先骕与缪云台交往如何，不甚了解。胡先骕为将三方合作持久，特起草三方合作协议，请经济委员会审核，在送请同时，胡先骕还致函经济

① 胡先骕：对我旧思想的批判，1952 年，中国科学院植物研究所档案。

委员会,其云:

> 云南农林植物研究所成立一年有余,惟以草创之初,经费有限,不敷展布,现正向中央政府各部会商请补助经费,并添聘要员增进所务。复蒙贵会深悉云南农林植物调查研究之重要,热心赞助,允拨该所经常费一万元,加入合办,无任欢迎。以后该所当勉力调查滇省经济植物富源,以期已有之事业得以扩充,新兴之事业得以成立。凡遇贵会委以调查之事项,则尤应努力极命。惟事业无穷,经费有限,若逢大规模之试验,必非此区区之费所克负荷,时或有另案尚请补助经费,拨领山场之需要。总之,该所成立以增进滇省农林富源为目的,既蒙贵会补助经常费,合办即为贵会事业之一种,以后该所之作业方针,尚时须贵会不吝指教,以匡不逮。兹仅将原有合办契约增改,送征同意,即希查照,并希将此合约草稿修改,早日发还,以便缮正,送请盖印,分执保存为荷。

从胡先骕函文,可知此前静生所与教育厅曾签有合作协议,只是档案凌乱,未能翻出。现由三家合办,胡先骕将先前协议予以修改,分别征询经济委员会、教育厅意见。档案中保存有此份修订并签署之合约,照录如下:

云南省经济委员会 云南省教育厅 静生生物调查所
合办云南农林植物研究所契约

> 一、为调查研究云南省所产与农林有关之经济植物,以期开发本省农林富源起见,云南省经济委员会、云南省教育厅、静生生物调查所合办云南农林植物研究所。
>
> 二、云南省经济委员会担任补助该所经常费,暂定为每年国币一万元。
>
> 三、云南省教育厅担供给所址及筹拨开办费与一部分经常费。
>
> 四、静生生物调查所担任学术与技术上研究指导之责。
>
> 五、所中之技术人员得就静生生物调查所内职员调充或选任,其薪俸大部分由静生生物调查所担任之。
>
> 六、云南农林植物研究所所长即由静生生物调查所所长兼任。

七、静生生物调查所在必要之状况下须以书籍、仪器、标本借与云南农林植物研究所应用。

八、农林植物研究所须担任云南省教育厅或云南省经济委员会所委托之各项调查及研究工作，但若此工作规模较大，需款特多，非该所经常费所克负荷时，得商请各该委托机关另拨专款，以充其用。

九、本契约共缮五份，分由云南省政府、云南省经济委员会、云南省教育厅、静生生物调查所、云南农林植物研究所各执一份存照。

十、此项契约在必要时，得于三方同意情况下，修订之。

订约人　云南省经济委员会　（章）
云南省教育厅厅长　龚自知　（签章）
静生生物调查所所长　胡先骕　（签章）
二十九年七月二十四日[①]

由此契约可悉，静生所人员在云南其薪金仍由静生所担负，此其一；其二，农林植物所所长由静生所所长兼任，或者在筹建之时，在昆明尚缺德才兼备之人士，只好由胡先骕兼任。其后，胡先骕长期难以兼顾云南之事，限于契约之规定，仍任所长，并非不愿提拔年轻学人。由其他档案材料也可悉，云南省经济委员会仅在签订契约第一年出资1万元，此后并未履行其之义务，或者无形之中退出。在契约签订前后，农林部、农产促进委员会也予以补助巨款，这些经费的获得促使农林植物所规模得以扩大，人员得以增加，繁殖温室、温床及附带工程相继落成，野外工作也得以按计划进行。

胡先骕在昆明还与一已退休之德籍军事顾问艾克商议，组织一大规模种苗股份公司，邀请爱好园艺的人士入股；[②]时法国殖民地安南政府因其境内红河下游每年洪水泛滥，意欲整治，先为调查云南境内红河上游森林生态，胡先骕获悉之后，积极促使法国大使馆和国民政府经济部予以资助，由

① 云南省经济委员会、云南省教育厅、静生生物调查所合办云南农林植物研究所契约，1940年7月24日，云南省档案馆藏云南省教育厅档案，1012－004－1821－009。

② 胡先骕致龚自知函，1940年6月11日，云南省档案馆藏教育厅档案，12(4)。

农林植物所来完成此项调查任务。① 今由于资料欠缺,不知此两项议案实施情况如何。

农林植物所此时人员除因公务在滇人员,受战争影响而不克回北平外,还有自北平静生所而来之王启无、张英伯;有自江西而来因病未去丽江的陈封怀及夫人张梦庄,有临时招聘而来的李鸣岗等,诸人在云南此时情形,可由下列几则材料见之,略而述之。

王启无重来昆明后,任农林植物所研究员。此时除进行一些小规模采集调查工作外,即开展室内研究,将在下节记述。王启无大约在1942年离开昆明,往广西大学林学系任教。其离开农林植物所的原因,因该所经费窘迫,只得另谋出路。其时,王启无在清华大学的老师汪振儒时任广西大学森林系主任,即邀其往广西。1945年获得赴美留学机会而远走他邦,终为美国佛罗里达大学和爱达荷大学教授,待其回国时,已是1979年。作者友人收藏一份王启无晚年写有生平"经历"手稿,其云:

> 王启无自从清华大学毕业后,曾多年致力于植物分类学工作,足迹大江南北和中国的南疆,采集了大量植物标本。1936年在云南省麻栗坡县发现了"毛枝五针松"这一新的树种,由中国植物学家胡先骕和郑万钧两博士定名为 *Pinus wangii* Hu et Cheng,以纪念王启无博士发现此新树种的功绩。而后王启无教授曾在广西大学任教,于1945年去美国深造,先后在耶鲁大学及哈佛大学获得硕士及博士学位。于1953年至1960年曾在佛罗里达大学任森林学教授,1960年9月到爱达荷大学任森林遗传学教授、名誉教授。1979年中美建交以来,曾多次来华讲学,更致力于中美友好合作事业。②

1973年已定居美国多年之王启无,致函台湾清华大学校友会,专为怀念陈封怀夫人张梦庄。他们同出清华,其中有一节写到他们同在农林植物所情形。函云:

---

① 汪发缵:本所之回顾与前瞻,《云南农林植物研究所丛刊》,第一卷第一期,1941年1月。

② 王启无:经历,1993年,来金朋收藏。

本级张梦庄女士（外文系）毕业后，即与清华助教陈封怀先生结婚，张陈两府，本是旧亲。抗战期中，陈先生自英归国，任职于新迁到昆明的植物研究所。所设于昆明近郊黑龙潭，陈家住黑龙潭上观，时弟即寓下观，日日相见。那时他们有一个极活泼的小男孩，嬉戏于泉林深处。现在想来，在战乱扰攘之中，实是桃源仙境也。上观为汉之黑水祠，古木森森，正庭花木亦盛。梦庄画有唐梅图一幅，是写生之作。植物学大师及诗人胡先骕为之题画，还记得以下一部分："古木犹存窕窈姿，×××××××。堪佳闺阁丹青手，妙写唐梅黑水祠。"①

陈封怀系庐山森林植物园园艺技师，随植物园西迁云南来昆明，一同前来有秦仁昌、雷震、冯国楣等。其本与北平静生所南来之人一同加入农林植物所，但黑龙潭内房屋有限，难以驻留，乃决定往丽江设立工作站，由陈封怀率领。但临行之时，陈封怀病倒，乃改由秦仁昌率领。此后陈封怀即加入农林植物研究所。

陈封怀在昆明完成俞德浚自1937年至1938年两年在滇西北及康南所采报春花标本及报春花属各种种子的研究。俞德浚系承担静生所与英国皇家园艺学会及爱丁堡皇家植物园合作采集任务，得植物标本不下万余号，仅以报春一属，得植物标本400号，种子标本130号。此经陈封怀研究，得撰《云南西北部及其临近之报春研究》②和《报春种子之研究》③两文。有云："关于报春植物之搜集，经吾国各方采集者，数量甚多，但从未如俞君在云南西北部大半时期专为此属之搜集者，故此次之成绩，可称吾国报春采集中之最卓著者。著者得此机会研究俞君所采之标本，将此属中各组、各种及变种之产地罗列成文，藉资为研究此属者参考。并在此标本中发现新种三种，新变种三种。"陈封怀在英留学时，即以报春分类为职志，得此丰富的研究材料，遂使其学大进，奠定其终生研究事业。文中有一新种，被陈封怀命名为俞氏报春（*Primula yuana*），并云："此新种之命名，系纪念俞季川君。俞君尝以报春野外生长情形告余，又因

① 胡先骕《忏庵诗稿》收有此诗，题为《为叔永题梦庄女士所绘唐梅》，与王启无所忆文字有出入，故为抄录："枯干犹存窕窈姿，凌寒照影侭多姿。嘉君闺阁春风手，偏写唐梅黑水祠。"

② 陈封怀：云南西北部及其临近之报春，*Bulletin of the Fan Memorial Institute of Biology*，1940，9(5)。

③ 陈封怀：报春种子之研究，*Bulletin of the Fan Memorial Institute of Biology*，1940，10(2)。

图 2-7　陈封怀(庐山植物园提供)

此采集成绩之优异,故特以俞君姓名此新种,以志不忘。”①由此可见他们的友谊。在《报春种子之研究》一文中,对 130 号报春种子,其中包括 30 种,15 组植物,根据其种子性质,作为分类的依据进行了研究。陈封怀还对于云南产之乌头属,飞燕草属,人参属之植物均曾详作研究,并为云南特产之三七订立正确之科学名称(*Panax notoginseng*)。俞德浚还采得三百余种杜鹃,也经陈封怀予以鉴定。陈封怀在云南工作至 1942 年,因农林植物所已难以为继,而胡先骕已往江西泰和国立中正大学任校长,得胡先骕之招,而回江西任教。

1939 年,张英伯携带研究材料,自北平经上海乘船绕道香港、越南,到达昆明。1980 年张英伯撰写《我的自传》,有专节回忆其在昆明的学习和工作,摘录如次:

> 我离平去云南因随带些工作材料,不能走内地通过复杂的交战区域,所以选择当时较快较安全的路程,就是由上海乘船绕香港进越南从海防登陆,再乘当时的滇越铁路直达昆明。一路几经风险,特别怕日军搜查,海盗抢劫和越南人的麻烦。当时越南仍属于法国殖民地,社会混乱,火车很坏,一言难尽。到昆明后,即去郊区黑龙潭云南农林植物所报到,那时仍属静生生物所工作站正在筹备建所,大家都分住在黑龙潭的庙里,我是单身,只能住在大神殿中与鬼神塑像共处,为了壮胆我和王启无同住,每人行军床一套,共用马灯一盏。白天工作时老道念经,我们打字,形成协奏曲,伙食自办,粗茶淡饭。在那岁月能不受日寇直接干扰还能进行科研工作就是幸事,所以大家精神饱满,对生活也满足。
>
> 云南农林植物所逐渐充实人员,修建试验办公室等,后来郑万钧同志等陆续参加并领导工作,很有起色。原静生所长胡先骕也到昆明安排具体工作。当时与中央研究院工学所周仁先生商议双方合作研究木材问题,

① 陈封怀:报春种子之研究,*Bulletin of the Fan Memorial Institute of Biology*, 1940, 10(2)。

由我承担协作课题，这样我就兼两处工作。工学所在近郊区，原有设备条件好，由于课题的发展，我后来重点转移到工学所。这也使我从研究活体树木接触原料利用问题的开始，对以后用生物观点研究资源利用的发展很有影响。①

不久，张英伯之未婚妻钟舒文也自北平辗转来昆明，与之完婚。于此张英伯写道：

云南农林植物所给我们准备了山半坡庙里一间厢房，非常幽雅，房前一丛松林，山坡一片野生秋海棠，坡下一潭泉水，院内有大树茶花，紫薇盛开，真是天上人间。那段美景开始了我这一代的家庭生活。

图 2－8　张英伯（中国林业科学院档案室提供）

胡先骕初抵昆明时，住在任鸿隽（叔永）陈衡哲伉俪府中，后即移居黑龙潭，其儿媳符式佳时也在昆明。她在晚年撰文怀念其尊翁时写到：

先翁带昭文（胡先骕之长女）和我住在黑龙潭植物所，那里空气清新，景色宜人。先翁平日都是看书写作，黄昏时常外出散步，并随时为我们讲解各种植物的名称，以及用途等等。②

胡先骕居黑龙潭时，在从事研究，撰写论文之余，还作诗抒情，有《展薛尔望张竹轩两先生墓》，诗云："三百年间见两忠，日星河岳孰能同。分输一死支人纪，坐使千秋识鬼雄。造化小儿凭播弄（原注：'谁禁我青山一卧，任造化小儿安排'乃张竹轩先生自挽联句），先生大节尽以容。冷官弱女羞偷活（原注：张竹轩先生清末官广文，广文世称冷官。薛尔望先生合家自沉，弱女与婢皆以从焉），叛国于

① 张英伯：我的自传，1980 年，中国林业科学院藏张英伯档案。

② 符式佳：缅怀先翁胡先骕，《江西文史资料》第五十集，1993 年，第 171 页。

今有巨公。”[1]薛尔望事迹就发生在黑龙潭，今在抗击日本侵略者的民族危亡之时，胡先骕日徘徊其间，能不慨然系之。

综上所引，我们从这些美好的回忆中，仍能体会到当时农林植物所具有轻松愉快、蓬勃向上的氛围；从沉重的诗句中，又感觉到国难当头，农林植物所将面临考验。

五、第二任副所长郑万钧

在农林植物所工作蒸蒸日上之时，1940 年 5 月胡先骕邀刚自法国留学归来的郑万钧来所工作，并任副所长，以加强研究力量。胡先骕特作函向龚自知介绍：

> 骕为扩大本所事业起见，已函聘前经济部农林司技正，现任四川农林改进所森林试验场场长郑万钧博士来滇任本所副所长，而汪发缵先生则专任植物标本室主任。郑先生为国内有名之森林植物学家，在国际颇有声誉，在国内以调查四川峨嵋马雷屏区之森林著名，四川木业公司之成立即以其森林调查为基础。彼此次肯舍弃其每年经临两费十万元之事业来滇，实本所之厚幸也。彼在就职之前，将往重庆与即将成立之农林部与贸易委员会各项机关接洽补助款事。以郑先生之卓越办事能力及人事上之关系，必能使本所事业向前迈进。[2]

汪发缵也主动让贤，曾言：“本所规模已扩大，似非增贤能，无以应此新需要。”由此可知当时人士心胸之坦荡。不过，汪发缵未久即离开昆明而往重庆。

郑万钧(1904—1983)，字伯衡，江苏徐州人。1923 年毕业于江苏省第一农业学校林科，毕业后任母校和东南大学助教。后任中国科学社生物研究所植物部研究员。1939 年赴法国图卢兹大学森林研究所研究森林地理，获科学博士学位。此有郑万钧在出国前向中华文化教育基金董事会申请补助金

---

① 《胡先骕文存》上卷，江西高教出版社，1995 年，第 671 页。

② 胡先骕致龚自知函，1940 年 5 月 24 日，云南省档案馆藏教育厅档案，12(4)。

图 2－9　郑万钧(夏振岱提供)

时，秉志为其说项而致中基会干事长孙洪芬一函，秉志如此言之："万钧数年以来，工作成绩极优，发表研究结果不下廿余种，国外专家多赞赏之，而其为成渝路调查枕木，使国家省去二百余万元，又为实业部调查造纸木材森林，不为无功于国家。"[①]1939 年初郑万钧得以出国留学，恰遇欧战爆发，经学校当局通融，提前结束，其论文曰：《四川及西康东部森林地理志》，是年 10 月经考试得博士学位。[②] 如此难得人才，能邀为农林植物所服务，实能见出胡先骕在学界之威望。

郑万钧即将到任之时，胡先骕因获教育部电，荣任国立中正大学首任校长。中正大学为江西省在战时为纪念蒋介石而创办的一所综合性大学，江西为胡先骕之乡邦，其素有为桑梓服务之志，岂能不乐而任之。遂于 1940 年 9 月 4 日乘飞机往重庆，在教育部面受事宜。临行前以农林植物所事，恳托龚自知多为关顾。

仲钧先生侍席：

日昨造谒，闻抱清恙，未得一晤，至以为怅。骕奉教部电云，蒙任中正大学校长，现定于九月四日飞渝，面洽事毕，即当迳行飞赣，不及告别矣。

郑万钧博士不日可到滇，弟深以未能偕彼造谒为憾，届时当由汪发缵先生介同一谈。敝所蒙台从热心维护，始立规模，今夏更蒙委座补助经费，以后大有可为。弟虽赴赣仍当负责指导所务之进行，以郑先生之才干，敝所将来必能为滇省开发农林富源之帮助，甚望台从始终匡助之，以观厥成，庶不负吾二人设斯所之初意。缪云台先生及裴市长两处尤乞代为达意致候，并盼早日将经济委员会之补助款发下，以利进行。弟到赣之

① 秉志致孙洪芬函，1939 年 7 月 14 日，中国第二历史档案馆藏中基会档案，484(497)。
② 郑万钧致孙洪芬函，1940 年 3 月 16 日，中国第二历史档案馆藏中基会档案，484(497)。

后当再来函奉候也。临别神驰，不尽欲言。

祗颂

台绥

弟　胡先骕　拜启　八月卅日

10月郑万钧到达昆明，即由汪发缵陪同拜晤龚自知。胡先骕在江西，仍非常关心农林植物所事务，与郑万钧、龚自知保持频繁的书信往来，共商农林植物所事业之发展，随着社会经济形势之恶化，则共谋农林植物所之维持。

郑万钧接手所务，首先是请教育厅对新落成所址进行验收，对胡先骕与云南省经济委员会达成合办协议，经济委员会主任缪云台允为提供1万元，其往教育厅请龚自知协调，不遇，乃写信申言：

前昨晋谒，值公出未晤为怅。兹垦者：前蒙贵厅慨助敝所巨款购地建屋，研究基础得以永奠，实深钦感。现新屋已告落成，曾报请贵厅验收，尚祈早日派员莅临验收。先生热心介绍，致获云南全省经济委员会年允补助万元，发展本身农业研究事业，嘉惠敝所实非浅鲜。目前敝所经费极感困难，而印刷研究丛刊，添置设备及调查等事项，在在需款，曾为此事躬至华山南路拜谒云台先生两次，均未把晤，以致此意未果上达。敬乞先生便中代为致意，将所补助之一万元早日发给，实所感荷。①

函中所言两事，龚自知均及时办理。关于房屋验收事，在此之前农林植物所曾致函教育厅，但未予答复。此经龚自知致函省主席龙云，“查该所新建办公室新厦工程，即经完工，其工程物料，是否坚实，有无虚浮，即请验收。”于是，云南省政府于1940年12月26日派高建中前往验收。龚自知与缪云台当面接洽，获得再度首肯，乃请农林植物所备具公函，向该委员会领取。

关于云南经济委员会补助1万元，郑万钧还请时在昆明的任鸿隽从中说项。任鸿隽早年为中国科学社社长，中国科学社生物研究所创建与发展与其关系甚切。1927年出任中华教育文化基金董事会干事长，静生生物调查所为

① 郑万钧致龚自知函，1940年11月2日，云南省档案馆藏云南省教育厅档案，1016-001—311-002。

该会事业之一。由此可见其对秉志、胡先骕在中国开展生物学研究予以最为有力之支持。此时，其在昆明代理中央研究院院长。晚辈郑万钧有请，当然乐于相助。其函云：

云台先生执事：

久未晤，履祉安胜，快符私颂。兹敬启者，近晤云南农林植物研究所代理所长郑万钧兄，谈及该所经费前承云南经济委员会慨允补助一万元，至为感纫。目下该所经费极感困难，以致各项事业无法进行，特托代恳台端，将经济委员会允助之一万元早为发放，俾利进行云。弟近疏散乡居，得知郑君所言，确属实在情形，用特代达左右。如承惠予将经济委员会之款早予发放，贵省农林事业实得利赖，不独郑君等私感已也。

专此，敬颂

公绥不一

弟　任鸿隽　敬启　十月十七日①

云南省经济委员会此万元经费到达时，已是第二年 5 月，郑万钧乃决定将此款连同教育厅拨给临时费 6 000 元，用于建筑职工宿舍。其址选在原有宿舍之前，拟建造土墙瓦顶三合土之房舍五间，自购材料，包工建筑。所费约需 2.5 万元，不足部分再为筹集，工期预计三个月。与两年之前物价相比，当时有此数目之款，所拟建筑乃是奠定研究所事业永久之基；今则只能盖五间简易宿舍，物价上涨幅度之大，有人难以想象之处。

郑万钧之所决定建造宿舍，乃是租借龙泉公园三年已到期，部分职工仍在公园中的下观居住，植物标本也存放在公园。而公园主管现已改由昆明县管辖，因驻军需要，令农林植物所迁出。如此临时命令，农林植物所无处可迁，郑万钧只有请龚自知出面援手，郑万钧之函云：

查县府来文，似已不能与之再商续借，惟敝所处于郊外，附近村内驻军颇多，无法租得房屋，即或设法自建职工宿舍及标本储藏室，亦非最短

① 任鸿隽致缪云台函，1940 年 10 月 17 日，云南省档案馆藏云南经济委员会档案，121(34)，谢立三抄录。

期内所能完成，拟恳先生便中代为恳请龙主席，将龙泉公园下观房屋再准予续借若干时日，一面另行设法自建房舍，俾便迁让。①

经与多方接洽，农林植物所得以暂借下观，但自1941年3月起，按月缴纳警卫费300元，待宿舍建好，预计六个月，共计1 800元，另有服装费260元。无意之中，农林植物所增加一笔开支。

物价上涨导致员工生活难以维持，此时北平静生生物调查所因日美爆发太平洋战争，而被日军占领，留守北平人员也为星散，中基会收入也为之减少，下拨经费停止，无法救济还在各地维持之事业，农林植物所自中基会所得经费中断，只得依赖云南省教育厅。1942年初，即希望教育厅增加经费，农林植物所致教育厅公函云：

敝所自创办至今，均赖贵厅扶持与经济上及人事上补助，四载于兹，规模粗具，惟事业无穷，而经费有限，兼之近年工价、物价增长数倍，至数十倍不等，以旧有经费维持开支，且感不足，建设发展，更为困难。为此即恳请贵厅将三十一年度补助费酌为增加二倍至三倍，以利研究事业之进展。②

为此，教育厅决定自1942年元月起，在原额增加1倍，月合新币2 800元，并发给临时费新币6 000元。所谓新币即为国币，相对于此前滇币，称之为旧币而言。教育厅此时支持力度，其实甚为有限，可将其时云南农林植物病虫研究所与之相比。该所是云南省建设厅与中法大学合办，成立于1942年，是年全年经费核定为国币7.2万元。该所新自成立，人员当无农林植物所多，相比之下，经费却充裕得多。

农林植物所经费窘迫，至1943年则更甚，当郑万钧在报上见到国家将向公职人员配发公粮，乃向教育厅发出呼吁，请将农林植物所纳入公职人员之中。

① 郑万钧致龚自知函，1942年4月1日，云南省档案馆藏教育厅档案，1106-003-00837-007。
② 农林植物所致教育厅函，1942年2月，云南省档案馆藏教育厅档案，1106-004-00399-004。

第以经费有限，员役待遇菲薄，值兹物价续涨，生活艰窘之际，若员役待遇倘不稍加改善，势将无法维系。昨日报载：省级公职人员暨眷属之食米奉，惟自三十二年一月起配发公粮。拟恳俯念属职员工生活困难，特维援照通案，给予公粮，以资维持。①

远在江西的胡先骕获悉此情，很是焦急。函请龚自知多加关顾，其函云："当乞千万继续与以食米，能使员工安心工作，生活不至恐慌，则感同身受矣。"龚自知回复云："植物研究所孜孜求进之精神，素为自知所钦佩，关于公粮自当尽力维持。"云南省教育厅将农林植物所所请转于云南省财政厅，得到财政厅同意。即便如此，研究所研究工作已难推进，郑万钧乃提出辞职，前往重庆，任教于中央大学。

六、建所初始四年之研究成绩

郑万钧到任之初，农林植物所人员除正副所长之外，有技师兼标本室主任汪发缵、技师陈封怀、研究员俞德浚、研究员王启无、研究员张英伯、技术员刘瑛，张英伯和刘瑛还兼任采集员；还有会计兼文牍雷侠人，助理员兼绘图员匡可任，事务员梁国贤、书记曾吉光、助理员金德福，共计 13 人。在郑万钧离去之时，所中人员也仅 12 人，即郑万钧、俞德浚、蔡希陶、张英伯、曾吉光、邱炳云、赵熙顺、范志琛、范儒德、李世发、曹兴全、马德臣、程银安。

再来看看农林植物所四年中经费情况，1938 年 0.82 万元，1939 年 1.8 万元，1940 年 8.9 万元(其中建筑费 3.4 万元)，1941 年 6.4 万元。② 可以见出此四年经费逐年增加，尤其是后两年，虽然有物价上涨因素，但增幅还是明显。此归功于胡先骕南来主持所务，与中央政府和云南省政府周旋之结果，其中 1940 年经费来源是：云南教育厅和云南省经济委员会各下拨 1 万元外，静生所提供 1.3 万元；临时补助费则有军事委员会 2 万元，教育部 0.5 万元，农产促进会 0.56 万元，农林部 0.2 万元，云南省教育厅 2.2 万元，合计 8.9 万元。但是，如此良好开端，并没有延续，随着抗日战争之持久，国家财力逐年衰弱，

---

① 郑万钧致龚自知函，1943 年 1 月，云南省档案馆藏财政厅档案，1012 - 002 - 00136 - 003。

② 云南农林植物研究所编印：《云南农林植物研究所概况》，1941 年 6 月。

1942年后，农林植物所经费来源减少，仅能依靠教育厅而维持；研究人员也为缩减，先是汪发缵、陈封怀离去，后有副所长郑万钧辞职。

全所人员仅十二三人，但所中却设有总务部、标本室、陈列室、图书室、试验场四个部门，经过四年发展，1941年出版之《云南农林植物研究所概况》，对诸部门有这样记载：

标本室 本所标本室分为本地植物标本室及中国植物标本室两部，前者依照恩格勒氏分类法排列，后者依照哈钦松氏系统排列。标本来源或系自采，或系交换赠送，总计现有标本凡三万六千四百二十余号，其中以静生生物调查所赠送者居多，计俞德浚君二十六年在丽江、中甸、德钦、木里等地所采者，凡一万零六百七十九号，二十七年在怒江、俅江所采者凡七千四百七十八号；王启无君二十八年在蒙自、屏边、砚山、西畴、广南、富宁等地采者凡七千九百九十九号。又四川大学生物系赠送四川植物标本一千份，中国科学社生物研究所赠送四川标本二百份，四川农改所林业试验场赠送四川峨眉山植物标本一千六百份，云南大学生物系赠送昆明植物标本八十余份，农业促进会森林勘测团赠送树木标本三百份。

陈列室 本室在搜集本省各地出产之重要木材、药材、植物原料及各种产物统计图表，以供从事植物生产者之参考，并引起一般人士研究植物学之趣味。计现有木材标本供纵横斜三面剖视者凡四十种，供作物理性格试验者百余种，药材标本凡二百种，油料十种，纤维料二十余种，茶叶十五种，粮食五十种，果品二十种，及产物统计图表五幅。

图书室 本所图书多系各机关及私人捐赠，少数自购及交换而来。现有中文书籍约三百册，西文书籍一千二百五十册，中文期刊五十六种，西文期刊十六种。其中英皇家植物园邱园捐赠世界植物名录五册，本生氏奖学金委员会捐赠虎克植物图谱五十五册，静生生物调查所捐赠图书杂志汇报共四百二十五册，柯桐博士捐赠植物论文小册五百册，夏纬琨先生捐赠威氏植物志及中国植物目录各三卷，汪发缵先生捐赠缅甸植物志二册。

栽培试验 本所历年采集收获大批苗木种子，即设法引归园中栽培，俾将来可将本省各地特产之植物集中一园，以供实验观察研究之参考。

惟以园地狭隘，设备简陋，成活之种类尚不多。对经济植物之栽培，亦在作小规模之试验。1940年开始作云南中部重要树木及经济植物繁殖方法之试验。①

由此大致可知农林植物所经过四年积累后之真实所况，虽仅十几人，俨然已是一个名副其实之研究所，已具有植物研究所大多功能，惟植物园受制于经费和地亩，尚处材料收集阶段，与造园艺术还有不少距离；其外便是实验室之缺乏，不仅无此类人才，也无此类设备。但仅是如此，也令人敬佩。

农林植物所在初始四年中，虽然没有开展依靠实验室进行的研究，但宏观研究项目则甚多，可见其人之勤奋，此抄录《云南农林植物研究所概况》所列之研究问题如下：

一、关于森林之研究

1. 云南树木之研究；

2. 云南主要林木生长之研究；

3. 云南森林地理之研究；

4. 云南西北部森林之勘测及开发设计；

5. 云南松干部扭曲成因之研究；

6. 云南中部主要树种之育苗试验。

二、关于经济植物之研究。

1. 云南经济植物品种之考订；

2. 云南经济植物产区调查产量估计及开发增产方案；

3. 云南省经济植物之繁殖试验；

三、关于木材之调查研究与试验

1. 昆明商用木材之调查统计；

2. 云南建筑木材之弦径两面收缩试验；

3. 云南木材之含水量及比重；

4. 昆明商用木材之干燥试验；

5. 云南木材之解剖；

① 云南农林植物研究所编印：《云南农林植物研究所概况》，1941年6月。

6. 中国山毛榉科木材比较解剖。

四、关于植物分类学之研究

1. 胡先骕、郑万钧：中国西南部森林植物之研究；

2. 汪发缵：云南省单子叶植物之研究；

3. 陈封怀：云南省樱草之研究；

4. 蔡希陶：云南豆科植物之研究；

5. 俞德浚：云南省蔷薇科植物之研究；

6. 中国龙胆属之研究；

7. 昆明植物志。

研究内容分为四大部分，前三部分，可谓是为开发云南植物富源，为云南农林生产服务，以符合云南省教育厅合办研究所之旨趣。除此之外，还直接接受昆明市政府和云南省教育厅所委托，布置设计龙泉公园、昆明新校区造园设计等。第四部分才是植物分类学问题，也是研究所兴趣所在。

植物分类学研究领域甚广，农林植物所展开的研究仅是很小一部分，而其采集所得标本材料远没有充分利用。农林植物所成立之后，采集仍在继续，但已没有静生所时期那样规模，采集员仅刘瑛、张英伯两人，且张英伯主要从事木材标本采集，先列举刘瑛之采集。除随时派人在昆明附近采集外，1939 年派刘瑛赴景东哀牢山、无量山采集，得标本 3564 号，约 3.5 万份，并得植物种子、宿根约 200 余号。1940 年刘瑛续往大理点苍山、鸡足山及漾濞、鹤庆等地，得标本 3 100 余号，约 9 300 余份，及植物种子约百余号。刘瑛此行值得注意者，是以静生生物调查所名义前往。出发之前，6 月 4 日静生所致函教育厅，请教育厅转呈省政府，给予刘瑛一行发放护照并令饬沿途各县长官予以保护。该函是这样述及此次采集之缘由："本所为调查西北部植物及农林植物概况起见，曾由庐山森林植物园设工作站于丽江，分由秦仁昌等驻丽江及滇北担任各项考查，均蒙热心相助，使工作进行咸感顺利。兹续派本所采集员刘瑛前往，致力同样工作。"[①]不过，此事将静生所与农林植物所有所区分，其意义何在，则不甚清楚。

① 静生生物调查所致云南省教育厅函，1940 年 6 月 4 日，云南省档案馆藏教育厅档案，1106 - 005 - 01142 - 003。

农林植物所成立之后，研究人员研究论文，大多发表在 *Bulletin of the Fan Memorial Institute of Biology*（静生生物调查所汇报），1941 年太平洋战争之后，该刊被迫暂停，农林植物所遂有编辑出版《云南农林植物研究所丛刊》（中文）及 *Yunnania*（英文）两种刊物之计划。每年刊印一至二期。中文刊物于 1941 年6 月出版，意向国内传播农林学知识，以期贡献于国家社会，并借以与国内外学术机关交换之用。龚自知为中文刊物题写刊名，胡先骕撰写"发刊词"，其略云：

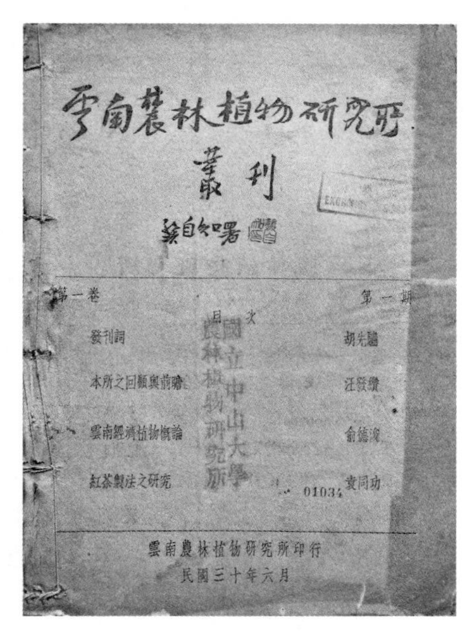

图 2－10　《云南农林植物研究所丛刊》封面

> （农林植物所）于兹三载，规模粗具，复得总裁与教育部、农林部、云南全省经济委员会、农产促进委员会各方之资助，经济益裕，乃除纯粹植物学研究外，兼注重滇省农林经济植物之探讨。一年以来，成绩已著。诸研究员搜讨所得，乃有问世之必要，遂有丛刊之发行。①

《丛刊》仅刊行 1 期，后因经费困难，未曾继续。今日昆明植物所档案中，藏有《云南农林植物研究所工作纪要》（民国二十七年至三十四年）手稿一份，其中列有《丛刊》目录，录未刊《丛刊》目录于此，以见农林植物所研究成绩之大概。

一卷二期

郑万钧：云南冷杉之研究；

陈封怀：国产药用植物名称鉴定及其栽培方法；

王启无：云南经济植物调查报告（一）；

① 胡先骕：发刊词，《云南农林植物研究所丛刊》，第一卷第一期，1941 年 1 月。

张英伯：昆明商用木材调查报告。

二卷一期

汪发缵：中国海桐属植物之研究；

郑万钧、俞德浚：云南造林树木志(一)；

王启无：云南经济植物调查报告(二)；

张英伯：云南木材研究志要。

西文 *Yunnania* 更是肩负起在国内许多机构被迫中断时，向国际学术界张扬中国植物学事业在极其艰难之困境中，仍然坚持不懈，研究不曾中断之荣光。但最终是否刊行，却值得考证。按中文《丛刊》第一卷第一期所载之预告，该刊应在 1941 年 12 月发行，并刊出一卷一期目录。事实是届时并未出版，1942 年 2 月 25 日，胡先骕在江西泰和致函任鸿隽，云“滇所研究刊物名为 *Yunnania*，即将在泰和付印，敝校生物学研究刊物 *Chiangkaishekia* 不久亦将付印也。”[①]最后如何，笔者未曾见到是刊，也未曾见到中正大学生物系之刊物，故胡先骕所言未实现。此后，经费更加紧张，出版也就无期矣。《云南农林植物研究所工作纪要》亦列出该刊论文目录，与《丛刊》所载不尽相同，录之如此：

一卷一期

胡先骕：发刊词；

胡先骕、郑万钧：云南树木之新种(一)；

麦克福：枫藤属植物志要；

陈封怀：中国西部飞燕草属植物之研究；

汪发缵、唐进：中国百合科植物之研究(五)；

郑万钧、王启无：中国西南部产胡桃科之一新属；

王启无：云南主要针叶树木材积生长之研究；

张英伯：云南木材之研究(一)；

王启无、俞德浚：地文因子对于云南松林天然繁殖之影响；

一卷二期

胡先骕、郑万钧：云南树木之新种(二)；

① 胡宗刚著：《胡先骕先生年谱长编》，江西教育出版社，2007 年，第 321 页。

胡先骕、郑万钧：中国森林植物之研究(一)；

胡先骕、郑万钧：中国西南部产木兰科之一新属；

郑万钧、吴征镒：胡氏木属植物志；

俞德浚：云南中部主要树种人工繁殖之试验；

张英伯：云南木材之研究(二)；

俞德浚：云南主要树种苗木生长之观察；

俞德浚：云南主要阔叶树木材积生长量之研究。①

农林植物所成立四年来，研究论文除此之外，还有刊于其他杂志者，还有未刊者，粗略统计，在 80 余篇，真可谓著作丰厚。此中值得注意者，是郑万钧与吴征镒合写一文。吴征镒其时为西南联大生物系助教，常带学生来农林植物所实习，与研究所人员接触交流日多，遂有合作之举，至有此唯一文字记载。在吴征镒随笔中，时常回忆农林植物所之旧人，对此未曾言及。但以此确切记录，恰可印证吴征镒之言。又吴征镒在 1958 年入云南，主持中科院昆明植物所，也是因缘早已注定。

关于农林植物所主要人员之研究，此前已述，此再追述一二。

其中重要的论文有，王启无《云南植物组合之研究》。② 云南因海拔高度悬殊，气候各异，植物分布因之有较大差异，且各地雨量有大小，人的活动有繁简。作者根据在云南实地考察的结果，把云南植物群落分为 14 种类型，即极地植物，高山草原，高山丛薄，杜鹃林、柏林、冷杉林，桦槭混合林，水藓沼泽，松林，橡林、湖泽植物、河谷植物、雨林等，并叙明形成每种群落的地文及气候因素，以及在每种生态群落中之重要植物。此为王启无在云南进行植物采集之余，所作一重要论文。除此之外，还有如《云南植物分布初步之研究》和《云南产卫矛一新种》等。王启无还进行云南松地理种源实验研究，从小哨移来 10 株地盘松种于黑龙潭植物园内，其后有 6 株已长成参天大树。1979 年王启无自美国来昆明访问，还专门察看其手植之云南松。经此栽培可验证云南松的地盘松或蹲苗的形成与立地生态条件有关，与遗传无关，实为难得，为林木优

① 《云南农林植物研究所工作纪要——民国二十八年至三十四年》，中国科学院档案馆藏昆明植物所档案，J259－00001－001。

② 王启无：云南植物组合之研究，*Bulletin of the Fan Memorial Institute of Biology*，1939，9(2)。

良地理种源选择提供依据。

云南之木材研究始于张英伯，在昆明由农林植物所与中央研究院工学研究所合作，设立研究室。其研究俞德浚为之归纳如下数方面："其一为云南各林区内重要木材标本之采集，已去者有昆明富民罗次诸县、滇东北部之乌蒙山，以及滇西部沿滇缅路线之林区；其二为昆明商用木材市场与采运方法之调查；其三为滇中部主要木材之鉴定，计已完成一百二十七种切片，分隶于六十科九十四属；其四为木材物理性之研究，计已完成一百零六种木材含水量与比重之测定，及四十种木材弦径两面之收缩试验；其五为木材力学性质之测定、曾就所采五十二种木材分别作静曲、动曲、纵压、横压、顺纹拉力、横纹拉力、剪切、劈开、硬度等之试验；其六为木材之化学分析，拟就习见之十种木材，分析其水分灰分各种配精物纤维素木素等，进而试作松木及栎木之木材干馏，比较其干馏产物。此外氏并曾研究施来登木之木材组织，以确定其在系统上之位置。据此推断该独种属应独立成为一科，但可附属于山茶部。此则利用解剖学上之观察，辅助解决分类学之疑难问题也。"云云。[①]

此还有一通张英伯在昆明时写给四川乐山木材试验室唐燿的书信，系是向唐燿请益而言及自己的工作状况，对于其研究或可助了解。节引如此：

弟自客岁由平迁调来滇，处此树种丰富省份，颇思步逐后尘，而注意滇境木材，当在步曾先生策励之下，先开始作云南中部树木之调查与采集，并对主要商用木材作各项试验，以期再推广至其他各林区工作。一年以来，深感兴趣，惟初学伊始，且参考书籍缺乏，一切甚觉困难，至盼此后先生以发展贵室之余，多赐指教，想对此同门后学，定能不吝提携也。

现弟之工作已可暂告段落者如下：（一）昆明附近四十种重要木材，径面收缩之研究（依A.S.T.M.标准）；（二）昆明附近百种木材比重及干湿两季气干下含水量之变化；（三）昆明市商用木材之调查。现进行中之试验：1. 昆明附近主要建筑用材之力学试验——此项与交通部公路研究室合作，利用清华之试机可作全部各项力学性质试验，已开始数周，期于今年完成之；2. 数种易生菌害木材对力学性质之影响；3. 木材干燥之试验；4. 木材解剖——现已作切片数十种。过去弟颇喜植物

① 俞德浚：八年来云南之植物学研究，《教育与科学》，1946，2(2)。

组织学，故对制片甚感兴趣，但此间无木材切片机，现皆用徒手切成染色，颇以为苦。

以上所有材料皆系弟去冬采来，于今春开始试验者，各项系农林植物所与中研院工程研究所合作，但实际工作只弟一人，自采自试，仅得如此少许结果而已。所幸者工研所比较设备尚好，但该所兴趣则趋重木材工业。下半年如经费增加或再与万钧先生计划其他工作。现弟对普通木材干燥、防腐及枕木工业三项，颇感兴趣。三者有何重要参考文献及先生个人尊见，尚请便中指示以便遵循，滇省木材确值得作具体之研究利用，甚愿先生不偏爱川康，将来亦荫及此方也。弟并愿得机能去贵室参观，以便面领教益。今暑弟曾因私务赴渝，本拟绕乐山，终以交通多有延误，而时间不敷分配，促忙乘机返昆，未得如愿，颇以为憾也。①

农林植物所与中央研究院工程研究所合作调查研究试验云南省之木材，始于 1940 年，由张英伯担任之。主要研究木材之解剖、物理及化学性质，木材之利用等；1941 年着手昆明及其附近各地木材之调查、采集试验，依次于全省各地。在昆明调查采集在昆明以北至东川一带，系自上年 12 月开始，原本计划在呈贡、宜良等地进行，后因滇南戒严，乃变更计划。

在此期间，张英伯还与西南联大工学院（原清华大学工学院）工学研究所吴柳生合作，对昆明至怒江沿线数十个树种的木材进行了力学试验，并在昆明附近的乌蒙山上发现了一片冷杉原始森林，为滑翔机制造提供了木材。结合此前的工作，张英伯写出《云南省六十种林木的木材构造与化学性质的研究报告》。这是当时国内少有的系统资料，为当时抗日战争中桥梁建设提供了材料力学的依据。这阶段的工作对张英伯后来的研究方向与思路影响很大，开始从植物学的大范围集中到树木学领域，对树皮资源利用，树皮与木材的关系，木质部生长等问题发生了浓厚的兴趣。

中央研究院工程研究所所长周仁，与秉志、胡先骕同代之人，共同开创中国科学社事业。张英伯在其鼓励与支持下，经与美国耶鲁大学研究生院联系，得到该校的奖学金，于 1946 年赴美国留学。1947 年获耶鲁大学科学硕士学位，1947—1951 年在密执安大学，先后获木材学硕士、哲学博士学位。1951 年

---

① 张英伯致唐耀函，四川省档案馆。

完成博士学位后申请回国，因朝鲜战争爆发而被驳回。1951—1955年，他被迫在威斯康星大学及农业部的林产研究所任协作研究员。1955年，张英伯冲破重重阻力，终于回到中国。由国务院分配到林业部林业科学研究所，还兼任中国科学院植物研究所研究员，1984年去世。

关于云南植物之分类研究，当时以胡先骕与郑万钧为权威，由他们分别或共同发表之新属新种，异名之订正，多至数百，此类植物研究不仅具科学趣味，且多富经济价值。胡先骕发现木兰科、卫矛科、胡桃科中各有一新属。在其所著《中国植物小志》①与《中国西南部植物之新分布》两文中，记云南之植物新种与新分布各有数十种。胡先骕与郑万钧合作研究云南之木本植物，新发现尤多，如云南七叶树，云南紫荆，王氏短叶松，俞氏冷杉，求江枳椇，腊瓣花两种，拟赤杨各两种与十种新槭树，此其著例。还有共同编纂《云南树木志》之计划。汪发缵对于云南之兰科、百合科与海桐属之植物曾加研究，百合科中之新发现甚多。蔡希陶氏对于云南产豆科植物，②俞德浚于蔷薇科、秋海棠科、山茶属皆曾作研究。这些研究均得力于静生所在云南植物采集之深入。

俞德浚还担任栽培试验研究。1939年俞德浚在滇西北采获种子、宿根数千号，适孙祥钟自英返国，道出昆明，来农林植物所考察时，被挽留工作两月，分任播种繁殖之务。此后，1940年至1942年间，俞德浚又进行树木插条繁殖试验，选择滇省中部重要树木及经济植物十一种，计有云南柳杉、杉木、乾柏、桧柏、翠柏、大理罗汉松、小檗、蓝桉树、木槿、桑树与滇杨。分时季并分土壤，举行试插。所得研究结果，除蓝桉树外，均可生根。大理罗汉松生根率70%以上，杉木70%，云南柳杉63%、柏树在30%—50%。

农林植物研究所还是大学学生实习的良好处所，时在西南联合大学任教的吴征镒，在其晚年回忆蔡希陶时尝言："每当联大老师带生物系学生野外实习时，黑龙潭农林植物所便是必到之处，有时又是天然歇脚地和归宿"，"所里有一个几十平方米的展览室，那对实习学生有多么的方便。图书馆尽管藏书很少，标本室尽管只有几万号，而且都是夹在土纸里，但毕竟是蔡、王、俞诸位

---

① 胡先骕：《中国植物小志》，*Bulletin of the Fan Memorial Institute of Biology*，1940，10(3)。

② 蔡希陶：中国豆科植物之研究（二），*Bulletin of the Fan Memorial Institute of Biology*，1940，9(5)。

出生入死的辛勤收集，也是足够我们学习、钻研的了。”①农林植物所人员还在西南联大和云南大学兼职授课，使得来所学生更多，一时间黑龙潭被称为中国的植物分类学活动的中心。

第二节　抗战时期云南高等学校之植物学研究

一、云南大学生物系和森林系

近代云南省高等教育起始于云南大学，该校建于1922年12月，初名东陆大学，为私立大学。1930年改为省立，仍名东陆大学；1934年更名为省立云南大学，1938年再改名为国立云南大学。大学自私立改为省立乃是在龙云执掌云南省政，大力发展教育所致，通过几年发展，得到国民政府教育部重视，乃改为国立。在省立改为国立之前，1937年由云南籍著名学者熊庆来出任校长，其云：“滇省自龙云主席秉政而远，励精图治，百端并举，于教育事业尤重。二十六年夏，何校长辞职，省府电召庆来承乏，将常年经费由国币七万元增至二十五万元，责令积极改进，庆来自顾简陋，良用踯躅；惟以桑梓义务，碍难辞卸，遂凛然受命。即于是年八月一日到校视事。”②此时，抗日战争已全面爆发，云南为抗日后方，为国储才，故许多基金会亦对云南大学予以资助，其中中英庚款董事会拨款四万元并补助设立讲座教授十人，有此学校得以扩充，除文法学院仍旧外，将理工学院扩充为理学和工学两院，并增设医学院。理学院中设算学、理化、植物三系。

在熊庆来尚未到任之前，已与中英庚款董事会杭立武、李书华联系在云南大学设置讲座事，1937年7月5日致函李书华云：“承英庚款董事会慨允补助设备费八万元，今后于工作上可增加不少便利，为滇处边疆，又困于经费，罗致

① 吴征镒：也是迟来的怀念，《蔡希陶纪念文集》，云南人民出版社，1991年。

② 熊庆来：本校的回顾与前瞻，刘兴育主编：《国立云南大学教授文集(二)》，云南大学出版社，2010年。

图 2-11　严楚江(采自厦门大学生命科学学院网站)

教员至属困难。兹幸英庚款有设置讲座之办法,拟再请求下列各讲座,俾得延致良师,课务得以改进,研究亦可进行。"[①]在熊庆来所列讲座名单中,其中植物学讲座拟聘严楚江,至于何以选择严楚江则不得而知。严楚江(1900—1978),字君白,江苏崇明县人(今属上海市),植物形态学家。1921年考入南京东南大学农学院园艺系,受业于胡先骕、张景钺、钱崇澍等名师。1926年毕业留校,任生物学系助教。1929年赴美国芝加哥大学生物学系留学,1930年获理学硕士学位,1932年获哲学博士学位。同年8月回国,任南京中央大学教授,来云南大学之前任教于河南大学。1942年离开云南,任教于江西中正大学,1953年任教于厦门大学,并终老于厦门。当云南大学拟聘严楚江并成立植物系之时,胡先骕拟在云南设立农林植物研究所,即提议由静生所、云南大学、云南省教育厅三家合办,并以严楚江为所长,对此前已有述。此再引云南大学设置植物学讲座所列之缘由:

> 云南具有寒、温、热三带气候,植物种类甚多,故本省植物之研究调查在学术上关系甚大,政府注意国民经济建设,农林之讲求亦属急务。静生生物调查所调查研究云南植物,今已六年,尚未竣事,对于农林之研究尚无具体组织。本校决于本年度于理学院添设植物学系,并拟与静生生物调查所及本省教育厅合办一农林植物研究所,不能不有赖于专家之主持与领导。此请设置植物讲座之理由也。[②]

与此同时,云南大学与静生生物调查所还联名致函管理中英庚款委员会,请求对设立农林植物研究所予以资助,此函节云:

---

① 熊庆来致李书华函,刘兴育主编:《云南大学史料丛书·学术卷》,云南大学出版社,2010年,第169页。

② 云南大学致管理中英庚款董事会书,刘兴育主编:《云南大学史料丛书·学术卷》,云南大学出版社,2010年,第170页。

贵会提倡边疆教育，并有国内国外讲座之设置，拟请在云南大学设国内国外讲座各一人，除授课外，且担任农林植物研究所内研究植物。国内讲座拟聘河南大学植物学教授严楚江博士，国外讲座则正与美国纽约州公园管理局主任郭亚策博士（Dr. Leon Croizat）作非正式之接洽，如蒙贵会核准，即可正式商聘，则他日滇疆农林事业之发达皆出贵会之赐也。①

云南大学设置讲座之薪津系由庚款委员会拨付，由此函可知，设置学科和人选需得到委员会同意。从后来结果看，委员会仅同意国内讲座严楚江，而国外讲座郭亚策则未批准。郭亚策（1894—1982），法籍意大利裔植物学家、著名生物地理学者，1924 年移民美国，1936 年开始与胡先骕交往，书信来往讨论有关大戟科类群及生物地理方面问题，且对中国南部植物甚有兴趣，曾在《中央研究院自然历史博物馆丛刊》发表中国菩提树科二新种，此受胡先骕之邀还有意来中国云南工作，楚才晋用，可见在学术交流上，胡先骕心胸之开阔，遗憾的是庚款委员会没有批准，更为遗憾的是云南大学并未参与农林植物研究所之创办。对于云南大学未参与之事，笔者十二年前写《静生生物调查所史稿》一书，即为关注，未得其解；今作本书，又得甚多材料，于此依旧无从解释。

严楚江于 1937 年 8 月来昆明，任云大植物系主任，有随其而来之河南大学应届毕业生陈梅生，任其助教，标本设备全无，当年招收学生 9 人。关于植物系草创之初情形，多有不知，但一年之后，教育部拟将云大植物系并入西南联大，为严楚江阻止，从严楚江所呈之理由，可知植物学系最初之情形。

前阅联大转来教育部训令，知令将云大植物系归并联大。窃以为教部之此种办法，在理想方面自甚妥善。良以同在一地之各大学，其院系应免重复之敝，而尤可将设备简略之院系经归并之后变成完善者。惟云大自植物系设立以来，经省方特别拨款充实，目下设备方面已有显微镜六十余架、切片机二架、标本一千二百五十四种，切片一万一千〇七十六张，足供全系四年各种课程之用，而书籍方面亦在陆续添置之中。如一旦与联大合并，则云大之设备不必拨归医学院应用，是则当联大设备尚未运到之

① 云南大学、静生生物调查所致函管理中英庚款委员会，1937 年，云南省档案馆藏云南大学档案。

时，岂非反使云大植物系学生由有设备之院系归入无设备之院系？又云大现有医学院，将来并拟添设农学院，则植物系尤非设不可。盖云大之植物系与他校之生物系性质相同，动物学课亦附设其中，其所以名为植物系者，良以本省兼备寒、温、热三带之气候，植物丰富，故特示重视。尔日若归并实行，则医学院与农学院之学生即无选读动植物学之可能，宁非缺憾？依据上述情形，应请诸先生于筹备改组之际，斟酌审议。①

有严楚江据理力争，经熊庆来向教育部呈请，植物学系被保留下来。云南大学生物系后在国内动植物学界地位显耀，若此时归并于西南联大，当抗战之后，西南联大解散，在各自大学复员，可以想象云南大学生物系必是另一番情形。

据严楚江所言，植物学系中实已包涵动物学内容，于是，当教育部同意云大续办植物学系后，乃将植物学系扩充为生物系，聘动物形态学家崔之兰为动物学教授。崔之兰(1902—1971)，安徽太平人，1921 年入东南大学农学院生物系，为秉志之门生，1926 年毕业留校任助教，次年被秉志聘入中国科学社生物研究所，开始从事动物组织学和胚胎学研究，1929 年赴德国柏林大学留学，获博士学位，1934 年回国。崔之兰与张景钺为夫妇，同在北京大学生物系任教，抗战爆发，西南联大成立，张景钺、崔之兰夫妇于 1938 年 8 月辗转来到昆明，张景钺在联大任生物系主任，崔之兰则在云大生物系任动物学教授。

扩充为生物系后，10 月聘农林植物所汪发缵为兼任教授，主讲植物分类学；严楚江继续讲授普通植物学和植物形态学；崔之兰则讲授普通动物学和比较解剖学。11 月云南大学向教育部填报实际问题研究报告，有严楚江、汪发缵等研究项目：云南药用植物、云南蔬菜果木、云南经济植物；云自采集及调查着手，以一二年为限。是年下半年云大所作《行政计划》，其中生物系计划如下：

调查工作：

1. 昆明市及四郊动植物标本，随时进行；

① 转引自：熊庆来建议教育部保留云大植物学系，刘兴育主编：《云南大学史料丛书 · 教学卷》，云南大学出版社，2010 年，第 53 页。

2. 赴河口采集植物标本，春假中进行；

3. 交换植物标本，与北平静生生物调查所及中山大学进行交换，因交通不便，此项工作未能实现。

研究工作

1. 昆明淡水动物之初步观察：先调查昆明之淡水原生动物，作一报告。陈赠阅先生。

2. 继续研究黑斑蛙鼻腔之发达：崔之兰先生。

3. 继续研究杨梅花果之发达：严楚江先生。

4. 研究白皮松与云南松幼苗之比较解剖：陈梅生先生。

云南大学在将植物系扩充生物系同时，由国立云南大学筹备委员会建议设立农学院，1939 年 3 月聘汤惠荪为教授兼农学院筹备主任。农学院下设森林学系与农艺学系，其后又设桑蚕专修科、农场等，其中森林学系与植物学关系密切，仅对此作一些记录。森林系聘张海秋为教授兼主任，陈植为教授，徐永椿为助教。张海秋(1891—1972)，名福延，字海秋，以字行。白族，云南剑川人，林学教育家。1913 年，公派留学于日本东京帝国大学，攻读林科。回国后，曾任中央大学农学院教授。陈植(1899—1989)，字养材，江苏崇明人，著名林学家，造园学家。1918 年毕业于江苏省立第一农校林科，1919 年进入日本东京帝国大学农学部林学科学习，专攻造林学和造园学。1922 年回国后，任江苏第一农业学校教员，江苏教育团公有林技术主任、场长。1926 年担任总理陵园设计委员。1931 年任中央大学农学院副教授，1933—1937 年任江苏地政局技正，江苏省建设厅技正、科长，河南大学农学院教授、院长等职。在云南大学农学院任职至抗战胜利，在此期间完成《中国木本植物名志》编写，该书约 200 万字，惜未能出版。

图 2－12　张海秋(采自《科技先驱——云南省杰出科技专家传略》一书)

农学院成立之后，中国航空器材厂致函云南大学，要求调查提供云南航空木材，供其研究，以备替代舶来品。此项任务交于森林系，由系主任张海秋负责。张海秋认为调查采集木材标本,当然可以,但运输不便,不如就近在云大研究。得该器材厂厂长同意,特来昆明就计划与经费与张海秋商议,遂定下《调查云南省产航空木材计划纲要》,经费预算为1万余元。为顺利开展此项研究,校长熊庆来还专函该厂主管机构航空委员会技术所所长钱昌祚,力荐张海秋之学术造诣和云南大学之研究条件,其函云:"海秋任教中央大学历有年所,学识经验均极丰富,且籍隶云南迤西,对各县森林分布及木材性质知之较稔。又森林系现在仪器设备已足供研究,如由敝校采集研究较为切实。敝校森林系师生亦愿努力从事,俾对于抗战建国间接有所贡献。"①经过两个多月筹备,1939年12月13日张海秋偕徐永椿往迤西采集木材标本,行前校长熊庆来为他们能假借至下关之便车,还致函军事委员会西南运输处,请为提供。至于采集及往后研究结果,则有不知。

森林系在成立之初,除教学外,于植物学有关之事业有两项计划:其一,采集林木种子及腊叶标本,先在昆明附近各县采集,第二步复及迤东一带;其二,拟在昆明选定适宜地点,筹设森林植物园。但均未能落实,除前所述曾开展木材调查外,还有1940年1月陈植、严楚江利用寒假赴四川调查森林及植物。此次旅行,熊庆来也为致函军事委员会西南运输处,"闻川滇公路本月业已正式通车,该员等为求工作迅速及往返便利起见,拟乘贵处汽车循该路入川。拟请贵处准予发给免费乘车证各一张(由昆明至泸县,往返约两个月),以便收执应用"。② 由此可知,随着西南边疆开发,公路开辟,现代交通工具使用,给野外考察工作带来便利。

1940年秋,严楚江受中正大学校长胡先骕之召,前往江西泰和出任该校生物系教授,留下云大生物系主任之缺,由崔之兰继任。此时系中植物学教授汪发缵已去重庆,乃聘徐仁为植物学讲师。徐仁(1910—1992),安徽当涂人。1929年入清华大学生物系,攻读植物形态学与解剖学,获理学学士学位,毕业后执教于北京大学。抗战后辗转来到昆明,1940年任云南大学生物系讲师,旋升为副教授。然徐仁在云大仅为两年,1943年即去印度卢克老大学研究院,师

① 熊庆来致钱昌祚函,刘兴育主编:《云南大学史料丛书·学术卷》,云南大学出版社,2010年,第57页。

② 熊庆来致西南运输处函,刘兴育主编:《云南大学史料丛书·学术卷》,云南大学出版社,2010年,第72页。

图 2－13　生物系同仁送严楚江赴江西中正大学任教合影。前排左起潘清华、崔之兰、严楚江（采自《清华名师风采·理科》一书）

从著名古植物学家萨尼教授，后成为著名古植物学家。在此两年中，徐仁与多位助教开展如下研究：

徐仁：中国卷柏解剖发生及生活史、根系生活史；

徐仁：中国麻黄配子体之发达史；

徐仁：《植物形态学大纲》教科书卷上，藻菌植物；

董愚得：秋水仙素对于苦荞生长之影响；

徐仁、董愚得：杨林淡水藻之初步调查；

杨貌仙：一种苔藓的生活史；

沈月槎：使黄豆芽、花芽在制片手续中软化之方法；

徐仁、杨貌仙：嵩明真菌类之初步调查。

以上为生物系向大学所报年度计划，虽然植物学研究没有名家指导，还是有不少研究。晚年徐仁写有简短回忆，其中对于云大经历，可对此有所补充。其云：

> 1937 年日本侵华，我去长沙和昆明。1938—1939 年，我在昆明时任中美文化基金协助研究员。1940—1943 年，在云南大学任教员，教植物生理、普通植物、形态解剖。研究毛竹的生长和发育——内部组织的变化，tunica-corpus（原套原体）成熟，tenuity（薄）的层数变化，

茎的内部发育。①

图2-14　徐仁(中科院植物所提供)

徐仁后以古植物学家闻名于世,而在云大之时,尚未涉及古植物学,不知何故突然对古植物发生兴趣。徐仁并未言及,后人作简短《传记》如是言:"西南联大要开设古植物学课程,苦于缺乏教师,经张景钺教授举荐,徐仁决定到英国格拉斯哥大学专攻古植物学。时值欧洲战火纷飞,交通中断而未能成行。此时印度卢克老大学研究院古植物学家B. 莎尼(Sahni)在通讯中得知徐仁有志于研究古植物学,便邀请他到卢克老大学任客座教授。"②此说是否确切,难以断定,聊备一说。徐仁自述仅言:"1943年任印度卢克老大学地质植物系研究员,收到Sahni欢迎信。因拒不加入国民党,为换护照遇到麻烦,耽搁半年,后来用学生护照去的印度。"徐仁赴印度自1943年1月开始办理手续,其致函云大校长云:

> 晚于本年五月赴印度卢克老大学(Lucknow University)与Sahni教授合作研究东亚中生代古植物(印度、中国两区比较),请用校名义派往,以便办理护照,居留期间为二年,特请俯予备函申请外交部发给护照。③

云南大学于2月16日向外交部致函,办理此事。至于办理经过,由于档案保存并不完整,未有外交部复函。不过有7月27日云大致函平准外汇基金委员会昆明办事处,为徐仁赴印度申请兑换外汇,其中云:"本校生物系副教授徐仁先生,呈经教育部核准自费赴印度之卢克老大学研究植物学,年限定为三年。"除此之外,云大还为徐仁联系签证和机票事宜,可知此时手续已办理完成。

① 徐仁著:回忆录,《徐仁著作选集》,地震出版社,2000年,第313页。
② 陈晔等编写:徐仁,《中国现代科学家传记》第六集,科学出版社,1994年,第396页。
③ 徐仁致熊庆来函,1943年1月12日,云南省档案馆藏云南大学档案。

此中为何需要教育部核准，未见档案记录。延至年底，徐仁尚未启程，12 月 14 日云大再次为外汇事向外汇管理局交涉，其中云："教育部核发自费留学证书，并领获外交部交字第 20720 号出国护照，经英国驻昆明总领事于本年 11 月 13 日签字。"由此确实可知，徐仁赴印确如其所言，是以学生名义；至于此中缘由是否是其所言"拒不加入国民党"所致，在档案中则未有记载。徐仁晚年指控涉及学术研究与政党政治关系甚大，有待进一步发掘史料，以便证实。

生物系自严楚江离去之后，由于受战争影响，教学和研究均乏善可陈。至 1947 年，云大编写《云南大学一览》，对生物系此段工作如是总结："二十九年十月十二日敌机轰炸本校，本系损失綦重，为策安全计，乃随同理工学院东迁至嵩明县马坊镇，殆三十一年昆市空袭减少，而乡居教学、研究又感不便，乃于是年秋迁回本部原址。"[①]在迁徙过程中，图书、仪器损失不少，至 1947 年有植物腊叶标本和液浸标本 1.5 万号。然森林系也不尽人意，《云南大学一览》云："本系主任初由院长张海秋先生担任，后由郑万钧、李达才两教授相继主持，经诸氏之惨淡经营，得以树立基础。"郑万钧系来昆明主持农林植物研究所时，1939 年 12 月即兼任云大森林系教授，1943 年 8 月辞去农林植物所副所长后，即专任云大教授且兼森林系主任，聘期一年。一年后因云大经济困难，乃去重庆中央大学任教，系主任由李达才继任。

二、西南联合大学生物学系之植物学

抗战爆发之后，华北沦陷，北京大学、清华大学、南开大学在昆明联合办学，设立西南联合大学。但是，在南迁之初，并非就有前往昆明之计划，而是随着战事变化而作出之决定，先在长沙落脚。长沙临时大学时期生物学系基本上是由北京大学和清华大学两校生物系组成，在韭菜园圣经学校上课，动物生理课的实验借湘雅医学院的仪器设备，学生每周到那里上实验课。生物学系教授会主席由李继侗担任。当时学生人数不多，不少学生因交通阻碍，尚未来校报到，部分青年教师没有教学任务，系主席就安排他们到左家垅去采集动植

---

① 国立云南大学一览，刘兴育主编：《云南大学史料丛书 · 教学卷》，云南大学出版社，2010 年，第 30 页。

物标本。这些教师共 8 名，有周家炽、吴征镒、汪清和、朱弘复、毛应斗、梁其瑾、陈耕陶和杨承元。

在图书设备方面，北大的图书全部没有搬出，清华在 1935 年即将一部分图书运到左家垅，这一部分后来还保存下来。另一部分书籍运往四川北碚，1940 年遭到日本飞机轰炸而被毁。

1938 年 2 月，长沙临时大学再西迁，部分师生步行入滇，生物学系有教师 4 人参加，他们是系主席李继侗和青年教师郭海峰、毛应斗和吴征镒。李继侗还是湘黔滇旅行团指导委员会的委员。学生有姜淮章、姚荷生、侯玉麟等。一路虽也采集了一些植物标本，由于阴雨连绵，根本无法换纸干燥，未能保存，仅增长了有关知识，充实了西南乡土教材的一些内容。此中以吴征镒最为著名，且与 1949 年后云南植物研究有莫大之关系。吴征镒(1916—2013)，江苏扬州人，1933 年入清华大学生物系，1937 年毕业留校任助教。吴征镒在步行途中曾记有简短日记，晚年整理出来，名为“长征”日记，其序言云：

图 2-15　吴征镒

> 1937 年 12 月 13 日南京沦陷，长沙成为后防重镇，开始闻到更多的火药气。当时还叫长沙临时大学的联大从此上课不能安稳，尤其在小东门车站被炸之后。于是学校当局便请准了教育部作迁滇之计。酝酿复酝酿，大约一月底便决定了。随着就有一些教授先行赴滇。有一大批同学从了军，或去战地服务，也有到西北去学习的。剩下要继续念书的分做两群，一群是女生和体格不合格或不愿步行的，概经粤汉路至广州，转香港、海防，由滇越路入滇。其余约有二百余人则组织成为湘黔滇旅行团。旅行团采用军事管理，分两个大队三个中队。……同行教师共十一人，为闻一多、许骏斋、李嘉言、李继侗、袁希渊、王钟山、曾昭抡、毛应斗、郭海峰、黄子坚诸先生和我，组成辅导团。

临大抵昆，改称国立西南联合大学。理学院借用昆华农业学校校舍上课和从事实验，单身教职员曾住在楼上。1939 年夏，新校舍建成，生物学系在南区占有相对的两排平房，土基墙，洋铁皮顶，每幢隔成两间到三间，作为办公室和实验室。专用的有动物生理实验室、植物分类实验室（兼标本室）；此外，比较解剖学、脊椎动物学、无脊椎动物学也各有自己的实验室。均能因陋就简，千方百计克服仪器药品短缺的困难，开出各门课程的实验，保证了教学质量。

在昆明期间，教师充分利用云南的植物资源，丰富了植物分类学、植物生态学等课程的内容。有严重胃病的吴韫珍教授亲自带领学生采集标本，识别植物。从 1939 年 6 月开始，教授会主席改称系主任，仍由李继侗担任。8 月，李继侗因事离昆，由张景钺暂代。1940 年底，李继侗赴叙永分校讲课，并兼分校校务委员、先修班主任，系主任由张景钺代理。他们二人虽分属清华、北大，性格不同，作风迥异，但都为人正派，处事公正，均深得全系师生敬重。在他们的精神感召下，全体教师团结一致，共同为培养人才贡献力量。

40 年代初期昆明常遭空袭。1941 年 8 月联大新校舍被炸。曹宗巽对此有回忆云："生物学系办公室和实验室被炸塌两幢，系主任张景钺率领师生蹲在地上，从一片瓦砾废墟中捡回一片片盖玻片和其他设备用品，使学生加强了对敌人的仇恨，更受到了艰苦奋斗、自力更生、勤俭办学的教育。这情景虽已过去五十年，仍历历如同昨日。"

据统计 1942—1943 年生物学系共有教授 7 人，副教授 1 人。张景钺、沈嘉瑞、殷宏章是北大教授，陈桢、李继侗、沈同、杜增瑞是清华教授。1941 年回国的吴素萱应聘为联大副教授。崔之兰于 1938 秋离校，任教于云南大学；赵以炳、彭光钦于 1940 年离校；吴韫珍于 1941 年病逝，此 4 人未统计在内。另有讲师、教员、助教等近 20 人。

生物学系每年招生 10—20 人，初期陆续有从沦陷区或其他后方于参军或就业之后前来复学者，全系学生不足 30 人。1940 年才开始有联大学籍毕业生，毕业生以 1942 年最多，达 15 人。1938—1946 年共毕业学生 80 人，其中北大入学者 9 人，清华入学者 23 人，南开入学者 6 人，他系转来入学者 42 人。三校复员后志愿入北大动植物学系者 12 人，入清华生物学系者 10 人。这些毕业生大多成为本专业的骨干，为发展祖国尚很薄弱的生物学起到了播种机的作用。

植物教师几乎每周都到西山、筇竹寺、黑龙潭、金殿甚至大小哨等地采集标本。1938 年，系里经费较多，且助教人力较为充足，张景钺、吴韫珍两教授亲自带队去大理苍山、宾川鸡足山采制教学用标本等。到联大结束，三校复员时，已累积标本数万号。在昆明时，还曾接待路过昆明植物学者，如李惠林、蒋英、吴中伦等。关于采集，吴征镒有这样回忆：

> 8月间，张景钺师、吴韫珍师、周家炽（因胃病刚从延安回清华农研所）、杨承元、姚荷生（清华十级）和我，组织了一次大理苍山和宾川鸡足山之行。尽管木炭汽车从昆明到下关要走三天多，狭窄逼人的座位使两位老师每天下车后都难以动弹，而且渡洱海到鸡足山还得骑驮子马，但整个小团体却甘之如饴。那冰川湖（苍山顶洗马塘）的寒澈见底，杜鹃灌丛的繁花似锦，冷杉林的苍翠欲滴，虽也使人心旷神怡，但民生多艰，特别是在山顶大石窝棚中度夜，采高河菜或背木方下山人的辛苦也触动着我们的灵魂深处。在鸡足山祝圣寺和金顶的几星期中，吴师观察并绘制了不少活植物图，此行周专采蘑菇和病菌，杨、吴采高等植物，杨兼采苔藓，张师则忙于浸制形态解剖用的标本，也算一个小小的综合考察。那年我刚21岁整，自然从这几位师友学习到很多自然科学的活知识。
>
> 回昆才一个月，李（继侗）师又欣然接受了国民党赈济委员会的一项任务，于是我又做他的助手，随20多位“综考”团员，沿刚通车的滇缅公路到芒市、遮放、勐卯（瑞丽）直至畹町，我们师徒考察荒地、植被。记得李师在勐卯土司刀京版的宴会上，突然使酒大骂蒋介石，我和地质系助教（北大的王恒升）服侍他上床，他还骂不绝口，我们虽然替他捏一把汗，但抗战初期总还算有点“民主”气氛，而且“天高皇帝远”，“秀才造不了反”，倒也没有即时管教。然而好景不长，第二年联大教职员教学或科研就出不了昆明，以致白孟愚邀我去跟着回回马帮带机关枪下“夷方”，到现在南糯山顶留有遗迹的思普茶厂去考察的计划，终于因我无钱而成泡影。就在前一年，姚荷生当时随戴芳澜师搞真菌，却随朱宝（昆虫学家）同去了车里（今景洪），荷生并在那里逗留了一年以上，几乎做了“九龙王”的驸马，回昆后写成一本《富饶美丽的西双版纳》一类的书，原名《水摆夷风土记》，这本书终于成为他在“文革”中的一条钢鞭“罪状”。①

① 吴征镒：西南联大侧忆，《云南文史资料选辑——西南联合大学建校50周年纪念专辑》，第34辑，云南人民出版社，1988年，第54页。

关于采集，吴征镒在另一处，还有这样回忆：

> 在大理苍山不到一个月，大本营设在中和寺，杨、我和姚还在3 000多米海拔设了个小帐篷，便于经观音岩直上中和峰洗马塘4 000多米处。二老和体弱的周家炽当然留守和在寺庙附近采集。记得年轻的我们还同去过3 000多米的花甸坝，虽然二老仍留守喜州。记得我们在登山途中还遇到在联大教地质的德籍犹太人米士（Misch）教授，他后来成为只身攀登丽江玉龙山顶峰的第一人。回大理城后，我们也同游过观音堂、南诏碑和洱海边的丰乐亭。边游览，边采藻类和水生植物材料。随后渡海，在挖色村弃舟登陆，改雇马驮子，整走两天，上宾川鸡足山。我至今对鸡足山山沟的幽深景色、悬梁瀑布和合唱蝉声记忆犹新。大本营当然设在祝圣寺，由此我们遍游了全山大小寺庙，因为那都是研究和教学材料较集中的所在，常绿阔叶林保存得比较完整。最后我们在金顶下的宝塔底层住了一星期，那里即使盛夏也寒气逼人。一星期中，吴师不断解剖观察他每天手采的新鲜花草。周和姚一面画水彩图，一面用火烤得形形色色的蘑菇发出各种香气。杨承元则除了为我们张罗伙食、照相之外，还不断整理记录他采集的各种苔鲜。我也因之画了不少种采到的野凤仙花解剖图。但使我终生难忘的却是亲身领会了张老师的治学精神和为人风度。他在制作那一小瓶一小瓶固定材料时，总是那样细心和一丝不苟，特别是在用野外显微镜作预备观察时，总是那样细致，那样安详。他平常寡言少语，喜怒不行于色，但到观察入微入神、想告诉你什么的时候，恰恰又是那样动情，而总保持着那样和颜悦色、轻言细语、孜孜不倦和不耻下问的态度。①

吴征镒对1938年滇西南考察，后撰写成“A Preliminary survey of the vegetation of shweli region with an enumeration of plants collected”一文，1946年发表于《华西边疆研究学会杂志》，但仅发表了一部分，该杂志就停刊了。此文为吴征镒研究生涯中第一篇论文。

西南联大在昆明仅有八年，生物系也如同其他学系一样，人才辈出。前期在李继侗领导下，但为时不久，大多还是在张景钺主持下所显现。由于档案史

---

① 吴征镒：回忆张景钺老师，《张景钺文集》，北京大学出版社，1995年，第284页。

图 2-16　1938 年，西南联大师生在滇西考察合影

料缺乏，先仅介绍李继侗等几位著名教授之外，再摘录 1997 年出版《张景钺文集》，其门生所写回忆乃师之文其中关于云南的文字，以见西南联大生物系培育植物学人才之功。

李继侗（1897—1961），江苏兴化人。1921 年公费留美，获耶鲁大学林业硕士学位、1925 年获博士学位，同年回国。历任金陵大学、南开大学、清华大学教授。抗战时期，任长沙临时大学和西南联大生物学系主任、先修班主任。抵达昆明后，以西山植物为例，讲授植物生态学。

吴韫珍（1899—1941），号振声，上海青浦人。1918 年入金陵大学农科，对植物分类学特感兴趣。1923 年清华公费留美，1927 年获康奈尔大学博士学位。1928 年回国，任清华大学植物学教授。抗战时期任西南联大教授，治学严谨，不草率发表新种，不轻易发表论文，在抗战前一年完成了对华北植物调查分类工作，原拟将《华北蒿类》《华北胡枝子》两篇论文付印。后又因未见模式材料，临时搁置，后在抗战中散失。1938 年与助教吴征镒发现了一新属，确定为"金铁锁"的新种。当时缺乏外文参考文献，他结合了解民间草药和民俗，考证了《植物名实图考》和《滇南本草》中的植物学名。1942 年夏因工作辛劳，旧有的胃病复发，由于生活艰苦，营养粗劣，手术后伤口久不愈合，转为腹膜炎而早逝。遗著有《中国植物名录》与《植物名实图考学名考证》。吴韫珍葬礼却在 1946 年 3 月 3 日举行，是日《朱自清日记》记载："参加吴韫珍葬礼。葬礼简朴，但庄严肃穆。吴成义致悼词，为黄子卿手笔，效果甚好。继侗听后涕泪纵横，其情真挚可贵。我像吴、萧和杜一样很钦佩

图 2-17　吴韫珍

他们的心腹之交。"[①]由此可知，吴韫珍与清华同仁相处得宜，情谊深厚，否则不能至此，只是今日无从叙说。

吴韫珍去世，对弟子吴征镒也产生重大影响，其回忆最为痛切，其云：

> 到1941年初，物价飞涨，吴师因家累太重，不得不把家眷送回朱家角，孤身在滇，他已患严重胃病，仍工作不辍。因见周家炽在云大附属医院手术，割去半个胃，身体转好。他遂急于也动手术，以期早日康复加强工作。不料在戴芳澜长兄戴练江院长手术下，经过虽然良好，但在拆线前一直打嗝不止，内外伤口实未愈合，以至在拆线后数日，伤口重行崩裂，受感染转腹膜炎。假使不是抗战期间消炎药短缺，青霉素在大后方尚未使用，他是应该可以挽救的。我一直侍奉汤药在侧十余天，于6月7日午间逝世，寿才44岁。这对我打击很大，动摇了读书救国、科学救国的信念，开始真正转向革命阵营。[②]

先生悲惨命运，令弟子悲愤，从此之后，吴征镒走上由中国共产党领导的革命之路，参加地下组织，组织学生运动等。中华人民共和国成立之后，吴征镒依然是学者，从事植物学研究，未曾改变，并领导云南乃至中国植物学研究长达半个多世纪，终成大家，其缘由在此。

张景钺(1895—1975)，字岘侪，祖籍江苏武进，生于湖北光化县。1920年赴美，入芝加哥大学植物学系学习，是著名植物形态学家Chamberlain的得意学生。1925年获科学博士学位。回国后任东南大学教授。1932年任北京大学教授，兼生物学系主任、理学院院长。抗战期间任西南联大生物学系教授、代理系主任。培养门生众多，著名者有植物解剖学家严楚江、李正理等、古植物学家徐仁、植物胚胎学家王伏雄，植物分类学家吴征镒、马毓泉等，且在西南联大时，为门生重要成长期，前已有所记述，此再作一些引证。

王伏雄(1913—1995)，浙江兰溪人。抗战之前王伏雄为清华大学研究院学生，为李继侗学生。抗战爆发之后，研究院停办，1939年在昆明西南联大复

① 《朱自清全集》第十卷，江苏教育出版社，1998年，第394页。

② 吴征镒：九级生物系、化学系师友小记，吴征镒：《百兼杂感随忆》，科学出版社，2008年，第307页。

课，王伏雄遂往昆明继续求学，此时则跟随张景钺。其云：

> 1939年10月迁往昆明复课，我前往继续学习，征得原导师李继侗教授的同意，改为学习植物形态学，论文由张景钺教授指导。当时，张老是西南联大教授。这样，我成为张老的第一个研究生。我与先生第一次见面时，他即确定我的论文研究题目为云南油杉的生活史。他活没多说，但明确告诉我云南油杉是我国特有属，生活史还没有人研究，并随手给我两瓶已固定的胚胎材料。这样使我明白了研究的目的和意义，并立即进入实验工作。从此，裸子植物胚胎学研究竟成为我半个多世纪以来主要研究课题之一，对我国裸子植物的特有种、属的胚胎学的研究，一直吸引着我探索的兴趣。①

王伏雄1942年在联大完成学业，积极准备出国深造，张景钺不仅支持，还写信推荐，得到J. T. Buchholz接收，往美国伊利诺伊大学攻读博士学位。在办理出国手续时，张景钺还亲自到美国驻昆明领事馆申明作为王伏雄的经济担保人。这些关爱令王伏雄终生难忘。1950年后王伏雄为中国科学院植物研究所研究员，有《裸子植物胚胎学》《中国植物花粉形态》等专著行世。

马毓泉(1916—2008)，江苏苏州人。1945年毕业于西南联合大学，毕业后留校任助教，1946年随北京大学复员，1958年随李继侗去内蒙，创建内蒙古大学，任植物学教授，《内蒙古植物志》在其主持下完成。马毓泉在西南联大求学经历颇费周折。抗战之前马毓泉是北京大学生物系二年级学生，其时国家存亡，危在旦夕，许多青年学生纷纷参军，1937年12月在长沙临时大学期间，马毓泉在张景钺鼓励下休学从戎。六年后，马毓泉又受先生之召，重回校园完成学业。马毓泉回忆云：

> 1938—1939年我在军校受训，毕业后分配到宋希濂部队三十六师师参谋处工作，工作了四年多，在我从军六年间，我常写信给张先生，主要写军队与抗日战场的见闻以及个人的情况。张先生常给我复信，告知西南

① 王伏雄：缅怀先师张景钺先生，《张景钺文集》，北京大学出版社，1995年，第281页。

联大与生物系的情况。1943年滇西抗日战局稳定，三十六师到大理附近补充与训练。我请假一周回昆明探望老师与学友们。张先生请我到他家进晚餐，师生久别重逢，详谈了二个多小时。他说：你已参军服役六年，目前部队正在休整，你可利用这时机，请假回校复学，念完大学课程。我说："我愿意返校学习，但恐怕三十六师李志鹏师长不同意，最好请您写一封请假复学的信，我带给师长。"张先生马上写信，信中主要内容说，马毓泉原系北京大学三年级学生，六年前休学参加抗日军队工作。目前三十六师已调后方训练。张望师长准许马回校复学一年半，以完成大学课程。马毕业后若部队需要时，仍可继续回部队工作。我拿了张先生的亲笔信向师长请假回西南联大复学，师长同意张先生请求，批准我离开部队回校继续学习。张先生的信非常重要，使我能够返校复学，以后走为大学的教学与科研工作而奋斗的道路。①

图2-18　西南联大生物系教授，前排左二为张景钺

① 马毓泉：回忆尊敬的老师——张景钺教授，《张景钺文集》，北京大学出版社，1995年，第287页。

1945年夏，马毓泉在西南联合大学生物系毕业，六名毕业学生中唯其留校任助教，此亦张景钺为照顾从军复学的学生之故。

李正理（1918—2008），浙江东阳人。1943年毕业于西南联合大学生物系。1953年获美国伊利诺伊大学植物学系哲学博士学位。1957年回国，任北京大学教授，专于植物形态解剖学。李正理在西南联合大学就学时，因难耐昆明冬日的寒冷，曾得到张景钺之关照。毕业之后，则跟随张景钺从事研究，其云：

> 我在西南联大毕业后，到云南大学生物学系当助教，却跟随张老做科学研究。当时共进行两个题目："石松的茎端解剖"和"油菜叶子生长与光周期关系"。由于石松的茎端不像其他蕨类植物那样具有单个顶端细胞，本世纪以来，植物形态解剖学家们一直怀疑此种植物，是否会在营养体某个生长阶段出现单个顶端细胞。恰好当时离昆明城约30里的岗头村外山沟里有一大片自然生长的石松群落。那山沟也是当时土匪经常出没的地方。这样，每隔一星期都要去冒险采集一次，连续采了二年，做了几百张切片，各个生长时期都没有看到茎端的单个顶端细胞。这是我在张老指导下的启蒙研究，可惜由于抗战胜利，联大结束，三校复校，而没有总结。但是深深体会到张老对科研的严谨作风，并学到了一手制片技术，对后来的科研工作起了很大的作用。①

其后，李正理回国入北京大学，也是连接张景钺长函，鼓励其来北大工作。先生长函，令弟子感动，故作此选择。

在西南联合大学任助教之吴征镒，还曾与中国医药研究所之经利彬、匡可任、蔡德惠一同合编《滇南本草图谱》一书。抗战期间，西药短缺，为满足军民需要，提倡中国医药。教育部乃在昆明设立中国医药研究所，所址在西郊陈家营，聘请生理学家经利彬主持其事。根据明代兰茂所著《滇南本草》，参比实物，详绘图形。第一卷于1945年出版，收录产于云南药用植物25种，每种有释名、原文、形态、学名与中名考证、分布、药理等记载。篇首列吴韫珍、吴征镒合作发表之金铁锁新属新种（*Psammosilene tunieoicoides*），以此纪念吴韫珍先生。随后抗战胜利，该所也奉命结束，本草图谱仅出此一卷。

---

① 李正理：纪念张景钺老师，《张景钺文集》，北京大学出版社，1995年，第290页。

国立中国医药研究所成立于 1942 年 3 月 7 日，所内设有医学组、药物化学组、生理组、药用植物组，1943 年初有研究人员 19 人，出版物除《滇南本草图谱》之外，还有《中国医药研究所汇刊》第一卷第一期。

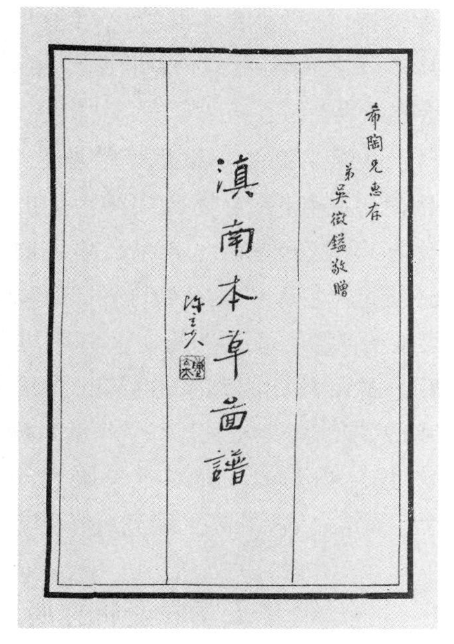

图 2 - 19　吴征镒签名赠送蔡希陶《滇南本草》

2008 年《滇南本草图谱》由云南科技出版社重印，吴征镒为之撰写一长跋，回忆当时编写编辑出版经过，读之颇为有趣。医药研究所创办，所长经利彬本找其妹婿林镕来云南创办药用植物组，但林镕要往福建创办福建科学院生物研究所，乃推荐吴韫珍参与。其时吴韫珍贫病交困，乃推荐其助教吴征镒、蔡德惠参与其事。经利彬乃公子出身，虽留学法国，且获得双料博士，但未施展其才。对于《滇南本草图谱》，吴征镒云：经利彬仅是请陈立夫题签和作序，以及请龙云题词，并承担书中各种药用植物的药理部分，这些在当时大都是未经研究的空白。对书的其他内容贡献不大，最终是否见到本书都很难说，其家谱将书名误为《滇南本草纲目》。书之另一作者匡可任，先在云南农林植物所，“他因发现喙核桃（*Annamocarya sinensis*）的一些新的属级特征，意欲发表一新属；但他性格孤僻，愤世嫉俗，落落寡合而和所长（郑万钧）不和。在黑龙潭得识吴师和我，一见如故，遂转到中国医药研究所。”蔡德惠是西南联大高材生，学士论文《中国的山茱萸属》，毕业后即留校任助教。1945 年此书完成后不久，忽于又赴西山采集归来后感到不适，去昆华医院检查，诊断为粟粒性肺结核，这病在当时也属不治之症，因结核菌极为分散，无法控制，住院后不久转为结核菌入脑，不治而亡，时年才大约 22 岁。至于吴征镒本人在其中作用，其有云“这个研究所在昆明就只有药用植物组经常有三四个人工作，匡可任是 1941 年正式聘任的研究员，我也是兼任，却主管该组。稍后还有钟补勤专门从事调查采集工作。其余还有西南联大植物分类学助教来兼职帮助我研究和写作，先后有简焯坡、蔡德惠二人。”“序中所举的滇南本草原著的植物例证，都是由我提供的，全序文字也是我写的，他只不过阅过点头而已；其余中名学名考订和文字说明都是由我提出，经过匡可任、蔡德惠二人讨论后决定的。”①

吴征镒对本草发生兴趣是受其师吴韫珍之影响，吴韫珍来昆明后，已醉心于清人吴其濬《植物名实图考》和兰茂《滇南本草》之考证，吴征镒予以协助。1946 年俞德浚作《八年来云南生物学之研究》一文，对吴征镒在本草考证工作还有这样介绍：“吴征镒氏曾就《滇南本草》（云南丛书本及务本堂本），与《植物名实图考》所记云南药物之名称，以及实际采访所得，编订云南药物名录一文，后之欲继续完成滇南本草者，当可以之为重要参考。”②据载该所还有黎昔非者，写有《本草纲目之本草产地考释》三卷，未能刊行，手稿后被毁③。吴征镒一文也未刊出，但其后对本草研究却一直在延续，此仅为其植物学家生涯之开始，多年之后，最终主编完成多卷本《新华本草纲要》一部。

三、清华大学农业研究所

北京大学、清华大学、南开大学三校合组西南联合大学，教学经费由教育部统筹，行政事务由三校原主管人负责。在昆明组成联合大学，只是权宜之计，将来抗战胜利，必然“合久必分”，因此各校又各有打算。清华大学因保管一笔美国退回庚子赔款作为基金，即在联大之外，另设一套清华大学研究所，以保存师资实力和学术传统。在昆明时期，清华大学设有五个研究所，即以陈达为所长之国情普查研究所、以庄前鼎为所长之航空研究所、以吴有训为所长之金属研究所、以任之恭为所长之无线电研究所和以汤佩松为所长之农业研究所。农业研究所又设有三个研究组，即以戴芳澜为主任之植物病理研究组、以刘崇乐为主任之昆虫研究组和以汤佩松为主任之植物生理研究组。农业研究所成立于抗战之前之 1935 年，据汤佩松言，抵达昆明后，戴芳澜、刘崇乐均坚决拒绝所长职务，1938 年 8 月汤佩松受聘来昆明，才由其担任所长。其

① 吴征镒：《滇南本草图谱》（第一集）跋，2005 年。载《百兼杂感随忆》，科学出版社，2008 年，第 498—504 页。

② 俞德浚：八年来云南生物学之研究，《教育与科学》1946 年第 2 期。

③ 朱绍侯：不迷信名人、不固执己见的学者——黎昔非先生遗著读后感，《朱绍侯文集》，河南大学出版社，2005 年，第 601 页。

实，三个研究组也相对独立，对外名称各不相同，植物生理组称之为“清华大学生理研究室”（Physiological Laboratory Taing Hua University），如同清华大学有七个研究所一般。

图 2－20　清华大学农业研究所病害组

植物病理组在北平时即已成立，迁昆明在 1938 年 2 月，人员除戴芳澜外，还有俞大绂、周家炽、石磊、王清等，开始时随联大理学院一同租借昆华农业学校办公。研究工作自 1938 年 5 月开始，陆续开展的研究项目有：① 抗病育种试验，试验作物有小麦、大麦、蚕豆及大豆四种；② 植物病害研究，如小麦蜜穗病、棉枯病、稻“一炷香”病；③ 植物病害及菌类标本之搜集及鉴定。其后，人员有裘维蕃、王焕如、方中达、洪章训、沈善炯、相望年、姜广正等，其研究地点也迁至大普吉。

大普吉位于昆明西部玉案山和北部长虫山之间，距昆明城约七八公里，有释名者云：“普吉”乃彝语音译，“普”为庙、“吉”为岔路口，意为岔路口有庙的地方。此处原本是岔路口，向西北通往富民县和禄劝县，向东北通往散旦和款庄。其时，大普吉为一集市，九天一集，故又称为“大普集”。1912 年云南省在大普吉设农事试验场果园，1939 年果园归于省建设厅。清华大学经建设厅许可，在果园内建房，遂将其所属大多研究所迁此。农业研究所之植物病理组、植物生理组于 1941 年迁入，直至抗战胜利，复员北平。

戴芳澜植物病理组在昆明先后八年，为解决当地农业生产中出现的问题，从掌握云南植物病害情况入手，给出具体方法，且调查收集云南真菌资源。裘维蕃 1941—1944 年调查云南牛肝菌（Boletales）、红菇科（Russulaceae）、鹅膏菌科（Amanitaceae）、伞菌目（Agaricales）和无褶孔菌目（Aphyllosporales），鉴定其种属地位，并写出调查研究报告，在中外专业刊物上发表。周家炽研究鸡枞与白蚁共生关系，发表论文 3 篇。云南鸡枞白蚁窝中的白蚁，据作者的调查和采集，有

Macrotermes barneyi, *M. annandalei*, *Odontotermes formosanus*, *Odontotermes* sp nov., *Odontotermessp* var nov., *Capritermes* sp nov., *Globitermes andex* 7种。*M. barneyi* 和 *O. formosanus* 两种在南京、福建、广东、海南岛都有分布,并且有栽菌的记载。白蚁窝中生长鸡枞菌的地方叫做菌台(俗名鸡枞饭),看起来好像蜂房,也好像一块海绵,棕黄或暗棕色,中间有四通八达的隧道。菌台上除鸡枞菌外,还长有很多的小白球菌。这种小白球菌,据作者的观察和研究,原来就是鸡枞菌生长期中某一时期。虽然过去曾有人认为它是一种半知菌,并且还给了一个 *Aegerita duthiei*(异名 *Termitosphaeria duthiei*)的学名。鸡枞与白蚁的共生关系虽然明代郎瑛《七修类稿》、清代田雯《黔书》、李宗昉《黔记》等著作皆有记载,但以科学方法对这一现象进行实地考察,并给以科学解释,周家炽为第一人。鸡枞菌现代用的学名为:*Ternitomyces albuminosus*。

戴芳澜在云南真菌研究是延续其20多年对中国真菌学文献资料搜集与整理,写出《中国真菌杂录九》,记载华西真菌16种,对其生态状态、形态和寄主予以描述,其中新种5个。在云南继续其白粉菌研究,得地利之便,连续数年对同一棵树上白粉菌的变化进行研究性观察,在国外发表《中国白粉菌进一步研究》。戴芳澜对云南丰富的地舌菌种类,尤感兴趣,1944年在《Lloydia》上发表《云南地舌菌研究》,描述了29种、4变种,其中12个新种和3个新变种。

关于戴芳澜在云南研究生活之状况,此引姜广正在1993年回忆其第一次在大普吉拜见戴芳澜文字,以见一斑。

图2-21　清华大学农业研究所植物病理组人员在大普吉合影,后排左二为戴芳澜(采自程光胜著《戴芳澜》一书)

老师的实验室是一间位于一排坐北朝南矮小砖木结构平房的中央，门外挂一个破竹帘子，室内没有一点声音，我在门外虽有些紧张，但终于掀帘进去，靠墙边一站，看清楚这间简陋的研究室。房间面积约16平方米，北墙边是几个本色的木书架，架子上是标本和书籍。南边靠窗的是一个工作台，台上有一架老式显微镜，还有一些常用的简单仪器、药品等。天花板上挂着一只有灯罩的电灯泡。老师正一条腿站着，一只脚踏在凳子上，集中精力看装有描绘器的显微镜，右手正在纸上绘图。①

植物生理研究组成立于1938年8月，系汤佩松抵达昆明后开始组建。汤佩松（1903—2008），湖北浠水人。1917至1925年，在清华学校学习，后赴美留学，入明尼苏达大学农学院，两年完成本科学业。1928年入霍普金斯大学，1930年6月获博士学位。毕业之后，在哈佛大学Crozier普通生理学研究室工作三年，1933年受武汉大学之聘回国，创建细胞生理学研究室。抗战爆发受聘于清华大学而来昆明。

图2-22　汤佩松（中科院植物所提供）

生理组起先也在昆华农校开办，但不在主楼内，而是在附近的平房。1939年春搬到昆华工校，是年夏又搬到昆明城外。1941年9月再搬入大普吉，至此才有稳定之所，直至抗战结束。主要研究人员有殷宏章、娄成后、陈培生、凌宁、黄杲、沈同、徐仁、王伏雄、陈昭龄、沈淑敏等，开展生物化学、生物物理学和生理学（形态学）三方面研究，分别由殷宏章、娄成后、汤佩松指导进行。八年间完成论文八十余篇，大多以油印摘要形式问世。俞德浚1946年对该研究组八年中研究成果予以总结：

汤氏与陈昭龄氏曾使用秋水仙素处理大麦，发生同质四元体，并已继续繁殖至第五代。四元体之大麦植株麦穗种子均与普通大麦有显著之不

① 原载《中国菌物学会成立大会学术讨论会论文及论文摘要》，1993年，转引自程光胜编著：《戴芳澜传》，中国科学院微生物研究所，2008年，内部发行。

同，结实率较低、生长较慢、成熟较迟、抗力较强，为其特征。刘金旭氏曾使用植物生成素及荧光染料涂于茄科瓜科之植物上，促成单性结实。北大教授殷宏章氏曾用生长素处理各种插条促进生根，如油桐、木棉以及多种树木与园艺植物。此外关于生长素对于绿藻之生长同化呼吸等作用之影响，生长素对于春化作用之影响，各种有机化合物所表现之植物刺激作用，植物休眠期之生理作用，桐油种子储藏期之化学变化等，皆有专文发表。娄成后氏研究落花生结实之发展阶段，以及胚胎发育成型为种子时所受环境之影响。沈同氏研究动植物生理，偏重营养问题，氏曾分析滇产油柑子（俗呼橄榄）所含之各有机酸，并确知其含丙种维生素最多。邓伟光氏自行配制 DDT 粉，并测定其杀虫效力。①

俞德浚所列举仅是生理研究组在应用研究领域之成绩，且不全面；其时，除此之外，还有一些理论研究。汤佩松晚年撰写回忆录《为接朝霞顾夕阳》，有更全面记述，此不赘引。不过汤佩松回忆录将昆明时期研究工作称之为“为国储才”，大普吉之精神和价值则更大于其学术意义，此摘录如下：

从抗战后期开始到 40 多年后的今天，大普吉这个名称随着岁月的推移，早已失去其地理性意义，甚至我们在大普吉的以泥砖盖起的试验室和住房，现已先后被铲为平地，并已改建成为铁路旁新的居民区，但是“大普吉人”这个集体的团结友爱、忠于事业、忠于国家的精神，在我和我们一些人中还是永存的。

汤佩松将其在整个昆明时期所接触到人皆称为“大普吉人”。

除具体和我在大普吉实验室工作和生活过的朋友，包括当时的青年学生和助理人员外，还包括我在昆明（1938 年秋）以来在我研究室工作过的所有同事和学生们，而不管他们在离开我时到没有到过大普吉这个集镇上的研究室。因为对我来说，他们和他们的工作也是我来昆明所抱的主要目标：为后方生产建设作些贡献，为战后培养和储备一批生理科学人才。

① 俞德浚：八年来云南生物学之研究，《教育与科学》1946 年第 2 期。

清华大学除将农业研究所植物病理组和植物生理组安置在大普吉，还将金属研究所、无线电研究所也安置在大普吉，因此一时人才聚集，再加上附近梨园村住居西南联大教课的教师，他们每月定期在大普吉与梨园村之间茶馆集会，由每人轮流作自己的工作报告或专题讨论，学术空气十分浓厚。而植物生理研究组和植物病理研究组学术和生活则更加密切。汤佩松言：殷宏章和娄成后两家就与汤佩松家同住在研究室内一个约 40 米×50 米的“四合院”里，北面是实验室，在实验室中间则是一个陈设雅致并装有壁炉的图书室。这个图书室既供阅览图书之用，也是学术交流场所。我们几乎每周有一个下午在这个图书室召开本研究室的学术讨论会或工作进度报告会，有时与植物病理组的年轻人员共同讨论，有时也请附近的学者作学术讲演或专题讨论。英国生物化学家、中国科学史家李约瑟，曾两度到大普吉，汤佩松均邀请其在图书室与大家座谈，并结下深厚友谊。

图 2-23　20 世纪 80 年代沈善炯(左一)、娄成后(中)、殷宏章(右二)、薛应龙(右一)重回昆明，与吴征镒(左二)摄于西南联大纪念碑前

同时，图书室也是全大普吉三所工作人员的社交和文艺活动的场所。每周有时开唱片音乐会，甚至在尘土飞扬的四合院场地上开一次盛大的舞会。在研究所墙外有一排球场，只要不下雨，几乎每天下午五点必有喊声震天的比赛，并有长期固定的观众。在大普吉还有一个每周六晚“雷打不动，风雨无阻”

桥牌集会。

在抗日战争艰苦条件下，科学家们仍坚持研究，作用于社会，且有丰富健康娱乐生活，实乃民族复兴之精神资源。抗战期间，云南昆明以黑龙潭、大普吉两处形成中国植物学研究中心。由于清华大学经费优势，今不知戴芳澜和汤佩松各研究组年经费几何，但陈达之国情普查研究所在 1938 年成立时，年经费为 4 万元，该所人员仅 6 人而已。[①] 以此与几乎同时成立之云南农林植物所比较，农林植物所开办费仅几千元，两者几乎不可同日而语。因此大普吉比黑龙潭更为兴盛；但大普吉一开始即属临时性质，而黑龙潭则是永久事业，此亦导致大普吉最终仅是精神遗产，而黑龙潭则一直是中国植物学研究重镇，积淀历史信息也更为深厚。

第三节 庐山森林植物园丽江工作站

庐山森林植物园成立于 1934 年，由静生生物调查所与江西省农业院合办于江西庐山，早于云南农林植物所四年成立。胡先骕领导中国植物学事业，在创建中国科学社生物研究所和北平静生生物调查所之后，感到中国还应有植物园建设。此项事业得到江西省主席熊式辉支持，而胡先骕对乡邦江西农林生产也献计献策，在其建议之下，先有江西省农业院成立，植物园即由静生所与农业院合办。之所以选择庐山开办，因其时庐山为国民政府夏季办公之所，有夏都之称。其政治中心，也带来文化发展。庐山夏季凉爽，不仅人可避暑，也适宜引种云南园艺植物在此试种。英国自云南引种杜鹃、报春等花卉植物之成功，将中国誉为“园林之母”，而这些美丽之植

图 2－24 秦仁昌(张宪春提供)

① 陈达：浪迹十年之联大琐记，商务印书馆，2013 年，第 188 页。

物在中国尚不为人所知，欲借植物园推广至国中。胡先骕请静生所标本室主任秦仁昌南下任植物园主任，并派陈封怀赴英国爱丁堡皇家植物园学习植物园造园及高山植物报春花科研究。该园常年经费1.2万元，静生所与农业院各担半数，研究人员由静生所选派，园主任薪金则由静生所支付。秦仁昌(1898—1986)，字子农，江苏武进人。出身于农民之家，然自幼却受到良好的教育。1914年入江苏省第一甲种农业学校，师从我国林学界老前辈陈嵘和植物学开创者之一钱崇澍，遂对植物学发生兴趣。1919年入金陵大学，又得到中国植物学另一开创者陈焕镛的指导，由于家境贫寒，在未毕业之前一年，得陈焕镛提携，介绍到东南大学任其助教，遂又结识胡先骕。1923年春得陈焕镛、胡先骕推荐，秦仁昌参加美国地理学会组织的，由吴立森(F. R. Wulsin)率领的中国西北科学考察队，秦仁昌负责队中的植物考察，在野外工作约一年之久。1926年，秦仁昌感到蕨类植物研究在中国尚属空白，遂有决心从事此项研究，得陈焕镛之奖掖，当年即被陈带往香港植物园标本室工作，为其研究开始查阅标本，搜集文献；1928年入中央研究院自然历史博物馆，两年后赴欧洲访学；1933年回国，服务于静生所。陈封怀(1900—1993)，字时雅，江西义宁人，出身于诗书簪缨之家，其曾祖陈宝箴，曾任湖南巡抚，推行新政，在戊戌变法失败后，被慈禧太后赐死，此给陈家后人以极大影响。陈封怀曾言："我的家庭自从曾祖父参加政治失助之后，他的子孙们就都抱着不问政治，厌恶政治的消极态度，完全缺乏向丑恶现实作斗争的精神，而以清高书香之家作标榜。"①其祖父陈三立，为清末著名四公子之一，近代诗坛之祭酒；其父陈衡恪，著名画家；叔父陈寅恪，著名历史学家。陈封怀自幼随祖父长大，1927年在东南大学生物系毕业，1931年1月入静生所，先后在河北、吉林等地采集标本，发表有关镜泊湖植物生态和河北省菊科植物分类。1934年夏陈封怀赴英，两年后回国，任庐山森林植物园园艺技师。本书此前对秦仁昌、陈封怀已有一些涉及，此仅言及他们率领植物园员工西迁之始末。

森林植物园建园没几年，便以优异成绩令世人瞩目，其园艺植物研究更是取得开创性成绩，因此中央研究院在规划全国科学发展时，云"庐山森林植物园与国产园艺植物之调查与种苗之收集颇为注意，将来当有成绩可观。"②然此

---

① 陈封怀：自传，1958年，中国科学院华南植物园藏陈封怀档案。

② 国立中央研究院评议会第一次报告，1937年4月印行。

言刚落，即遇抗日战争全面爆发，再一年日军沿长江西上，九江、庐山悉为沦陷。植物园员工不得不弃园西迁，先往云南昆明，后再往云南丽江。终在丽江建立庐山森林植物园工作站，度过艰难的抗战时期。

一、西迁经过

抗日战争全面爆发后，为应对严峻形势，1937 年 9 月 1 日庐山森林植物园召开第七次园务会议，秦仁昌在会上对植物园工作做了如下安排：

> 际此国难数重，在非常时期内，各机关经费均虑困难。本园当然未能侧身于外，兹后各项消费，亟应简省，以免陷入窘境，并将暂可缓办者，停止购备，设备费亦不得超过每月预算。至于职员薪水，自三十元以上者，暂支半数，本人之办公费五十元，亦暂不提支，均自九月份起实行。其余半数，俟时局稍平，于经费无虞缺乏时发给。所雇工人，自本月起，亦应裁减，可留工作得力者，以资节省，而免糜费。①

即使在此非常时期，整个民族将面临难以预知的灾难之时，植物园仍一面加紧建设，一面也在作撤离准备。第二年，1938 年 6 月 26 日长江要塞马当失守，赣北即告被占。7 月 5 日湖口失守，7 月 23 日日军在九江附近登陆，遭到我军抵抗，由此拉开著名之武汉会战序幕。武汉外围有九宫山、幕阜山、庐山和大别山，在此布置重兵数十师，预筑坚固阵地。②在庐山附近虽然修筑阵地，但我军所采取战略是边打边撤，以拖延日军西进日程，以便东部之人力、物质设备有时间撤至西部，以作持久之抗战。而在一般百姓对战略决策难以知悉，就是对局部战役也难获战况。1938 年 7 月 24 日，秦仁昌欲先往长沙，当他获知国民政府部队将放弃庐山，才立即指示其他人员也立即离开庐山。关于植物园西迁之经过，时在该园任职的冯国楣于 1998 年应著者之约，撰写了《庐山森林植物园丽江工作站始末记》一回忆文章，于此有详尽之记述，摘抄如下：

---

① 《庐山森林植物园园务会议记录》，中国第二历史档案馆，609(17)。

② 何应钦著：《八年抗战之经过》，《近代中国史料丛刊》第七十九辑，文海出版社。

庐山沦陷前夕，秦仁昌主任已把其夫人左景馨送往湖南长沙左家（左宗棠老家），而植物园内秦氏也安排了陈封怀、刘雨时、冯国楣等人留守，并预存了六个月的粮食、食盐、腌肉等食物，同时将园内的标本、图书，以及丹麦国请秦主任鉴定的蕨类蜡叶标本一起送到庐山美国学校内寄存，准备战后取回。

当秦主任知道庐山将很快被日兵侵占前夕，由庐园工人抬轿送至下山，至陈诚（游击战时的司令）住处，陈诚告诉他，庐山已划为游击战区，庐山森林植物园员工不能留守，均应下山避难。当时秦氏即写信给陈封怀，要大家从速离开，庐园工人回来后将秦氏的信交给陈封怀。当时大家商量，决定离山到南昌，离园的有陈封怀夫妇、刘雨时、冯国楣、冯瑞清、刘□□等，由含鄱口下山，从星子县沿公路向南昌方向步行，途中有军车回南昌，几经交涉才同意带我们到南昌。在南昌我们均要到了难民证。第二天陈封怀夫妇就转往吉安而去，我与刘雨时、冯瑞清、刘□□则在火车站乘坐运牲口的空车皮往长沙去，殊不知火车经萍乡至湖南醴陵途中的老关站时，与长沙来的一列军用火车相撞，结果是两车头撞到车站上，幸好我们均未受伤。当时车站用不到六小时把车修好，我们仍乘空车皮到长沙。

在长沙住到左家，其时左景烈有病在家。遇敌机轰炸，我们就躲在门口的防空洞内，系用沙袋堆集的简陋的防空洞，左家的门窗玻璃破碎了几块，其他没有什么破坏。第二天，我们去查看了离住处仅百余公尺的炸弹坑，约有一公尺左右的直径，并未伤人。以后我们每天一早均出城至田坝里，有水车可躲避，至太阳快落山时再回到家中。后购到从长沙至贵阳的公共汽车票，到贵阳后，又等汽车票至昆明，又等了很久，才坐上汽车抵达昆明，找到了文庙（即孔子大成殿），其时已有蔡希陶、邱炳云等云南生物调查团的同事在此，后来秦主任由广西转往越南河内也到了昆明，陈封怀夫妇、雷震夫妇也先后自江西经广西到了昆明。①

于这段文字，需要作一些补充说明。第一，秦仁昌夫人左景馨，湖南长沙人，近代著名人物左宗棠后裔。陈诚为国民党高级将领，其夫人与左景馨是堂

① 冯国楣：庐山森林植物园丽江工作站始末记，手稿，1999年。

姊妹。有此层关系，所以陈诚可以派一辆专车送秦仁昌至南昌。第二，植物园寄存在庐山美国学校的物品共120箱，每只箱长2米，高宽约1米，甚为巨大。其中也有私人物品，约每人一箱。庐山美国学校，是因为当时庐山外国侨民众多，为教育其子女，而由外国人士自己设立的学校。在第二次世界大战的远东战场上，英美始为中立的立场。植物园设想与前述北平静生所之设想一样，认为日人会礼遇英美人，美国学校可免于难。故植物园每月出资30元，租借该校房屋多间，供物品摆放，并请负保管之责。

植物园主要人员在撤离时都去了云南，如上所述，只是雷震去了未久，不知何故，即返回江西。曾入江西省农业院在南城麻姑山设立的林业实验所，一度任该所所长，从事森林植物的调查、繁殖及病虫害的防治工作。[①] 陈封怀在云南工作几年后，即回江西泰和，在新成立的中正大学任教。但也有未能随之远行者，熊耀国就因武宁家中有老母需要奉养而未同行，而是回老家，先以所领到植物园发给薪津，在当地从事植物采集，这些标本在胜利后，皆运回庐山。其后，为维持生活，只好在当地中学任教。

二、设立丽江工作站

庐山植物园大多员工在1938年8、9月间陆续到达昆明，皆加入刚刚组建成立的农林植物研究所。然而从北平静生所撤离人员亦多来该所，致使在黑龙潭中的所址无房舍容纳。植物园本有志于高山花卉研究，遂为决定往高山花卉种质资源极为丰富的丽江设立分所，于当年12月到达。

丽江位于云南省西北部，是云贵高原与青藏高原连接部位。县城海拔高度为2 418米，北连迪庆，南接大理，西邻怒江州，东与四川凉山和攀枝花接壤。境内多山，主要有玉龙雪山和老君山两大山脉。有金沙江和澜沧江两大水系。海拔最高是玉龙雪山的主峰扇子陡5 596米，最低点是七河区江边坡脚金沙江出境处，海拔1 219米，形成了寒、温、热兼有的立体气候，因此形成丰富的植物资源。丽江自古就是一个多民族聚居的地方，共有12个世居少数民族，主要为纳西族。此地民情风习、言语宗教、社会制度与中国东部大异，气候、地理、交通也是东部地区所罕见。此前虽有西人长期在此采集或传教，静生所俞德

① 江西农业院设立林业实验所，《农业院讯》，1941年。

浚也曾在此采集有年；但是选择来此作长期住居，开辟事业，首先具有适应此特殊环境之能力，和坚忍不拔之毅力与创造之精神，方能有成。因为一入其境，语言不通，币制不同，治安不靖等皆是问题。外出采集，往往数十里无人烟，食宿无所，一切日用所需，须事先准备，露宿之帐篷，为旅行必备工具。

庐山植物园选择前往丽江，诚可见主其事者所具非常之毅力。1958 年秦仁昌为交代历史问题所写之《自传》有这样记述其率队前往丽江之经过：

> 我等匆匆撤离庐山，辗转到了昆明，加入蔡希陶同志等筹设的静生生物调查所昆明分所，所址设在离昆明十余里的黑龙潭一个破庙内，不久唐进和汪发缵两同志从英国归来，因而所址狭小，而且人浮于事，大家计议将庐山植物园的人员分到云南西北部的丽江县设立工作站，开展康藏高原植物的调查。原拟由陈封怀同志率领前去，我仍留昆明工作，不料他在动身前一日忽然病倒，不能前去，临时改由我率领启程。
>
> 我们在一九三九年一月底到达了丽江之后，遇到了第一个困难问题是租不到房子。丽江是个少数民族地区——麽些民族，他们过去从来没有出租房子的风俗习惯。我们那时实在是进退两难，经过了几天的奔走，托人设法，在我们同行的旅伴中，有一丽江人，他极力帮忙，最后在一个破落户家中分租了几间房子，才算安定下来了。后来向丽江建设局商借了三间房子作办公室，开始进行工作。①

秦仁昌回忆所言先前决定由陈封怀率队前往，确实如此，在档案中有农林植物所请求教育厅为陈封怀前往丽江考察植物办理证明书，时间是 1938 年 10 月 31 日。教育厅批复在 11 月 4 日。只是陈封怀临行前病倒，改由秦仁昌率队前往。秦仁昌言其抵达丽江时间在 1939 年 1 月，而 1938 年《庐山森林植物园年报》却云在 1938 年 12 月，当以《年报》为准。该《年报》记载初来丽江情形甚详，录之如次：

> 本园于去年十二月中旬迁抵云南极西北隅之丽江，承地方长官及士绅等之热心协助，得借用丽江县建设局空余房屋。一部稍事修葺，作办公

① 秦仁昌：自传，中国科学院植物研究所档案。

及园丁夫役食宿之所，并租赁办公室附近民田四亩为临时苗圃，租用私人住宅一部，为职员宿舍，嗣又承建设局让用该局东侧围墙内园地一块，为盆栽植物与莳播稀珍植物种子之所，为时未久，一切工作得照常推进，实初不及料者。

迁丽江以后，其唯一困难厥为劳工问题，因此地男性劳工固不缺乏，然皆怠惰成性，动作笨慢，其工作效率之低劣，视国内其他各地之劳工实有天壤之别。幸承静生生物调查所云南生物调查团俞季川君之介绍，得雇用雪嵩村农民赵致光一名。该民前随已故苏格兰爱丁堡植物园采集家福莱斯脱氏(G. Forrest)工作多年，老练可靠。复由彼介绍其同村工人，曾随赵氏采集或随美国采集家陆约瑟(J. F. Rock)服务有年者八九人。此辈工人均曾经一番训练，对野外及室内诸项工作均甚熟练，故颇称职。本园现有劳工概系此辈丽江土著者也。

本年丽江及其邻县春秋两熟均遭歉收，而以丽江为尤甚。六月以后，粮食来源渐稀，价格日涨。迨十二月中，米价每升(约重十磅)，涨至国币四元五角，视去年同月每升加四角者，几增十一倍矣。其他物价亦靡不涨至五六倍以上，一般平民生计固感空前之困难，即本园工作之进行，亦颇受影响。

然丽江为滇省西北重镇，康藏咽喉，环山带江，为近数十年来中外学者研究滇西北植物之中枢。本园迁此于工作之推进，自有莫大之利便，虽遭逢前述之种种困难，而一切工作仍能顺利推进，不可谓非幸也。①

秦仁昌来丽江未久，曾向胡先骕呈函汇报近况，从中也可知到达丽江之情形之一二。此函写于1939年5月15日，来丽江仅五月余。其云：

步曾先生道鉴：

顷奉昆明来书，敬悉一切。康所能望成立，并以仲吕主其事，实惬鄙意。因为在此工作，视庐山无二致也。封怀可长期留昆明，协助滇所工作，无来此之必要，并曾请渠训练一二学生，便将来继任有人矣。

顷接洪芬、叔永两先生来函，欣悉本所(包括本园)下年度经费基金会

① 庐山森林植物园年报，自二十八年一月一日起至同年十二月底止，中国第二历史档案馆藏静生生物调查所档案，全宗号609，案卷号19。

通过九万元，则是下年经费已不成问题矣，本园一万元当亦无问题。兹奉上事变后本园临时预算一份，合计全年国币一万一千一百元，而采集（此系本园今日主要工作）费，每月仅二百元，似嫌太少。庐山本园每月一百元亦系最低之数，因代管人 Mr. Herbert 系私交关系，并不取薪。美国学校房租每月三十元，系供本园储藏标本书籍等物之用，该校当局负相当保管责任，实不为多。故预算内可以节减者，仅昌之津贴月五十元。封怀及雷侠人薪水或可酌减，但无论如何紧缩，每年至少须一万元，应如何支配，请改添后示知遵循。值此非常时期，本所及本园之事业仍应尽力维持，薪金不妨酌减或停聘预定职员。再封怀及昌之薪水自本年一月起，迄今五月，未得一分，值此时期，汇转殊感不灵，拟请转知基金会，以后按期径寄昆明上海银行代收，至一、二、三月之薪水究寄何处？如何补救，亦请设法为感。

至庐山本月情形，接代管人 Herbert 上月来信，一切均称满意，西国友人对本园事业不辞艰难，令人钦佩不已。江西农院补助费由去年七月起已奉令停发，俟大局平定，方能续拨也。昌等在此而采得各种苗木如杜鹃、樱草等，均已栽培成活，将以一部分赠滇所布置园庭，即灿烂可观矣。

慕韩兄中风，闻之恻然。对捐助事十分赞同。

专此奉复，敬颂

祇安

晚　秦仁昌　拜上　五月十五日[1]

1942 年，时任西南联合大学生物系助教之吴征镒偕云南大学生物系助教刘德仪，在结束大理考察之后，曾有丽江之行。在其晚年作文怀念冯国楣，曾有这样记述：

在丽江除拜访了秦仁昌先生夫妇，做他家的客人之外，还得秦老引见，见了时尚留居丽江的 Joseph Rock 和另几位传教士，而老冯则引我们二人去雪嵩村见到了 G. Forrest 采集家，农民赵致光等赵氏兄弟、叔侄，也是他引我们看了他从山上移栽到坝子里的高山花卉。更为到今天仍然记

① 秦仁昌致胡先骕函，1939 - 05 - 15，中国第二历史档案馆，609(19)。

忆犹新的是时逢八月中秋，纳西族“放孔明灯”和在四方街的盛况。我们还喝了鹤庆酒，吃了丽江粑粑。①

由上所引，可知植物园来丽江之后，大致情形。在安顿下来之后，最困难还是经费问题。江西省农业院所担负的半数经常费，即为停付，此时仅靠中基会每年5千元经费开展工作，十分吃紧，常有拖欠员工工资情况。但丽江植物资源的丰富，给人带来兴奋，又似乎将眼前的困难有所忘却，故很快便投入到工作中，一样作出令人艳羡的业绩。大约在1940年间，考虑到终要返回庐山，故将此处命名为庐山森林植物园丽江工作站。

三、研究工作

秦仁昌在此继续其蕨类植物研究，为工作便利起见，在仅有的几间办公室内，仍辟出一间作标本室之用，陈列方式一如图书馆之书籍，甚为简陋。此处标本来源除在当地大量采集外，仍能得到国内其他学术机关的赠予。仅1939年一年共得895号，主要有岭南大学所采广东、广西及海南标本，四川林黎元所采重庆北碚标本，静生所俞德浚所采云南西北部标本。② 据目前所掌握的有限史料还获知，此后之1941年曾与远在陕西武功之西北植物调查所有所联系。其时，该所所长刘慎谔有昆明、云南大理之行，获悉秦仁昌在丽江设立工作站，即去函搜讨种苗；秦仁昌亦借机向其索要西北蕨类标本。秦仁昌复函略谓：“前奉自大理及保山发来各函，均经拜读，备悉一切，谅兄已安返武功。此间一切安好，本园去年所采种子全批寄尊处，谅计日可达，球根因碍于时季已迟，且交通阻梗，未能奉上，只有稍待耳。按自陕寄滇之包裹邮费极高，尊处如有蕨类标本寄来，可少用纸，以节用费。”③在丽江秦仁昌还与美国农部派遣采集员洛克有学术联系。

秦仁昌之研究，在丽江依然是不断深入。除积极从事《中国蕨类植物志》

---

① 吴征镒著：《白兼杂感随忆》，科学出版社，2008年，第420页。引者按：文中言及见到英国采集家G. Forrest，盖记忆错误，可能是洛克。G. Forrest在1931年12月即已去世。

② 《静生生物调查所年报(1939年)》。

③ 秦仁昌致刘慎谔函，1941年4月9日，中国第二历史档案馆藏北平研究院档案，全宗卷394，案卷号447。

之编写，并不断发表新种，更重要的是1940年发表了《水龙骨科的自然分类系统》的论文，刊于陈焕镛主持的中山大学农林植物研究所出版之《中山专刊》①，该文从蕨类植物的外部形态和内部结构及生态习性等进行比较研究，“把当时世界上包罗万象的水龙骨科划分为三十二科，归纳为四条进化线的方案，震动了世界植物学界”。秦仁昌后来是如此评价自己此项工作：“水龙骨科的自然分类一文是我关于世界蕨类论文之一。在此以前，所谓水龙骨科在整个蕨类植物界中，是最大的一科，以种的数目论，占了蕨类植物的将近4/5，这个数字上的不相称，引起了我对它在长期工作中的不断注意，终于根据外部形态及内部构造的异同，初步把它分裂成为33科。这应该被认为在近代分类学上一个革命性的行动。这并不是说这个新的分类法在它的体系上已经完美无缺，相反的还有很多缺点，如我在最近七年多来已经发现了的。”②这是世界蕨类植物分类发展史上的一个重大突破，当时研究蕨类植物的权威科波伦德在他的名著《蕨类植物志属》序言中写道：“在极端困难的条件下，秦仁昌不知疲乏地为中国在科学的进步中，赢得了一个新的位置。”③秦仁昌因之荣获1940年荷印龙佛氏生物学奖。秦仁昌获奖，其时之《大公报》有报道云：

> 荷印政府表示中荷亲善，特将本年度该国龙佛奖金授予我国著名植物学家秦仁昌。按此项奖金，专为奖掖热带农林植物之研究者，数十年来照章受奖者，限于毗接荷印之澳菲印及马来联邦。自我抗建以来，学者多数在西南各地继续工作，我生物调查所庐山森林植物园主任秦仁昌，即转至西南研究亚热带及热带植物；并主办樟脑厂④及培植各种经济作物，极有成绩，故荷印为树立中荷学术合作，决将此项奖金授予被称为东亚蕨类植物权威之秦仁昌，请其迳往荷印研究，一切费用，概由龙佛奖金内支付，秦即将启程前往。⑤

---

① 秦仁昌：水龙骨科的自然分类系统，《中山大学农林植物研究所中山汇报》，1940，5(4)。

② 秦仁昌：中国蕨类植物研究的发展概况，《植物分类学报》，1955，3(3)。

③ 转引自邹安寿、裘佩熹，蕨类植物学家秦仁昌，见《中国现代生物学家传》，第一集，湖南科技出版社，1985年，第42页。

④ 胡宗刚按：樟脑厂应为松香厂，详见下文记述。

⑤ 中荷关系密切，我植物学家秦仁昌荣获该国龙佛奖金，《大公报》1940年9月6日。

荷印为荷兰所属殖民地印度尼西亚，秦仁昌受邀至印尼爪哇茂物植物园研究，此为东亚植物学家受邀第一人。后以太平洋战事爆发，未能前往。

如今，秦仁昌系统已具广泛的国际影响，在蕨类植物分类学中占有重要的地位。为此，中国科学技术委员会于 1993 年授予秦仁昌“国家自然科学一等奖”。汤佩松对秦仁昌的研究成就也曾有这样评价：“虽然这一系统当时遭到守旧派的反对，但随着科学的不断进步，在以后的年代里逐渐为许多学者所采用。”①2001 年 5 月，国际蕨类植物学术会议在北京召开，与会的外籍专家在会后由美国密苏里植物园主任、中科院外籍院士雷文(Peter Raven)的率领下，特赴庐山植物园，向秦仁昌创建的，并曾经工作过的，而最终安息的庐山植物园进行礼拜，这是今人对前人最好的纪念。

在丽江，秦仁昌除了继续其蕨类植物研究外，还兼为致力于云南经济植物调查，发现多种经济植物为他省所未有，或虽有，而其效用不够显著。并与清华大学农业研究所汤佩松合作，鉴定云南经济植物，以作其生物化学研究之参考。还曾受西南经济研究所森林部委托，调查云南森林情况。

四、冯国楣之植物采集

庐山森林植物园迁往丽江的首要目的是收集各种珍奇森林园艺植物以供繁殖，采集植物腊叶标本以供研究。云南西北部植物之丰富几冠全国，而丽江地位适中，工作尤称便利。来丽江之时，招募八九名前曾受雇采集之当地村民，这些人员均受过一番训练，对野外采集及室内工作皆甚为熟练。有了熟练的工人和向导，故于工作的开展十分顺利。制定三年调查计划，于当年即将丽江及中甸两地植物予以详尽之搜集。

1939 年，采集分三路进行：一往滇康交界之中甸，一往丽江东部之玉龙雪山，一往丽江其他各地。采集重点在丽江与维西交界之金沙江与澜沧江之分水岭，及丽江东部之金沙江西岸等处。在植物丰富地点，皆作数次采集，以求详尽无遗。三路工作于年底 12 月中旬始才结束。此外还曾于 4 月中旬前往鹤庆之南松桂马耳山采集。采集之成绩，该年《庐山森林植物园年报》记有：“计得蜡叶标本六千三百九十一号(每号四份)，活植物八百余号，种子九十四

① 汤佩松：序《秦仁昌文选》，《秦仁昌文集》，科学出版社，1988 年，第 1 页。

号及珍奇木材标本十八号，内三号系乔木杜鹃，极为可贵。半年所得活植物材料概有各种经济价值，其重要者计有杜鹃六十余号、松杉植物十二种、蕨类六十余种、兰科三十余种、天南星科八种、木樨科十种、报春花属三十余种、蔷薇科四十五种、豆科三十余种、菊科二十八种、罂粟科五种、紫薇科五种、玄参科十五种、紫草科九种、瑞香科七种、鸢尾属八种、龙胆科十八种、忍冬科二十五种、黄杨科六种、木兰科三种，其他各科种类不及详备。总观一年中之采集成绩殊为圆满也。"[1]所得活植物皆植于苗圃，种子除自己播种外，还分送云南农林植物所等机构。

此后采集情况，由于档案保存有限，难知确切。其时，担任采集任务者，主要是冯国榍，其成就后来也甚大，包士英著《云南植物采集史略》将冯国榍誉为国人在云南四大采集家之一，另三位是蔡希陶、王启无、俞德浚。冯国榍(1917—2007)，江苏宜兴人。幼时，就读于无锡匡村私立中学，高中一年级因家贫辍学，在乡间小学任教。1934 年 8 月，庐山森林植物园创办，经人介绍入园当练习生，跟随秦仁昌，自学成才，为该园创建者之一，1937 年提升为技佐。抗战之后，辗转至丽江。关于在滇西北之采集，冯国榍晚年所写自述，较为详尽，或可补上述之欠缺。

图 2－25　冯国榍

> 1939 年早春，由冯国榍带队往鹤庆马耳山采集植物标本，曾在金沙江岸的朵美、姜营等地采集标本，其时虽是过新年时节，而朵美已如夏季，正在采收甘蔗以制糖，我们还到金沙江内游泳以消暑热。在马耳山工作时住在荷叶村，当时治安极差，各地土匪较多，村民也在躲避土匪抢劫，而我们仅有压标本用的草纸，因此每天均入山采集标本，可惜马耳山很少森林，故标本收获不大，后来从松桂经鹤庆才回到丽江。至 5 月，我又带队到中甸调查植物，当时中甸还不用法币，主要用四川银圆，一个银圆抵

① 庐山森林植物园年报，自二十八年一月一日起至同年十二月底止，中国第二历史档案馆藏静生生物调查所档案，全宗号 609，案卷号 19。

7角法币，不是通用的银圆，因此到中甸去之前，先要将法币在丽江商号(铺面)换成四川银圆，不然到中甸后就无法工作。早在去年底云南静生生物调查团的俞德浚同邱炳云从四川木里经过丽江时见了面，俞氏谈到中甸工作时认识中甸有刘营官、陈营官，小中甸有中甸民团总指挥汪学丁，哈巴雪山的哈巴村有回族杨姓的可住在他家，有房屋可烘烤标本。因此我们到中甸先后均见到了他们，工作时确有帮助。在中甸时到了仙人洞雪山、石膏雪山，小中甸找到民团总指挥，但由于送礼不足，表面上客气，实际上他下面的火头(即乡保长)，很不乐意让我们采标本，事实上中甸的县长在当时仅管着金沙江边的乡保长，对高山上的藏族是管不着的。后来我们到安南厂、北地、哈巴等地工作，都比较顺当。我在中甸时，因当年夏季雨水大，直到秋季我才到靠近木里的俄亚(当时丽江的商人在挖金矿)，由木里土司的介绍才让我们住在村中群众家，后来我们才回到丽江。

1940年由我带队从维西顺澜沧江，先到小维西、康普、叶枝、换夫坪工作后，转到德钦县的茨中，上卡瓦卡工作，后又过怒山到怒江边，过滕溜索(系用高山剑竹编的绳索，并用木制溜板，架在溜索上穿上滑行而过的一种交通工具，木溜板上牛皮条，绑在人身上或牲口身上，由高处向低处滑行，是古老原始的交通工具)即到对岸。我们就到了菖蒲桶，在丙中洛、尼瓦陇等地工作，后又往茨开(现在的贡山县县城)后面的黑普山(即高黎贡山)工作。有一天夜间，我们正在帐篷中闲聊，当地向导由于经常在山间活动，夜间就来讲：有老虎(孟加拉虎)经过，要我们小心，当时我们在帐篷门口烧起一堆大火，并将辣椒丢入火堆中燃烧，发出辣味，以防老虎来冲帐篷。第二天早上去水沟边就发现了老虎的脚印，大家才吃惊起来。从贡山工作至年底才返回丽江。秦主任把蕨类植物标本初步鉴定，说有20多个新奇种类云。①

工作站自1939年起，“三年间共采集了标本2万余号，其中发现了很多有价值的蕨类植物新种数十。”②冯国楣“在云南各地采集植物标本7625号(仅据

① 冯国楣：庐山森林植物园丽江工作站始末记，手稿，1999年。

② 《静生生物调查所年报(1939年)》。

野外记录本统计)，今存于中国科学院昆明植物研究所、中国科学院植物研究所和中国科学院华南植物研究所标本馆。其中有新植物 359 种(蕨类植物 53 种、种子植物 306 种)”。[①]冯国楣还曾往中甸、维西等县调查天然森林。

图 2-26　1941 年冯国楣在丽江

五、绝处逢生

在抗日战争中，中基会对所赞助的机构没有持续几年，就因法币不断贬值，难以为继，静生所经费遂陷入困境，而静生所下属之云南农林植物所只有依靠云南省教育厅少许经费维持，前已有述；但庐山植物园丽江工作站无其他经费来源，更是困境重重，工作陷入停顿，人员生活亦难维持，不得已有人员在当地中学兼课。所幸恰逢此时，1942 年 6 月国民政府林业部批准在丽江金沙江流域设立“林业管理处”，秦仁昌兼任处长。[②]秦仁昌遂将工作站人员也纳入该处，借此使得原有之工作不致中断。1944 年 7 月出版的《林讯》杂志，介绍了该处当年的情况，其经常费为 146.760 元，事业费为 271.312 元，合计 418.072 元。职员 15 人，工警 29 人。[③]在已是通货膨胀之下，这些经费也是难以维持这样的规模。秦仁昌于此事始末，有于下记述：

> 四二年冬，昆明分所转来国民党农林厅林业司的信一封，说要在后方成立八个国有林区管理处，金沙江流域林区管理处决定设在丽江，要我代理林管处主任。经商议后，大家都同意我接受这一职务，藉以也可以维持一下生活。当时没有考虑到少数民族地区实行森林国有化的计划是不容易的，而且经费不多，人手不足，我们只做了一点森林自然调查工作和采

① 包士英：《云南植物采集史略(1919—1950)》，中国科学技术出版社，1988 年，第 127 页。
② 《丽江地区志》，云南民族出版社，2000 年，下册，第 148 页。
③ 《林讯》，1944，3。

集了一些植物标本。在调查中，由于未能深入了解，有时误将私有林认作国有林，因此引起了农民的不满，坚决反对收回国有。到抗日战争胜利半年前，因农林部经费困难，所有的国有林区管理处，全部停办了。[①]

与此同时，秦仁昌等还进行了一些应用技术的研究。1941年经多次试制，对制作松节油及透明松香获得成功，并与当地资本家集资组建大华松香厂，从事批量生产。在创设之初，每日生产仅二三百磅，质量与进口无异，而价格甚低，为商人所争购。秦仁昌对此项产业有良好的展望，曾言："云南松林甚多，原料丰富，此种事业，将来大有展望，与国计民生，定多裨益也。"[②]秦仁昌在致刘慎谔函中，亦有此言，且还云有肥皂之生产："此间松香厂，日有进展，出品销路亦畅，本月后肥皂部成立，专制洗衣皂供滇西之用，尚为有希望事业也。"[③]当事业成功之后，当地资本家则借故辞退了秦仁昌。关于大华松香厂及肥皂厂，《丽江地区志》有较为详细记载："秦仁昌到丽江采松脂化验，证明云南松富含松脂，提炼的松香、松节油品位高、质量好。1939年筹建大华松香厂，生产出五级松香产品(水晶号、黄金号、柠檬号、琥珀号、茶晶号)和药用、工业用两种松节油。"[④]，该志又云："1940年在大研镇王家庄昆庐阁办大华松香厂。1943年生产'大华'肥皂。肥皂生产成本低，赢利多，畅销于楚雄、大理、保山等地。松香销至上海、香港等地。1946—1949年达到兴盛，月产松香3吨，松节油600斤，肥皂300箱(百条装)。"[⑤]该厂于1950年改名为丽江县第一化工厂。秦仁昌脱离松香厂后，把经过两年的试验和生产松节油及透明松香方法和经验，写成《技术秘本》。1949年后，秦仁昌将此秘本交于云南省林业局，希望广泛应用于生产。

秦仁昌无论在庐山，还是在丽江，为了机构之发展或生存，与社会各界人士相接触，以取得他们的支持，这一切皆以显示其出色行政能力，本应令人敬佩。但是，这些社会交往，在1949年之后，在意识形态之中，却被看作是历史

---

① 秦仁昌：自传，中国科学院植物研究所档案。

② 《庐山森林植物园工作报告》，1939年1月1日至6月30日，中国第二历史档案馆，609(27)。

③ 秦仁昌致刘慎谔函，1941年4月9日，中国第二历史档案馆藏北平研究院档案，全宗卷三九四，案卷号447。

④ 《丽江地区志》，云南民族出版社，2000年，中卷，第373页。

⑤ 《丽江地区志》，云南民族出版社，2000年，下卷，第145页。

问题,需要交代、审查、背负起沉重的罪名。在此摘录一段在反右运动之后的整风运动中,将秦仁昌排队列为“中左”,审查结论如下,由此可见秦仁昌蒙受之灾难。

> 解放前在静生工作,当时同事反映他有权术,作风刻薄,和胡先骕关系加深,但也和他对立过,因此到庐山植物园工作。在庐山时期,由于和陈诚是连襟,时有来往。也最早知道国民党军撤出九江的消息,但他一家先逃,留下当时同事陈封怀等人。陈至今对他不满。庐山植物园后迁丽江,他又因和国民党的关系兼任丽江国有林场的主任,利用职权兼营松香厂,和当地地主豪绅争利,关系很坏,以致后来被赶出丽江(胜利复员到昆明)。在丽江也和美国特务(美农部特派职业特务,植物学家洛克,解放前不久美特派飞机接回)以及一些外国传教士(均有特嫌)来往颇密。①

1949 年后,秦仁昌在政治上,实是极力拥护中国共产党,工作积极。曾担任全国人大代表,1955 年当选为中科院学部委员。但其历史陈迹,仍是抹不去的阴影。

第四节　北平研究院植物学研究所昆明工作站

北平研究院成立于 1928 年,院长李煜瀛,副院长李书华。李煜瀛为国民党元老,创办文化事业甚多,北平研究院只是其中之一,也只是挂名而已,院务完全委托副院长李书华。成立之初,院下设生物部、理化部、人地部,各部之下,再设研究所。生物部设于天然博物院内,即今日北京动物园。下有生物学研究所(后改名生理学研究所)、动物学研究所、植物学研究所。其后,取消部之建制,研究所直属于研究院。植物学研究所成立于 1929 年,聘留法学者刘慎谔出任所长。刘慎谔(1897—1975),字士林,山东牟平人,出身于农民家庭。

---

① 左中右人员排队表说明,1958 年,中科院植物所档案。

图 2-27　刘慎谔(中科院沈阳应用生态所提供)

1919 年,刘慎谔以勤工俭学名义赴法留学,十年求学,最终在巴黎博物院植物研究所研究植物,获理学博士学位,随即回国。

北平研究院植物学研究所为民国时期重要植物学研究机构之一,在 30 年代,各所均派人前往云南采集,该所未曾涉足西南,而是致力于西北植物调查。在抗战七七事变之前,1936 年在陕西武功,与西北农林专科学校合办西北植物调查所。抗战全面爆发之后,北平之植物学所停办,人员集中到西北调查所,但该所所得经费并未增加,反而按战时教育部下拨经费裁定减半。由于西北调查所是合办机构,按合办《简约》,其经费半数来自西北农林学校,另一半来自北平研究院。现在人员增加,事业扩大,但经费却没有增加。此后,1938 年北平研究院西迁至云南,在昆明黄公东街 10 号设立办事处。物理学、化学、生理学、动物学、史学各研究所也陆续在昆明恢复。而在西北之刘慎谔所得经费与其他研究所相较,尚有不如。所以,刘慎谔也要跟随北平研究院先在昆明设办事处,以恢复植物学研究所。何况云南丰富的植物种类,是任何一个研究植物者俱为向往的地方,在此设立分支机构亦合乎情理。在昆明,刘慎谔虽经过多年努力,植物学所始终只是一个工作站规模,笔者故称之为“昆明工作站”。

一、郝景盛在昆明初设植物学所

1938 年春,北平研究院在昆明设立办事处,所属部分研究所也分别迁至昆明。是年年底刘慎谔在致李书华之函件中,即明确表明其不愿放弃植物研究所之名义。其云:“研究所之名义不肯放弃,除北平留守人之小开支外,仍欲希望研究所能暂时在昆明维持一种采集工作之力量,我兄意见如何,以及是否可能办到,盼示知,并盼我兄尽量设法允准。”①植物学所从北平经上海运出之图书,及抗战之前托阎玫玉在国外所购之图书,皆设法运至昆明,也是刘慎谔为

① 刘慎谔致李书华函,1938 年 12 月 9 日。

植物学所设于昆明所作之铺垫。在国外所购图书共有 11 箱，1937 年 7 月启运，由于战事关系，该书未运达上海，而是在西贡下船。后经阎玫玉辗转托人，将此 11 箱书籍直接寄到昆明北平研究院总办事处。

图 2－28　郝景盛（郝柏林提供）

第二年，刘慎谔之门生郝景盛在德国完成学业，于 1939 年初抵达香港。郝景盛（1903—1955），字键君，1925 年考入北京大学预科，后入生物系，为该系第一班学生。在北京大学学习期间，郝景盛在国立北平研究院刘慎谔教授指引下到植物学研究所参加研究和考察。1930 年 4 月参加中瑞（典）科学考察团，1931 年 5 月参加中法西北考察团。但在中法考察团中，因在内蒙沙漠中受到法方团员无理侮辱，与北平记者周宝韩一起宣布退出考察团。1931 年 7 月北京大学生物系毕业后，郝景盛正式任植物学研究所助理员。1933 年，郝景盛考取河北省公费留美，后改去德国，1937 年以论文“青海植物地理”获自然科学博士学位，1938 年 6 月在爱北瓦林业专科大学获林学博士学位。抵达香港之后，郝景盛即将回国，就业乃首要问题。在西北武功之刘慎谔获知其行止，即去函相迎，并指点回国后求职方向。嘱若其他机构无结果，可来武功共事。其时，刘慎谔主持西北植物调查所之经费仅够维持，以其厚道不忍郝景盛遭遇失业危机，才有此策。其函云：

景盛老弟台鉴：

中日战事发生以来，事不称心，久未修书，至深歉仄，盼以谅我。前欲致书，又闻老弟将由德动身，今见奕亭兄，知弟已抵香港，至慰。

武功农院教书事，前本无问题，今因事过久长，又加学校改组（现称国立西北农学院），不易有成。日前曾托阎玫玉君在川大进行，据云亦因改组（换校长），伏假前无插足之可能。兄意弟可在广西大学及云南大学顺便试探一下，万一皆不成功，即赶速前来所内工作。此间每月省出百余元，尚能勉强作到，如此吾弟之生活费用当能勉强维持。来所名义可用研究员名义，来所路费如有困难，请电告数目，兄当由私人名义照数汇出。

所中诸事粗安，如能来此，再面谈。阎玫玉君现在川大病理系任教授，北平研究院现设昆明。

先此告闻，并颂

旅安

愚兄　刘慎谔　敬上 一月廿七日①

郝景盛接到刘慎谔如此热情之函，应令其感到温暖。函中以老弟愚兄相称自谓，可见彼此之间情感之深厚。郝景盛在德国虽然获得双料博士学位，但对于回到战时之祖国，个人及家庭生活将如何，仍有不安。在郝景盛私人之藏书中，有一册《真菌栽培法》，为其即将归国时所购，书之扉页上，有其志识。云“一九三八年七月廿日购于德国爱北瓦，因考得林学博士后，工作无多，愿后读读，希望回国后失业时，借以为生！价两马二。”由此可见一斑。郝景盛自香港经越南而到达昆明后，与李书华商定暂在昆明工作，而未去武功。此亦合刘慎谔在昆明设立植物研究所之意，故愿郝景盛在昆明设法筹建，如此一来也可代表刘慎谔就近与研究院相交涉，多争取一些经费。李书华虽同意在昆明设立植物学所，但是于经费却不同意增加，致使在昆明之郝景盛薪津只有在调查所预算中支出。调查所每月仅有 1 千元，本已十分拮据，此又支付给郝景盛 80 元，对此刘慎谔并未有太多异议，其致函李书华，作这样安排：

郝景盛君之薪水八十元，既为实发数，则报账之数，实必多于八十元，不然则改用津贴名义，或可不与折扣，但在事实方面究否能作通，弟均不得而知，请兄即就商会计方面，作一确定办法示知，弟自当照办也。郝景盛君欲托其以兼任研究员之名义，负责主持植物学研究所事宜，我兄如能同意，有事请与接头，如有会议亦请其代表所方参加。②

刘慎谔之所以给郝景盛是兼职名义，是因为研究院所开薪津太少，不够养家糊口。郝景盛不得已，只好自 5 月起在云南省建设厅担任技正，并兼调查设

① 刘慎谔致郝景盛函，1939 年 1 月 27 日，案卷号 434。

② 刘慎谔致李书华函，1939 年 5 月 3 日，案卷号 019。

计委员会委员及林务处任副处长。[1] 郝景盛在林务处，曾于1940年2月前往广通县干海资福德山作采集松脂试验；[2]1940年也曾考察云南一些地区的林业资源，指出个旧锡业发达，而炼锡所用木炭，让附近十数县之森林毁坏。“蒙自附近之山，在不久之前，尚有天然林存在，后因个旧锡业发达，大量用木炭，每年炼锡用木炭在1 500万斤以上，最初取自蒙自山林，后由建水，现已用至石屏山林，而石屏山林又将砍伐殆尽矣。”[3]郝景盛在外考察林政之时，还从事一些标本采集。

此时之郝景盛虽然生活清苦，工作繁杂，但其植物学研究则不曾中断，继续其在留学期间即以动笔撰写之《中国裸子植物志》《中国木本植物属志》等书。至1940年1月，经郝景盛的努力，植物学所事已有眉目，李书华允若给予少量经费。此时刘、郝之间来往书信甚多，惜郝函未存入档案，不可见及；仅从刘函中获悉事情之大概。此录一通长函。

景盛学弟台鉴：

接一月廿一日来书，已收阅，为复如下：

1. 带往欧洲之标本，孔先生（现来此小住）云，确已收到一次（在北平时），惟垫用之运费六十马克未见单据，出账手续，请商询会计处或副院长如何办理为好。此次标本为研究院财产，应由研究院（植所）出款，但遇有不可能之时，此间再设法可也。后寄之一部分标本存黑龙潭甚好，此间暂亦不用。设有余暇，可开一名单来，但非必要。

2. 去年采集之标本，即由植所名义从事整理登记保存之，如有二份可寄来（陕西沔县武侯祠西北农学院办事处代收）。

3. 此间合作经费每月一千元，因有双方之牵制，不便更动，植所经费全赖院方另外增加，兄之希望仅为植所经费与调所合作经费（固定一千）相加与他所（指物理、化学、生物、动物）经费相等，是为正当要求，盼弟尽力而为之。

---

① 奉令准委郝景盛为技正一案将委状令发祗领并呈报查考一案，《云南省政府公报》第45期，1939年。

② 郝景盛：在滇试采松脂经过，《农声月刊》第222期，1941年。

③ 郝景盛：云南林业，《云南实业通讯》，1940年第8期，转引自《云南森林历史变迁初探》。

4. 中央规定经费不能保留之办法，或指一年而论，如此则只须每年度终结之前数月特别注意即可，勉强作到，但如每月皆须清理，此处亦无法应付矣。请与院长商办之。

5. 本院增加经费不悉自何月份开始，勿论如何，植所之经费应要求以研究院增加经费三月份算起，他处如有挪用亦应要求逐渐补出。

6. 植所经费之支配，当以弟为主，不过薪俸而外，事实上恐亦只能侧重调查（制标本在内）与购书，二者之中更应注意前项。购书一事恐无多力，稍迟调所亦当制送此间存书目录一份，以防重复。

7. 王云章进院事，盼能促其实现，此人准能与弟合作，至其月薪实发数目，兄意至少须二百元，至多亦不宜超过二百五十元，或在二者之间，如二百二十元左右如何？请再参考各方意见决定之。此外，如用助理或助手（练习生），兄以不明昆明现状，更不愿多所建议，不过待遇问题或可视另外补助生活费问题之能否实现而酌量增减之，万一如经费调动不开，即定实发数为二百元或亦可商办之，不然即使云章弟再兼一二钟功课，不知如何？

8. 此间之标本签所存亦无多，而往来邮寄亦不便，兄意可用植所名义在昆明定印纸张，可设法用代用品。

9. 王云章进院，如能在昆明伴弟工作最佳，如此人力均可集中，但前年西康技艺专科学校李耕砚先生来电欲迎调所入康，当以事实关系，调所不便更动，拟用植所力量参加，换言之，即请云章弟入康工作，李副院长来函亦有类似主张，好在二位李先生为弟兄二人，此事即由老弟商酌李院长之意见决定之即可。

10. 前次调查所请弟查点书籍事，书单又为补去一份，务请根据原书重将书名册数或卷数出版年限，详细重开一单寄出，以便登记，而原书即可存放植所，作为植所借用性质，或托植所保管性质均可。

11. 植所既有专人，招牌自应早日挂起，而一切所中应着手进行之事，悉由老弟斟酌办理之。

12. 所拟工作计划均至适应，当俟云章弟到时可与商定具体办法。

13. 昆明若能觅得 Mazz：Symbolae（有二册在此间），请由邮局挂号寄来一用（此书第七卷、第四及第五两册存由北平寄往昆明书籍内）。

14. 近年颇好果树种类与品种，而于川陕之柑橘及竹类亦得相当兴趣，如有材料，可顺便略代搜集。

15. 编辑书籍事已与林先生略谈，稍缓再重议。

16. 王云章之病理材料此间亦可供给一部。

17. 樟脑如能制好，此间标本室亦须用之。

此复，即请

公安

学兄　刘慎谔　手启　二月一日

研究院植所出版之刊物盼能向办事处交涉，托其各为寄来二份，以供参阅。又及。[①]

关于此函有必要作一些解释：① 带往欧洲之标本：系郝景盛往德国留学时，因研究需要，从植物学所带走了一些标本，此时刘慎谔在阅读郝景盛在海外所著博士论文《青海植物地理》一书，感到需要查对书中所载植物之标本，想起这些标本是否曾寄回？故此前去函询问。适孔宪武自兰州回武功，代为回忆，此标本已寄回矣。② 郝景盛在云南期间，所采集标本，刘慎谔希望将其复份寄往沔县研究保存，以丰富植物学所之收藏。③ 刘慎谔时时刻刻都在想壮大研究队伍，只要一有可能，见到难得人才即想招揽。植物学所刚露曙光，便招王云章回来。王云章(1906—2012)，字蔚青，河南省内黄县人。1925 年入北平大学农学院农业生物系学习，在大学期间，即以成绩优异获得刘慎谔青睐，故于 1931 年毕业之后，被吸收到植物学研究所任助理员。1936 年得中比庚款资助，赴欧留学，两年后获博士学位，后在欧美访学。1940 年回国，又被刘慎谔吸纳到武功，继其之后，代理调查所所长之职。④ 植物学所既然已有经费，又有人员，即应挂起招牌，实现刘慎谔保存名义之目的。诸事皆委托郝景盛办理，故而郝景盛有植物学所所长之称。半月之后的 16 日刘慎谔又致函云："二月二日来书，已收阅，为复如右：植所发展计划，此间甚关心，商定后盼能详以告知。"

1940 年 7、8 月间刘慎谔有往昆明之计划，郝景盛期待其到来，叙多年暌违之情，并面商一切。不料刘慎谔未能在预定的时间内到达昆明。而郝景盛所兼职之植物学所几无进展，而所供职之云南省建设厅林务处亦有问题，虽由其

① 刘慎谔致郝景盛，1940 年 2 月 1 日，案卷号 435。

负责主持，限于人力物力，未能按计划进行，且其收入甚低。以郝景盛之雄心，自难安于现状，有另谋他途之打算。在其离开昆明之前，曾向刘慎谔致一长函，详述其在昆明之状况，及其离开之原因。该函对了解此时之郝景盛为难得之材料，录之如次：

士林夫子大人尊鉴：

久未接手示，因盼吾师来滇，故亦未作书，但昨闻经（系经利彬，引者注）先生云，吾师或不来此，生将近况略为吾师陈之。

生在滇工作已廿月，自己虽欲作成绩，但经济与人力，均不易作成。主要原因，政治太黑暗，有钱不肯为国家做事，只想向自己腰包中拿。生忍之又忍，总思能为国家多种一株树，即多点生产，然瞻望前途，若常留此，当无希望；同时昆明生活程度无理由飞涨，每月入不敷出，自去年迄今，亏两千余元，是以生决意摆脱他去。现在中央大学及农林部两处活动，如一变不成，生即赴重庆，若不成，再在他处活动。

关于研究院方面，因去岁吾师与李院长不愿生与院方脱离关系，故生在院方为兼职研究员，当时有人主张付生月薪四五十元，理由谓生妻节俭，移用即可。生觉好笑，亦未言语，后吾师来函谓与建设厅方面薪金凑过二百元。当今春大家增薪时，生以生活困难，亦略法增加。又有人谓宜按薪金比例数增加，即为生加十余元。昆明工人每月工资尚在百元以上，为生加十余元，亦属可笑。但生迄今未作何语。至领薪时，增廿元即月领百元，生以兼职除裸子植物稿，及采些标本外，对院方工作颇少，亦觉惭愧，若以后在学校时间较多，工作或可多作也。以上所述皆较琐碎事，从未对他人言过，因欲为吾师面陈，今吾师不来，故略言之。

院方已接教部命令迁川，云章兄事，最好早决定，阎玫玉先亦来信关心斯事。越南方面吃紧，我方决定兵来将挡。去岁因管荒山事，请吾师寄下之五百元，迄今未作报告。生曾托法籍刘秉政君在宜良办理荒山，结果刘某携款而逃；又与昆明绅士沈某合股经营农场，望能有所获。主要作物除虫菊与洋芋，本可发展，但滇人不可靠，且治安不好，物品成好时，即由附近村人夜间抢去，几乎出人命。是以不继续再作下去，不过生决定再作他种事业，吾师之款仍加入作资本，想吾师亦同意也。

草此，敬祝

道安

生　景盛　拜　一月卅日①

郝景盛的离去不为刘慎谔、李书华所赞同，但是，他们皆无法改变郝景盛目前的处境，只好任其往重庆。在重庆郝景盛得中央大学森林系主任梁希之聘，入校执教。所留植物学所之事，待刘慎谔来昆明后继续办理。

二、刘慎谔来昆明设立植物学所

1939年郝景盛留学回国后，植物学所所长刘慎谔嘱其在昆明恢复北平研究院植物学研究所，虽然副院长李书华对恢复植物学所并无意见，却无多少经费增加，一年之后，成效甚微。为推动此事，刘慎谔准备亲来昆明，亦便于其研究云南植物及与北平研究院及各研究所之同仁以倾睽隔多年之情愫。1940年8月刘慎谔自武功动身，经四川、贵州来到达云南，在途中花费数月时间，实是沿途考察之需要。刘慎谔离开武功时，调查所事请林镕代理，林镕去福建后，又请孙万祥代理，王云章来，即请王云章主持。

1941年初刘慎谔到达昆明，郝景盛已去重庆。此时，北平研究院总办事处因敌机轰炸昆明，已从黄公东街十号迁至北郊黑龙潭附近。此前黄公东街之房屋是通过富滇新银行缪云台行长帮忙，向该行借用，此在黑龙潭系自行建筑房屋，同时物理、化学两所也随迁。而史学研究所则在此处租民房为所址。生理、动物两所则迁至西山之下、滇池之边，自行购地建筑草房作研究室及职员宿舍。刘慎谔来昆明，其本人借住在西山华亭寺，而植物学研究所还不知落脚何处。

在昆明，刘慎谔本以为亲来昆明，可向研究院多争取一点经费，至少以调查所和植物学所两所所得经费之和，与其他研究所有相等之数。但并未得研究院认同，在李书华看来，植物学所设于昆明之后，调查所即应停止，其少数人

① 郝景盛致刘慎谔函，1941年1月30日，案卷号447。

员来昆明外,大部分职员就近改归西北农学院。[①] 显然,刘慎谔与李书华之间意见不一,由于是刘慎谔的坚持,调查所依旧办理,但昆明植物学所所得经费有限,为开展在云南调查工作,只有寻求合作的道路。至第二年略有头绪,继续得云南省建设厅支持,以研究院每月可资三五百元,建设厅每月出资三百元,以作标本采集经费。

刘慎谔来昆明未久,即赴大理等地采集。其采集方式,其后有言:"长期采集办法,即假定选定一适当地点,可以采上几月,再雇上长期工友二人,每月随带一人,早出晚归,回家有人做饭,出门有人换纸,特别物品可在城内采购,土产饭食,只有比城区便宜,故除长工采集用具及运输费用外,便无谓采集费之可言。此法兄在昆明,用之已久,且在初期,兄仅一人独自工作,并未使用工友,后有同事三数人,乃亦只加用工友一人做饭,每日仍是早出晚归,东南西北,轮流采集,而标本仍是采之不胜采,每日收获总在二三十种乃至四五十种,高等下等在内,花果分二次采,如此按部就班,采集既细,制造亦佳,反觉逍遥自在,较之一般走马观花之采集方法,一天换一站,标本采不细,压不好,每天慌慌张张,精神又累,费用又多,自然好多。"[②]刘慎谔之于采集,已达到非同一般之境界,不免要拿出来训导弟子。时间流逝,这种方式对如今交通便利,地球都变成为一个村庄的后人而言,已有隔世之感,更无从领会其境界。

在大理,刘慎谔还结识大理人氏王汉臣,其前受雇于英国采集家傅礼士(G. Forrest)在云南采集标本,颇具经验,傅礼士 1902 年受英国皇家爱丁堡植物园派遣,组织采集团来云南,从事大规模采集工作,历时凡三十年之久。1922 年始王汉臣即充任该采集团之采集员,直至 1931 年傅礼士病故于云南腾冲为止。后王汉臣改由英国人马来里及爱伯康爵士前后供给采集费,又继续工作六年。此时与刘慎谔合作,在大理苍山专事采集,所得标本若干号。一次在苍山近顶采集时,不幸坠崖,被高山竹戳瞎一只眼睛。此后,刘慎谔在云南采集也曾北至丽江、芒市,而南则达元江南岸。

刘慎谔携王汉臣所采有腊叶标本、木材标本、苗木、种子四项。腊叶标本及木材标本建设厅林务局得一全份,其余归植物学研究所。苗木主要是观赏植物,供给由经济部与省政府合办之生产农场栽植。所得种子以半数寄往武

---

① 李书华致郝景盛函,1941 年 8 月 12 日,案卷号 182。

② 刘慎谔致王云章函,1947 年 12 月 12 日,案卷号 452。

功，在植物园中试种，以半数留给生产农场试种。

刘慎谔返回昆明后，又住在西山之华亭寺，从事其重要论文《云南植物地理》写作。该文就其考察云南植物之结果摘要成稿，全文二万余言，分为六部分：① 云贵区之范围；② 云南植物之富源；③ 云南植物与地形及气候上之关系；④ 云南植物与外围植物之关系；⑤ 云南植物之垂直分布；⑥ 云南植物之应用。该文系应北平研究院为纪念其院长李煜瀛六十岁，而出版《纪念论文集》而作。

在潜心著述之同时，刘慎谔更想与林务局扩大合作，编辑《云南树木志》，他以为这些工作由植物学所和调查所共同完成，借此还可汇点款项去调查所。此录刘慎谔就此事致林务处黄处长函如后：

日光我兄台鉴：

启者近因赶写一篇文章《云南植物地理》，长有二三万字，所以住在西山，不能出门，现在我想抽出点工夫，把我们从前谈的旧话，再提出来讨论讨论。

一、迤西采集的工作，自本年二月间，已开始进行，据王汉臣最近来信表示，现在腾冲、芒市一带工作，不久可回大理，搜集的材料已有数百种，前途至为顺利。厅中所欲任之每月三百元，希望亦能从本年二月份起算，而王汉臣先生之委任状及徽章，亦希望即为准备补发，交由弟处转达。

二、林务方面：我想用我们现在已经搜集到的云南材料及将来继续搜集的材料，分期来帮助我兄出版一种“云南树木图谱”或“云南树木志”，先从松柏科下手，假设若是“图谱”，我有从前在北方自印的样本，可以找出一本来送我兄看看，不过现在用的纸不能这样好也，不能这样大，假若为的省钱，不带图亦可，但此为“树木志”或“树木图谱”都是向着森林方面走，就是说除去用画及文字来描述和记载他的形状而外，还要把每种的分布、生态、用途等等都要写出来，我想这种书一定会切于实用的，并且还可以卖的。因为云南这一类的书，简直是没有，大学里的大学生，甚至教授都需要的很，就是外面的人来云南，想着认识云南的树木，也是寻不到名字，或者辨别不清楚。假若我兄亦有同样主张，即请同张厅长谈谈，大家都赞成，我们就开始动起工来。本年秋后，可以计划先出一本（松柏科),现在所要知道的就是厅中每月可以补助我们多少编辑费,并从何时算起。至若印刷费,先由厅中规定一个数目亦好,或者后来再实报实销亦可。

三、林务方面:亦愿为兄建议辟一"标本室",房子愈干燥愈好,最好是楼内面陈列的材料主要是蜡叶标本,次为木材标本。木材之普通者,在昆明附近,已可以采集不少,特别的已函告王汉臣在迤西采集。此外特别有工业性价值的树木,如香樟、油茶、油桐、咖啡树、茶柑、红果树、青刺尖等等标本,都值得分别用玻璃筐装起来,悬挂在墙壁上。此类的材料,若是认为需要,弟可立刻为兄准备起来,他如树病和林产制造的物品(松香、樟脑等等)都可以陈列起来。陈列的意思,一方面是为供给自己研究的根据,一方面是有人参观的时候,勿论是内行或外行,都可以引起一点森林的观念和兴趣,不过标本室内,总要有一专人管理。此人必须有些森林上或植物上的常习,而外国文字方面亦须有基础(因为植物的学名是用外国文的),关于整理标本的经验,如果是感觉不足,亦可派到西山来住一月,同弟练习练习。

弟现在仍是很忙,出不去门。关于上列三项建议之答复,希望能派人送至西山苏家村张尔玉兄或经燧初兄转交。

特此奉达,藉颂

公绥

弟 刘慎谔 拜手 六月廿日

张厅长处,请代为请安。①

刘慎谔与林务处编书计划,没有得到响应。其希望林务处开辟一处标本室,实是其植物学所无处落脚,只好更多依靠林务处。今未悉建设厅对此项建议如何处置,估计与刘慎谔大多建议一样,也只是其一厢情愿而已。但是,这些建议绝不是不切实际的空穴来风,实是于双方皆为有利,只是林务处也苦于经费拮据,无力付诸实施。但是刘慎谔在云南另有一项小型合作项目应算取得成功,即 1943 年 7 月与中央畜牧实验所合作调查云南牧草。该所所长蔡无忌与刘慎谔、李书华协商,由中畜所聘用大学毕业生一人,工友一人,在其所支

① 刘慎谔致黄日光函,1941 年 6 月 20 日,案卷号 447。

薪并报领米贴及生活补助费等，交予刘慎谔在观音山就近指导工作，曾一次汇来 8 000 元作为调查指导学习费用。

其时，静生生物调查所部分员工迁至云南，与云南省教育厅合办云南农林植物研究所，所址设于昆明黑龙潭，与北平研究院相距不远。刘慎谔在昆明自然与该所同行有所交流。交谈结果，达成农林植物所与西北调查所交换标本协议。其致函西北调查所孙万祥云："此间静生所采之标本约有三万余号，现已与接洽，双方互为交换一全份，吾方即设法提出，彼方现亦促其着手。此事与补求弟商办。"①此函即是嘱咐孙万祥和钟补求为之办理。此前，刘慎谔对国内交换标本事，已甚失望，因为"他处所交换者，均为破乱不完整之材料，且皆出多入少，且有只出不入者，中国研究科学之不开放如此。"②今与农林植物所交换，且量如此巨大，应为两所之间，最大一次交换。

来昆明之后，刘慎谔恢复植物学所初见眉目，故对未来之发展充满信心，在与时在武功之林镕之函中，对植物学所工作内容，有这样设想：

> 恢复植物所之工作主要含有三种意义：（一）搜集普通植物材料（大理一带已有长期采集之专人，工作甚为顺利）。（二）研究及改良各种作物之品种问题。（三）推广经济林及果园工作。此中第一项，须与武功打成一片，第二项有研究意味，研究所得之结果，亦在推广之列，第三项专有生产性质。有此三种意义，苟能推动得法，可谓"学理与应用兼重"，不然，若专靠政府之经费工作，将来或有危险之一日，此弟来此之所以迟迟不能言归者，盖亦布置有所未就绪也。是故植物所与调查所为一家，一时之处境，公私虽受莫大之痛苦，而前途有望，大家各盼能勉度难关。③

其后，植物学所并未如刘慎谔所设想的那样，得到发展，由于长期处于在战争当中，国家之经济日趋紧张，通货膨胀越来越明显，国立教育研究事业自然难以为继。北平研究院各研究所其规模皆在缩小，甚者经利彬所主持之生

① 刘慎谔致孙万祥函，1942 年，案卷号 449。
② 刘慎谔致郝景盛函，1940 年 12 月 30 日，案卷号 435。
③ 刘慎谔致林镕函，1941 年 8 月 31 日，案卷号 447。

理研究所则停办，其本人另寻出道。在经费匮乏情形之下，恢复研究所实在艰难，刘慎谔转而经营农场，以便于公于私皆有所收益。起先，刘慎谔加盟经济部与云南省政府所办之农场，为之收集观赏植物苗木，由农场栽养。经营方面由农场负责，研究方面则由植物学所负责。合作之初，暂互不发生经费上之关系，待将来推广时，或向商业经营时，再制定规定详细合作办法。但未至其时，该农场即为停办。

据1956年刘慎谔所填“干部履历表”所载，在昆明刘慎谔还办有两个农场，一是滇池农场，一是大普吉农场。并先后于1943年和1944年兼任两个场长。滇池农场在西山，系私人公司。刘慎谔合股参与情况今知之甚少。

至于大普吉农场，则系公家性质。即北平研究院在昆明有良田（菜园）20亩，当时土地价格已是每亩二万至三万，原拟作院址，后未使用，以植物学所名义接收，租于中法大学办理经营，其中5亩苗圃为植物学所所有，由中法大学代为种植管理，以充租金。至于其经营方式，刘慎谔在与同仁信函中有言，摘录如下：

> 以十五亩交中法大学农场自行办理，再以五亩委托中法大学代为办育苗事业，以十五亩之收入全归中法，以果苗之收入全归研究院，如此两方互不找钱。惟果苗已设计归研究院，而出售托中法代办，故照售价让中法几成之扣头（二三成）。果树在昆明甚缺乏，且无良好品种，然如略加搜集，已可得到十余种之良好品种，故此类事业在昆明尚为首创，前途定有可图。依前项之办法，可有下列诸利益：增加后方生产，推进应用工作，推广品种，研究品种，不费人工，不费资本（此地现在借与外人种菜），自动生产，万勿失败，只能生财，不能赔钱。所以原则上院长亦表赞同，而中法大学农场（齐雅堂主办）正在设法利用此地之时，亦不至不同意。此外还想自明年起种几亩西瓜，昆明西瓜只有打瓜（专用瓜子，瓜味不佳）一种，假设能再种几亩好西瓜，定是投机事业。不过种西瓜之管理重要，非与中法农场合作不可，资本利益各半，如须投资，拟定春季向研究院借用数百元至一千元之经费，秋后归还。此事尚未与院长谈及，或亦能成。现在请补求弟设法选集五亩田之好西瓜子（品种名称分包注意），寄来昆明办事处收存，以便明年之用。如此吾人在昆明生产之事业已有二种，果苗（西瓜有临时性，可不计也）与中法农场合作，花卉（主要以兰花茶花杜鹃为

主)与云南生产农场合作,将来如有收入(二三年后之事),自可补足吾人经费之不足。现处经费活动不开之际,吾人对外采取精神合作,经费合作之法仍感不足(本钱太少),此外必须在不至失败之原则内,易有生财之道,借作吾人工作之后盾。①

刘慎谔在昆明经营农场之收入如何,当时未曾写入"工作报告",但从经营时间看,皆仅有一年,还是可以想见未达理想。农场经营虽不理想,但农场所栽培植物却具有植物园性质,种植富有观赏价值之云南植物,如云南茶花百余种,杜鹃五十余种,兰花数十种,其他花木二千余号,均为园艺界之新颖材料;而于果树之试验,亦有成效。《昆明市农业志》还记载:"民国二十九年(1940年),刘慎谔由陕西航寄旭、红星、鹤四卵、祝、元帅、英金、国光枝条嫁接于大普吉农事试验场。"②该志所云之年代有误,1940年大普吉农场尚未成立。所言果树枝条,盖为刘慎谔嘱咐西北调查所同人所为。

刘慎谔辗转多处,一切关乎学术。在笔者阅读关于其早年的文献中,未见有涉及其家眷之记载,甚至不知其夫人姓氏;或者植物学野外考察甚多,且又处于战争时期,难以顾家,未尽人子、人夫、人父之责任。但对于国家,却不失一个知识分子之责任。领导学术,即是尽最大之义务和责任,不仅如此,1944年全面抗战已七年,政府号召青年从军。刘慎谔在昆明,而其所属之人员大多远在武功,特驰函,敦促西北植物调查所人员作出积极响应,其言"政府下令号召青年人员自动从军,设有各种优待办法,以示鼓励各地文化机关亦群起踊跃参加。西南联大且有全体武装之准备,吾人为知识分子,受有国家高等教育,七载以来,缓服兵役,未尽国民天职,过去问心有愧,今日何敢后人。爰就调所同仁范围发动响应,青年从军为民族胜利,为调所争光荣,为个人尽天职,愿我同仁其兴起立。"③并将其本人时获教育部特别补助费1万元,悉数捐出,以作慰劳调查所从军人员之用。刘慎谔尝言,其不治家产,盖为事实。

---

① 刘慎谔致孙万祥、钟补求、王振华函,1942年7月12日,案卷号447。

② 《昆明市农业志》,第108页。

③ 刘慎谔:关于青年从军态度,1944年12月7日,案卷号450。

三、聘请新人

刘慎谔在云南一面进行植物之采集与研究，一面经营农场。王汉臣在大理所采标本日见增多，自1941年至1943年5月，累计得3181号，并开始运至昆明。但运至昆明后，却无人整理，若长期放置，恐有损坏。为此刘慎谔向李书华请示招聘新人，李书华主张招王汉臣前来从事，而刘慎谔不愿其放弃野外工作，而另请简焯坡担任。简焯坡(1916—2003)，广东新会人。1936年考入清华大学生物系，抗战期间，清华大学播迁至昆明，与北京大学、南开大学合组成立西南联合大学，简焯坡随校来到昆明。1941年大学毕业，留校任生物系助教。其时，经利彬主持之北平研究院生理学研究所无法办理下去，得教育部长陈立夫垂青，邀为主持国立中国医药研究所。该所编纂《滇南本草图志》，简焯坡曾参与其事。关于简焯坡在云南之情况，吴征镒有亲切之回忆：

> 简焯坡 C. P. Jien (Kan)，广东新会人。家原为日侨富商，故幼时在日本，精通日本语文和“相扑”，臂力甚足。他在八年抗战前由通州(今北京市东部)潞河中学，与同学骑自行车沿铁路上北平。途中遭土匪孙殿英部绑架向其家勒索。简随匪部流转冀、鲁、豫三省达三月之久。匪知其通文墨，不久即让他管文书。后他于土匪监视疏忽中逃离匪部，然后重上中学，毕业后时已“七七事变”，乃奉其寡嫂在昆明就学，属清华十三级，1940年毕业后留校，继我任吴韫珍先生助教。那时我已考取北京大学研究生院，并在日本飞机首次炸西南联大后，撤离校区，在大普吉清华农业科学研究所学习和工作。中国医药研究所成立后，简也来该所兼职，以维持家用。他在该所只与匡可任在1943年继钟补勤之后，赴滇东南砚山、西畴一带续采标本488号，即从510到988号，后因病返昆。以上匡、钟和匡、简所采标本是中国医药研究所，除图谱以外的唯一工作，幸运的是未随该所的解散而散失，今均存北京植物所与昆明植物所。他在三年助教期间多次在昆明附近各采集点带学生实习采集。期满后又转任北平研究院植物研究所，当时设在昆明西山华亭寺藏经楼上的临时工作站，直到“复员”(即抗战胜利

后回北平)。①

刘慎谔吸纳简焯坡来所工作,盖为经利彬所推荐。征得李书华同意,予以副研究员名义,从事标本整理。此时简焯坡还完成《云南省路南县志·植物门》编写,此系简焯坡至路南实地考察,并将所采植物七百余种加以鉴定,作成此文。除列举学名中文名外,并于植物应用方面,分别说明。此文之要点,在以旧县志之形式,作科学之记载,亦是县志采用新体裁的一种尝试。

1944 年夏刘慎谔将调查所孙万祥调到植物学所,又吸收医药研究所另一成员匡可任入所,分别致函李书华云:"孙万祥自六月一日起重聘来植所工作事,关系至重,务请批准。""匡可任先生新自丽江来,带来赠本院植物标本约千余号。此人前为医药研究所副研究员,弟为顾全本院地位关系,有意欲降一级,以助理研究员名义任用,以观成绩。然薪级请照助理员之最高数目核发。"匡可任(1914—1977 年),江苏宜兴人,1934 年毕业于宜兴高级农林学校并留校任教,第二年赴日本北海道帝国大学攻读林学,"七七事变"爆发之后第二月,断然回国。曾参加战区教师贵州服务团,后流寓昆明,在入药学研究所之前,曾在云南农林植物所短暂工作。在植物分类学中,匡可任期望自己如同恩格勒一样,写出类似《植物科志》专著,由此可知其自视甚高。据说其性格孤僻,落落寡合,愤世嫉俗。对于刘慎谔如此屈才,不知作何感想。在此期间,匡可任发表一个喙核桃新属,其文名之为"云南东南部产胡桃科之新属"(Genus Novum Juglandacearum ex Austr Orientali Yunnan),喙核桃(*Rhamphocarya integrifoliolata*)产于云南富宁麻粟坡一带,为介于胡桃属及山核桃之中间属。此项发现,使胡桃及山核桃二属之亲缘,益为显明。

刘慎谔还要求增加一名绘图员,但未实现。即便如此,植物学所还是略具规模,达到预期目标。因此,刘慎谔又作回陕西计划,而终未成行。不久抗战胜利,越一年,该所迁回北平原址,留在昆明部分,真正改设为工作站。

① 吴征镒:《滇南本草图谱》跋,《百兼杂感随忆》,科学出版社,2008 年,第 503 页。

第三章 DISANZHANG

抗战之后复员

中日战争至1945年8月,经中国军民多年浴血抗战,终于获得胜利。人们在欢呼来之不易胜利之后,抗战时期西迁至西南后方之各文化教育科学机构逐渐在其原址复员。静生生物调查所即在胡先骕主持下,在北平复员。该所所属云南农林植物所为永久之事业,此时人员已不多,故俞德浚、蔡希陶、刘瑛等仍留在昆明。该所所属庐山森林植物园,则在陈封怀主持下,在庐山复员。而植物园丽江工作站则撤销,人员先到昆明,并将丽江所采标本也运至昆明。至于为何撤销、何时撤销则不知确切。来昆明后,秦仁昌在云南大学农学院森林系任教,兼任系主任;冯国楣则滞留农林植物所,等待时机返回江西庐山。北平研究院植物学研究所在刘慎谔主持下在北平复员,在昆明人员,匡可任返回北平,朱彦丞则专任云南大学教授,工作站仅留有两名工人。至于其他机构,西南联大撤销,人员几乎悉数东归。云南大学由于秦仁昌加盟,其植物学研究形成新的格局。

由此可知,云南植物学研究力量遂有削弱,但与战时差距还不算大。但是,战时昆明为文化中心,此时其他领域学者留下甚少,其中心位置失去;更有因八年抗战,国力耗尽,不久内战又起,国家经济崩溃。植物学研究水平不仅难以与战时相比,甚且宛若游丝,能维持到1949年中华人民共和国建立而不曾中缀,只能说明是主持者对事业之忠诚。如下还是以机构分别述之。

第一节　云南农林植物所第三任副所长俞德浚

云南农林植物所郑万钧辞去副所长职务在1945年8月,其与俞德浚交接时间,今不得而知,此姑不论。仅以胡先骕办所理念,选拔副所长至少要有在国外留学经历,此前汪发缵、郑万钧皆有此背景。有此条件,才有可能被提拔。今任命俞德浚为副所长,实是农林植物所经费困难,难以吸引具有留学履历者充任,不得已而命之。

俞德浚接任之后，中国抗击日本侵略者的战争已露胜利曙光，但国家财力几乎耗尽，致使通货膨胀更甚，农林植物所经济处境也更窘迫。在此情形之下，教育厅划拨30亩公产田，供农林植物所进行农林生产，以此获得一些补贴。但是年夏季昆明遭受暴雨，农林植物所房屋多处倒塌，俞德浚只有向教育厅寻求救援，其函云：

> 本年自入夏以来，淫雨连绵，山洪暴发，为十数年来所仅见。敝所所址以临近黑龙潭山坡，院内现有泉水涌出，房舍内外，积水为患。因之房舍围墙，均有损失，计现已倒塌围墙二段，约四丈余尺，工房兼储藏室三间全部倒塌，职员宿舍墙壁倒塌一段约六七尺，厨房山墙一段约五尺，又办公室及标本室屋顶多处漏水，急需修补。值兹物价工价昂贵之际，修复整理所费不赀。敝所以经费支绌，实感无力担负，为此函请贵厅准予派员视察并酌拨临时费若干，以资修缮，实为公感。①

如此损失，首先说明农林植物所房屋建筑质量不高，抗击自然灾害能力差；其二说明农林植物所经济能力之薄，无以应付突发事故。此时，静生所已无经费下达，所以俞德浚此函还将所长胡先骕之名衔置前，注明“公出”，而其本人只是“代理”，估计此亦为俞德浚出任副所长第一通致教育厅函，为慎重起见，乃如此署名。后教育厅派人来黑龙潭实地察看评估，拨国币7万元予以维修。

图3－1　俞德浚(中科院植物所提供)

① 俞德浚致龚自知函，1945年9月4日，云南省档案馆藏教育厅档案，1012－004－01821－001。

转眼即到年末，又是一年政府预算之时，俞德浚认为抗日战争已经胜利，国家经济应有所好转，故希望教育厅对农林植物所下拨经费有所增加，以期诸项研究工作得以开展：

> 近年以来，昆明物价较之四年前，遥为增高，至少当在百倍以上。敝所以现有月入仅万元之经费，实感杯水车薪，不敷甚巨。第念抗战时代各机关同感艰苦，惟有力事紧缩，勉为支持，各种设施，因陋就简，研究工作之进行至感困难。兹值大战结束，准备复员之际，今后敝所一切野外调查及室内研究工作急需展开，以期对于本省农林资源之开发，以及吾国学术之研究有所建树，用特请贵厅将明年补助敝所费用，宽为增加。①

但是，事与愿违，国民经济更严重通货膨胀还只是刚刚开始。第二年4月，不仅没有增加经费，即便往年给予一点福利也被取消。为此，俞德浚甚感意外，为将农林植物所事业继续，希望教育厅能设法维持，其函云：

> 贵厅自三十一年度起，按年补助敝所国币二万元，三十二年度起在敝所设立社教工作团黑龙潭支部，按月拨食米九公石六公斗，补助员工薪伙开支。顷接贵厅训令“会一字，第三〇七号”略开：“奉省府令三十五年度公粮停发后，以前仅领公粮未领生活补助费各机关，应自行设法，以免久候。”等由。查敝所三十五年度工作计划，各项研究编纂调查采集等工作，亟需展开，事业既多，经费有限，前曾函请贵厅准予宽筹经费，以利进行在案。乃迟至今日不特增加经常补助费案尚未接获复示，而员工公粮反予全部停发，影响本年经费收入为数甚巨大。敝所既由三方合作举办，应请继续加以支持，特将敝所三十五年度工作计划纲领并附经费预算表一份奉请指示，至盼另为设法，增加经常补助费，俾各项事业不致因款绌而停顿，实为公便。②

1946年教育厅核准农林植物所补助经费，与上年补助实物与经费之总和

① 俞德浚致云南省教育厅函，1945年12月13日，云南省档案馆档案，1012-004-01821-009。

② 俞德浚致云南省教育厅函，1946年4月1日，云南省档案馆档案，1012-004-01821-009。

相比，尚不及二十分之一，减少200万元，此对农林植物所影响无疑巨大。俞德浚发出呼吁："长此以往，不特研究工作无法进行，即旧有事业基础均将停顿。"俞德浚之函抵达教育厅后，教育厅下属机构会计室、社教科均向厅长陈情、转请，言明农林植物所创办以来业绩，不应该任其凋落。分别摘录如下：

> 本省以地理环境之优越，所产植物包罗万象，调查研究，以求利用，实有必要。近年以来，该所潜心研究，于将来本省之农林经济，裨益诸多，实有继续补助，免致中辍之必要。惟本厅可移以补助该所之款项，亦只能于社教机关临时补助费三十五万二千元中提拨一部分，为数亦微，拟详述情形，呈请省府酌予补助。①

> 查该所创立九载逾兹，历年工作成绩，道载口碑，诸如对本省植物全志编纂，经济植物调查，园艺植物采集等，贡献至大。既经函请前来，拟请即由学术文化出版事业费项下，全年拨助二十万元，并再据实呈请省府核酌予补助，免使既兴机构中辍废置。②

此时教育厅长改由王政担任，其在1945年12月1日就职后，对农林植物所情况不甚熟悉，乃先征询下属意见。5月3日，王政向云南省政府主席卢汉呈函，报告该所经济现状，并将农林植物所"三十五年工作计划及预算一并转请钧府核酌，予以补助，训示祗遵"。卢汉作这样批示："转令财政厅暨会计处会同核样具复，再行核夺。"卢汉也是12月1日就任云南省主席，其对农林植物所更是陌生，所以作出如此官样批示。此事结果，未见进一步档案记载，无从获悉，不过农林植物所进入更加困难时期。

静生所所长胡先骕为下属庐山森林植物园和云南农林植物所寻求经费，于1947年2月初，与中央林业试验所所长韩安相商，由静生所和中林所合作，共同出资1 000万元，各担其半，由农林植物所和庐山植物园分别担任云南南部和江西北部的森林调查工作。达成初步协定后，胡先骕分别致函农林植物所俞德浚、庐山森林植物园陈封怀，通报此事，并嘱速写各自调查计划书，呈请

---

① 教育厅会计室向教育厅长的请示，1946年4月11日，云南省档案馆档案，1012－004－01821－009。

② 教育厅社教科呈请教育厅长，1946年4月23日。云南省档案馆档案，1012－004－01821－009。

中林所，以便早日办妥经费事宜，而赶在采集最佳时节的春天到来之时出发。由于事涉多方，来往公函相商费时，而俞德浚认为经费过少，要求增加预算，致使中林所承担之款迟迟难以下拨，坐失大好采集季节，胡先骕很为着急，多次致函韩安，才办妥此事。

此先录俞德浚所著《调查计划书》之绪言，以见该项工作之意义：

> 云南植物种类繁颐，中外学者艳称。而滇南缅越交界之热带常绿雨林，延绵十里，森林资源之丰富，为国内所罕有。如八角、三七、樟脑、紫胶、茶叶、油桐、秃杉、滇柏以及多种珍贵硬木材等，或可供工业原料，或为重要出口物资。其未经调查不知利用，尚未开发未加栽培之种类则尤难缕述。静生生物调查所在滇调查研究已逾十五载，对于各地农林特产以及林区分布情形略知梗概。惟过去调查多趋重于种类之辨识，而于产量、运输情形、制造方法以及今后如何开发利用之途径等，未能详作考察。兹为探讨此区域内之森林富源起见，本年特由静生生物调查所与中央林业试验所合资组织滇南森林资源调查团，并由静生分所（云南农林植物研究所）调派训练有素，熟悉当地情形之工作人员，前往滇南各地重要产区，详作采集调查，按年分区工作，期以两年全部完成。此不特可以节省自京派员旅途往返之劳，且可收事半功倍之效。每年结束之后，分别编缮调查报告，以供政府及企业家之参考，而定开发与经营之计划焉。①

静生所云各出资一半，其并无资可出，实为套取中林所经费。云南南部之调查，俞德浚派研究员冯国楣、助理员邱炳云及技士二人前往滇东南及滇越、滇桂边境调查采集农林产物并采集植物标本，于 1947 年 4 月出发，曾到达澜沧江、文山、西畴、麻栗坡、马关等地，采得植物标本 3 000 多号②。第二年本还有赴镇康、南峤、车里、佛海等县，及滇越边境的计划，惜国家经济已经崩溃，使得此项合作难以继续。

在滇南森林植物调查开展未久，俞德浚获得机会，赴英国爱丁堡皇家植物园进修，研究植物园、园艺、中国蔷薇科分类及云南植物等。关于俞德浚赴英，

---

① 俞德浚：调查滇南森林资源计划书，中国第二历史档案馆藏中央林业试验所档案，425(598)。
② 吴征镒：也是迟来的怀念，见《蔡希陶纪念文集》，云南人民出版社，1991 年。

此前拙著误将此行理解为是胡先骕的影响力，促成中基会之资助。其实不然，在俞德浚《自传》中有言：

> 抗战胜利后，经过陈封怀先生介绍，在英国皇家植物园中申请到奖学金，云南大学仿照教授休假办法，支付一年薪金，我乃在1947年秋天出国。在爱丁堡皇家植物园住了两年，一半时间作分类研究，一半时间在园中参加各种繁殖试验。在伦敦邱园住了一年，作分类之外，并到各处参观。[①]

对俞德浚这段自述之背景需作一些介绍：俞德浚任云大生物系副教授，系1945年郑万钧受聘于云南大学，经其推荐，而获此兼职。有此兼职，实是为获得一些收入以弥补生活费之不足。陈封怀介绍俞德浚赴英，因抗战之前，陈封怀在爱丁堡植物园访学两年，与该园主任结下深厚友谊。而俞德浚在抗战开始之时，在云南之采集，即静生所与英国园艺学会合作，其采集之成绩，为英人所称赞。有此多层原因，故能获得奖学金。关于俞德浚出国，在云南大学档案中，有一通俞德浚致校长函，请求学校代为申请出国护照，借此可悉一些赴英细节，函云：

> 德浚于日前接到英国皇家爱丁堡大学植物园主任史密斯教授来函，嘱到该园研究园艺植物学，并予以薪给担任半时助理工作。函内并附有英国工部许可状，限令于发文四个月内(即本年六月二十四日以前)到职，过期失效等由。现以时间迫促，急需办理出国手续。为此，拟请钧座代为转呈教部核准发给出国护照，以便如期启程。实为德便。[②]

1949年中华人民共和国成立，俞德浚尚在英国，农林植物研究所被人民政府接管，尚将其列为员工，云南大学也敦促其回校供职。此时，中国科学院在北京组建植物分类研究所，将在北京建设大规模植物园，约请俞德浚为之主持。1950年，俞德浚回国，选择在北京工作。

---

① 俞德浚：自传，1959年，中国科学院植物研究所档案。

② 刘兴育主编：云南大学史料丛书——学术卷(1923—1949年)，云南大学出版社，2010年，第237页。

第二节　秦仁昌执教于云南大学

1945年12月，云南大学聘请秦仁昌为森林学系教授，其时森林学系主任为郑万钧，不久郑万钧离职，秦仁昌任主任。秦仁昌任主任时，系里有副教授秦秉中，讲师袁同功、徐永椿等。记载此时森林学系文字甚少，仅诸门生在1993年联合撰文怀念老系主任张海秋时，有所言及："1947年，由森林系主任秦仁昌教授率领应届毕业生到安宁草铺进行滇油杉林和大鳞肖楠林的立木材积测量和树干解析；同年，又派徐永椿带领学生汪璞等五人前往大姚、宾川、大理、凤仪等县进行森林调查，并采集了大量标本。"①1948年，生物系主任崔之兰出国，秦仁昌改任生物系主任。秦仁昌还是校务委员会成员，经常参加校长召集各类会议，对学校决策有一定影响力。

在秦仁昌移砚云南大学之初，为挽救云南农林植物所，主张由云南大学主办该所，作《国立云南大学创办云南农林植物研究所计划书》云："兹商得静生生物调查所同意，续办该所，积极充实内容，并继续云南植物之调查研究与试验，今后该所即为本校农学院创设研究所之一，本校及其他大学之毕业学生有志于高深植物学研究者，亦可经过甄选投入该所为研究生，以宏造诣。如是该所不特可为研究云南植物之中心，且为造育农林学术专才之重地焉。"②为此还编制经费预算。但是，未能实现。

图3-2　秦仁昌(张宪春提供)

秦仁昌又通过旧友马曜，向云南省政府提交议案。马曜(1911—2006)，大理洱源人。1937年在庐山存古学校就读，该校与庐山森林

① 何弘德等：云南高等林业教育的创始人张海秋，《云南文史资料》，1993年。

② 云南大学创办云南农林植物所计划书——三十五年度，云南省档案馆档案，1016-001-00311-002。

植物园相邻，遂与秦仁昌相交。其时，马曜已加入中国共产党，在庐山也积极从事组织交付任务。1943年，马曜接受以宋庆龄为首的中国工业合作社运动派遣，前往丽江开展运动，又与秦仁昌重逢。1945年抗战胜利时，又同在昆明，秦仁昌继续从事其研究事业，马曜则在仍然投身其政治活动，此时任省参议员，为秦仁昌所借重。1946年4月1日，云南省第一届省参议会第一次会议开幕，马曜与马幼周联名提交“为确定云南农林植物研究所经常费预算以利本省农林建设研究案”，阐明理由如下：

> 查吾滇科学研究机关，论历史之悠久，规模之完备，首推云南农林植物研究所。该所人员民十九年开始入滇筹设，迄今十有九载，足迹所至，遍历三迤；收罗农林植物标本，四万余号；中外图书，一千余册；所有研究人员，亦皆系国内有数植物学专家，在学术界有相当地位。工作努力，成绩斐然，尤为抗战期内后方罕有之学术机关。该所原系北平静生生物调查所与本省教育厅及经济委员会合办之事业，而静生生物调查所因系私立学术机关，抗战以来，经费缺少，几不能自保，万无余力顾及该所。目前仅教育厅每年补助国币二千元，经济委员会每年补助十万元，合计每月仅有一万元，并无分文公粮代金生活补助、调查研究专费可领，在物价高昂之今日，区区此数，即维持一个工人之最低生活，亦属难能，遑论研究人员之生活。迄至今日该所员工濒于断炊，万难维持；即该所年来研究所得之重要论文数十篇，亦因经费无着，无法刊印问世，尤为可惜。当今大谈科学建国，此有数之本省科学机关，吾人加以维护，宽筹经费，使能安心工作，实为必要。
>
> 请省政府将该所经常费及事业费，自三十五年度起，正式列入省经费预算，以固定其经济基础。本年度该所员工薪资及生活补助费每月至少八十五万元，始足继续维持其现有之员工生活。另外，本年至少需研究调查及增购图书仪器等事业费三百万元，均请列入本省三十五年度预算内，俾便继续研究工作。①

该项议案，非经过深入了解，否则无从写得这样精准与翔实。农林植物所一月所得经费不够一位工人之生活，由此可悉农林植物所在抗战胜利之后之

① 马曜等：为确定云南农林植物研究所经常费预算以利本省农林建设研究案，云南省档案馆档案，1083-001-00583-026，贾颖抄录。

经济状况。马曜提案经参议会第三十次会议表决通过，“本案所提关系农林建设，极为重要，应予通过，应咨请省府由本年度新事业预备金下拨助。”提交省政府。省政府咨询省建设厅、省政府科技处后，省政府主席卢汉于 1946 年 8 月 22 日批复云：“因省预算中，无款可拨，请仍维持原议办理。”[①]秦仁昌为静生所旧人，为拯救农林植物所不遗余力，后与五华文理学院达成合办协议，总算了却心愿，但也只是维持半年，关于此事始末详见本章下节。

秦仁昌在云南大学将近十年，至 1955 年离开，时间不可谓短。此期间其学术研究成果无多，但人事纠缠却不断，令其和家人倍感苦闷。首先是兼任云南省农业改进所所长带来风波。1947 年云南省建设厅将原所属林业改进所、棉业改进所、稻麦改进所、蚕桑改进所等单位，合并改组为省农业改进所，因人事关系，该厅与云大农学院合办，聘请秦仁昌为所长。但秦仁昌到任不久，即被指控贪污，为此云南省政府派人调查，所得报告如下：

> 查该所所长于三十六年十一月到职，原在云南大学农学院任森林系主任兼教授，据称曾经陇厅长准予兼任。至该所长在所内因系兼职，故未支薪，仅照兼任待遇例支领伕马津贴。该所长在云大教职每周授课数小时，似于所务无多影响。又该所长于本年三月间迁入所内，对于职责似无何荒废现象，所控乖张百见，笑话迭出，各情未经指实，碍难查办。
>
> 查该所自奉令裁员后，合有职员七十四员，现实有职员八十一员，其中兼职人员除外，实际支薪人员七十六人，较定额超过二员。该所长到职时原任秘书马会云辞职……
>
> 复查该所长秦仁昌为有名植物学家，于国内外学术界尚有地位，在滇工作前后几达十年，平日洁身自好，致力学术，尚非一般徒拥虚名、贪婪自私之流可比。自接任农改所长后，对于本省农业之改进，甚具热心，所属各场所情况已较往时进步。惟该员过去均在教育或学术机关服务，对于行政经验或欠丰富，故对于下属督责容有过严，致生疑异，酿成控案。至所内经费款项等虽因事实需要或有与预算节目不尽相符之处，然其收支数目不论巨细，均由会计室立账记载，心地亦甚光明。所内一部分职员不明事实，盲目呈控，洵非良好现象。本控案既不属实，原呈控人员自当负

---

① 云南省政府回复云南省参议会，1946 年 8 月 22 日，云南省档案馆档案，1106 - 004 - 4881 - 010。

妄控责任。惟念各该员等幼稚乏知，意识愚昧，除杨如槽一员自承具名外，其余均无敢自承者。为息事宁人，拟请不予置议。①

1948 年这次控告可谓是有惊无险，顺利过关。但 1949 年因反对云南大学“五联会”个别主张，却受到长久之影响。五联会系由教授会、讲师助教会、职员联谊会、工警联谊会、学生系级代表会五个群众团体分别推选出代表所组成。其时，五联会已被中共地下党外围组织“民主青年同盟”“新民主主义联盟”“民主工人同盟”所掌控。云大校长熊庆来后人所写《父亲熊庆来》一书云：“父亲知道这些群众团体都有鲜明进步倾向，以后凡是学校重大决策，父亲都征求五联会意见。”②学校决策机构本为校务委员会，秦仁昌为委员之一；五联会不过是群众组织，只能代表民意。秦仁昌为维护校务委员会之权威，起来反对五联会干政，希望明确五联会与学校行政之关系，遭到五联会反击。从秦仁昌复五联会之函，可见事件原委。

迳复者：

接奉本月三日来函暨获读四日晨“秦仁昌教授恶意指责本会”壁报一则，深为惊异，诚恐真相失实，爰答复如次：

此次刘参事英士到昆，据报载为谋云大经费等困难问题之解决，此诚不失为予困难多端如今日本校者一新希望。昌服务本校，目睹现实，认为当前问题：一为经费问题，亦即为如何解决同人生活问题；一为五联会与学校行政体系之如何更加合理配合问题。五联会成立为时虽暂，而对同仁福利事业，多方推动，已获致若干成果，异口同声，此为五联会之优异表现；然过去与学校行政如何配合得当，尚觉未臻尽善，且五联会在学校行政体系上之身份，亦有待确定必要。试举一事为证：不久前五联会财委会曾迳函本校农工医等院，请将所属之农场、工厂及医院等盈余，悉归五联会充办同仁福利事业经费一事，闻使各单位负责人有不知如何办理之感。就五联会与学校之关系言，似为学校之民意机构，代表全校员生职警

① 调查农林改进所所长秦仁昌被控贪污案，1948 年，云南省档案馆藏云南省政府档案，1106-001-00486。

② 熊秉衡、熊秉群著：《父亲熊庆来》，民族出版社，2015 年，第 410 页。

工向学校当局有所建议采纳，然证以上列举措，则似又为学校执行机构，未免与现行学校制度有所抵触。此种相互关系，似应改善，则学校行政效率，庶可提高，同仁之互助精神，益可增进。再二，据闻本校现有农场、医院等附属单位之设立初意，原为供有关院系师生"研究""试验""实习"之用，纵有盈余，闻为数亦有限，倘拨充他用，则非特再生产之资金发生问题，即不能直接生利之试验研究工作亦将无法进行，影响大学教学水准至巨，将何以符西南人民之期望？纵谓五联会拟办之福利事业经费无着，或可向学校当局建议，考虑兼顾；或另求其他筹集之道（如正式向社会发动劝募等），恐更为有效。此即昌所欲言者。

此次刘参事英士到昆，既以谋致本校困难之解决相标榜，昌为维护本校同仁福利计，亦为爱护大学计，认为五联会之身份应该确定，其今后如何与学校行政求更进一步配合确当，使大学一切更加合理化之问题，应集思广益，谋致教学与生活之协调，所以在茶话座谈席上，提出此一问题，意在请刘参事本其视察各国立大学所得现实资料，提供同仁作为更张，求进一步参考，使五联会取得正式身份，并与学校行政密切配合，共策时艰。此而谓为"恶意指责"，则万不敢当。惟昌不善言辞，讲话素向率直，措辞和表达技术更欠确当，致引起少数出席同仁之误会，或所不免。但事实如此，动机如此，绝无任何"恶意"，耿耿之心，天日可鉴。且忠厚二字，为数千年来国人处世立身之本，乌有在大庭广坐之前公然攻讦之理。昌年逾半百，宁有其愚若此，深恐同仁不明，相应函复，烦希谅察为荷。

此致

云大五联会

秦仁昌　谨启 八月五日[①]

云南大学五联会主席由航空系副教授郭佩珊担任。其后，郭佩珊曾写《一个地下党员的回忆》一文，对此事却是这样言说：

云大校长熊庆来先生是一位具有学者风度的老夫子，著名的数学家，也是著名的"伯乐"。他为人正直，在云大有较高的声望，是国民党反动派

① 秦仁昌致云南大学五联会函，1949年8月5日，云南大学档案。

> 对云南大学师生员工进行迫害的障碍。1949年某日，国民党政府教育部长派刘英士专员到云大，企图扑灭反饥饿、反迫害运动之火。在熊校长召集的一次会上，云大农学院教授秦仁昌当着刘英士和我的面，指控我是云大反饥饿、反迫害运动的领导人，受到我和与会代表杨朝梁等有力的驳斥。熊庆来不同意高压手段，刘英士回重庆不久，教育部指派熊庆来赴法参加一个国际性的数学方面的学术会议。①

郭佩珊回忆之文，是概而言之，没有讲出历史之事实。文中所述熊庆来赴法国参加国际数学方面的学术会议也有误，应是参加联合国教科文组织的会议。1950年，云南刚一解放，秦仁昌即遭追究。1950年5月15日，中国科学院植物研究所全体工作人员会议上，胡先骕作临时动议："秦仁昌为世界蕨类植物权威，近闻在昆明被捕，请林镕先生函办公厅转函，请昆明军委会对之积极处理，从宽发落。"②关于此事，所悉仅此而已，尚不知确切。其后，秦仁昌获得释放。释放后他写了一副对联，上联是"两次入狱只是为了追求真理"，下联是"一身勤劳只是为了改进农业"贴在窗上，以表示他的抗议。其后，秦仁昌继续在云南大学任教，并在云南省林业局兼任副局长，且于1954年8月出席云南省第一届人民代表大会，并当选为第一届全国人民代表大会代表。几年之间，反差何以如此之大，也未见史料记载。1954年，中国科学院植物所在筹备编写《中国植物志》，拟借调秦仁昌一年，在北京从事蕨类植物研究。临行之前，秦仁昌夫人左景馨将家中不能运往北京之物品，统统变卖，无论如何，再也不回云南，可见云南令他们伤心之深。一年过后，秦仁昌正式调入中科院植物所。

第三节　农林植物所与五华文理学院短暂合作

在农林植物所组建之初，云南大学曾有意参与组建，但不知何故，没有成

① 郭佩珊：一个地下共产党员的回忆，载《熊庆来纪念集》，云南教育出版社，1992年，第210页。
② 中国科学院植物分类研究所会议记录，中科院档案馆藏中科院植物所档案。

为合作之一方。抗战胜利之后，秦仁昌出任云南大学农学院森林系主任，在其推动之下，1946年云南大学再一次提出续办农林植物所。但是此次意向，又未能兑现。不久私立五华文理学院成立，而由该校续办。但私立学校经费有限，也只是部分出资，且为时不长。

抗战胜利之后，一度教育文化氛围浓厚之昆明，因多数机构东迁复员而被冲淡，地方文化日渐空虚、教育水平日趋低下。云南周钟岳等有识之士有鉴于此，认为“非提倡学术，不足以建国；非致力研究，即无以建学”，乃出资兴建云南第一所民办大学私立五华文理学院。该校于1946年5月创办，仅生存五年，1951年停办。

五华学院倡导学术研究，在筹备之时，即与秦仁昌、俞德浚协商，由云南农林植物研究所与五华学院合办五华植物研究所。此时农林植物所资金匮乏，藉此使得员工得到一些津贴，以维持生活。5月20日周钟岳向教育厅呈函，对设立植物研究所有云：“前静生生物调查所来滇设立云南农林植物研究所，工作多年，成绩斐然，采获标本数万种。前以经费支绌，难于维持，经本院与该所负责人秦仁昌、俞德浚先生等商妥，归并本院，改组为植物研究所。”[①]6月7日，五华学院召开发起人第一次会议，共有34人出席，秦仁昌、俞德浚参加是会。会议议决聘秦仁昌为植物研究所所长，并请秦仁昌以拉丁文拟订学院西文名称。

合办农林植物研究所合同于1946年8月1日签订，主要条款有：五华学院负责开办费和经常费，仍以农林植物所在黑龙潭以前之房屋为所址，并提供现有标本、图书、仪器等；属于学院下属机构，所长由农林植物所推荐，经学院聘任之；试办三年，试办期内，植物所为学院制备植物标本一套；期满之后再据情况另定永久合作办法。合同盖有胡先骕、周钟岳印章。[②] 此项合作，未知云南省教育厅持何种态度，或者教育厅对农林植物所已无能为力，能多找几个“婆家”未尝不是件好事。在签订合同之当天，学院假昆华图书馆礼堂举行成立典礼，来宾二百多人，秦仁昌报告，云将充分利用以前成果，拟定三年研究计划，就经济力量所及，循序而进。8月21日，学院向植物所颁发钤记和条章，并

---

① 周钟岳：五华学院筹备委员会为筹办学院作学术研究工作成立筹备委员会请备案呈，1946年5月20日。云南省档案馆编：《私立五华文理学院档案资料汇编》，云南大学出版社，2009年，第9页。

② 云南省档案馆编：《私立五华文理学院档案资料汇编》，云南大学出版社，2009年，第45页。

开始使用。此前几日，8 月 18 日，学院对植物所 7 名员工发出聘函。此就各人所任职务及所得津贴，以如下表格示之。

职　别	姓名	别号	籍　贯	年龄	现任工作	津贴名目	支出(元)
导师兼所长	秦仁昌	子农	江苏武进	48	总揽全所研究及行政事项	车马费	50 000
导师兼研究员	俞德浚	季川	河北北平	38	云南植物志编纂	津贴	50 000
导师兼研究员	蔡希陶	玄彭	浙江东阳	35	经济植物之研究及试验	津贴	50 000
助理研究员兼采集员	冯国楣	光宇	江苏宜兴	30	植物标本及种苗之采集	薪津	90 000
助理研究员兼绘图员	郝清云		山东菏泽	32	绘制研究图稿	津贴	30 000
助研兼标本图书管理员	刘　瑛	栋林	河北北平	31	植物标本陈列及管理	津贴	30 000
会计兼文牍	曾吉光	仰齐	江西吉安	58	会计出纳文书收发	津贴	30 000
事务员	邱炳云		四川江安	48	庶务及管理工役	津贴	30 000

对表格中的内容需作几点说明，第一，秦仁昌身为所长，但为兼职，所领为车马费。以秦仁昌为所长，不知是否寻求胡先骕意见？想必为胡先骕所同意，因为无论资历，还是学术威望和学术成就，秦仁昌均符合标准。第二，秦仁昌、俞德浚、蔡希陶还为导师，即兼任五华学院教职。第三，所有人员只有冯国楣所拿为薪津，是时其并未列入农林植物所编制之中，以此为全职；其他人员所拿为津贴，作为一部分薪津。第四，每月五华学院下达植物所经费共 400 000 元，发放薪津和津贴之后，所余仅 20 000 元，仅购买一些整理标本所用之草纸。原有计划外出采集，因无经费开支，只得作罢。但是，即便如此，从秦仁昌、俞德浚所作"植物研究所工作计划纲领"，由于有十几年积累，拟开展工作甚多，只是学院支持力度实在有限，无从付诸实现。但此"计划纲领"仍不失文献价值，藉之可知农林植物所在秦仁昌加入之后，其研究视野更加宽广。"计划纲领"文字稍长，此还是照录如下：

植物研究所工作计划纲领

云南在中国西南极边，亦为气候之边沿。地跨寒热温三带，以故植物出产种类繁富，为世界植物学者所谂知。静生生物调查所于战前来滇设工作站，德浚等来滇工作，后与滇省人士组成云南农林植物研究所；仁昌等参加研究工作，于兹九年矣！今当抗战结束，建国开始，复与五华学院会同组成植物研究所，爰就事实可能，拟定研究计划如次：

（一）云南省植物全志之编纂 查云南植物标本经本所历年採集及交换所得，现已达4万5千余号，计10万余份。惟本省区域广袤、品种繁富，尚须派员分赴各地继续采集，以求详尽。兹拟就此项材料，分门别类鉴定科学名称，详作形态结构、产地习性、分布功用等之记述，每种之下并各附以绘图或照片。计现已拟定者有下列8部，每部之中视植物种类繁简再分为若干集，每集记载植物图说各50种。为编辑与印刷之便利，按年分集出版。预定每年至少须完成100种之记述与制图，期以5年全部完成。

第一部 云南中部重要树木志

第二部 云南西北部重要树木志

第三部 云南南部重要树木志

第四部 云南经济植物志

第五部 云南药用植物志

第六部 云南高山植物志

第七部 云南蕨类植物志

第八部 云南菌藻植物志

（二）云南经济植物之调查研究 前此本所派员分赴各地调查采集，多注意于植物种类之鉴别，得知本省农林产物分布概况。今后拟择若干种可供企业经营或足为国防物资之特用作物，继续派员前赴各重要产区详作产量估计及生产制造运销等方法之调查，编具报告，以供经营开发者之参考。拟定调查研究之产物有下12项，当视经济情形分别先后开始工作。各项调查详细计划另定之。

1. 云南重要木材产区及木材市场之调查（昆明商用木材调查之部已脱稿）。

2. 云南松林分布及松脂工业之调查研究（一部分已完成）。

3. 云南造纸用材及制纸工业之调查研究。

4. 云南产茶区域及制茶业之调查研究。

5. 云南药材产区及药用植物种类之调查研究。

6. 云南植物油种类及产区产量之调查研究(东南部桐油、八角油已作过一部分调查)。

7. 云南烟叶产区及产量之调查研究(在进行中)。

8. 云南樟脑产区及樟树品种之调查研究。

9. 云南甘蔗产区及制糖工业之调查研究。

10. 云南紫胶产区及育胶植物之调查研究。

11. 云南白蜡产区及育蜡植物之调查研究。

12. 云南产植物性染料之调查研究(滇东南部绿皮出产已有调查)。

(三) 云南经济植物之试验栽培 多种特用作物须经人工培植,方可大量增产。本所拟在各地调查时采集种苗设场栽培,以供观察试验之资料。或向国内外征集优(良)品种,驯化栽培,以为改善之依据。计现拟定先行试作者有烟叶、茶叶、蔬菜、果品等数种。如为经费所许,拟在南部设置热带作物试验场,因多种可作企业经营之作物皆为热带产品也。

(四) 云南园艺植物种苗之采集 云南植物种类繁庶甲于全国,其中富有园艺价值者尤夥。昔年欧美植物学者远渡重洋,穷幽探险,搜奇索异者踵相接。今日欧美庭园殆无不培植云南产之卉木,其重要可知。本所拟定派遣工作人员前赴大理、丽江、维西等地续作高山植物种子苗根之搜集。特别注意之种类为杜鹃、龙胆、百合、报春花、绿绒蒿、高山松杉及珍异之灌木等类。如积年收获规模扩充,不特可供研究交换之用,且可作为国际贸易品输出国外也。

(五) 各项植物标本之制作 本所拟在所采各项植物标本中取其特有经济价值或特具科学兴趣者,选择若干种制成蜡叶标本或剖面标本,各附简要说明,或附以图解,以供一般阅览参考之用。现已拟定者有重要树木标本、木材标本、药用植物附药材标本,特用作物附制成品标本,农作物附粮食标本,园艺植物标本等类。如经费充足即可大量制作分送本省各级学校或社教机关,期于中小学之自然科或农林学校教材能有所裨助也。①

---

① 秦仁昌、俞德浚:五华学院植物研究所工作计划,1946 年,云南省档案馆编:《私立五华文理学院档案资料汇编》,云南大学出版社,2009 年,第 52—55 页。

图 3-3　冯国楣在整理标本

此项计划与所需研究人员力量，显得过于庞大，但经费若许可，为之壮大，不是不可实现，因已积累十分丰富之材料。其中付之实施仅有标本之制作一项，于 1946 年夏开始进行。因为农林植物所此前经常接到各学校来函，或请求分让标本，以供教学参考；或请求鉴定植物名称，以解决教学上的难题。为满足这些需求，乃由冯国楣开始从事制作，选择云南重要植物二三百种，编制说明书，拟大量制作，廉价发行，供应各级学校及民众教育馆，作教学之参考。农林植物所希望教育厅承担制作费用，再由教育厅免费发给各学校或教育馆应用。在制作一百套后，即向教育厅请示。教育厅答复："查当此省教经费困难之时，本厅实无法担任此项材料用费，拟俟此项标本制作完后，再与通饬各校迳向贵所选购。"①云南省教育厅尚且无力，何况基层之中小学校，经费拮据，难以购置，农林植物所此项计划自然搁置。

在通货膨胀之下，五华学院所筹集办学经费在迅速贬值之下，学校难以维持，故将植物研究所停办，至 1947 年 6 月每月 40 万元经费停拨，合作仅十阅月，遂告终止。9 月 15 日秦仁昌将钤记和条章奉还学院。

在与五华学院合作期间，教育部将此前北平研究院物理学研究所和化学研究所在黑龙潭附近购地所建之瓦房拨给该校使用。此系《私立五华文理学院档案资料汇编》一书编者，将一通朱某某致吉禾之函，疑此朱某某为时任教育部长朱家骅，但吉禾则未注明何许人。函文有云："又北平研究院黑龙潭房舍亦移交该院使用，师资有原静生生物调查所秦仁昌、俞德浚先生及文史方面

① 云南省教育厅复农林植物所函，1947 年 2 月 6 日，云南省档案馆藏教育厅档案，1012-002-00136-003。

亦延致多人，图书集有数万册，仪器标本正充实中。”①北平研究院房屋后确实归中科院昆明植物所使用，故推测系由五华学院将该房舍拨给农林植物所，自此延续而来。

第四节　农林植物所第四任副所长蔡希陶

1947年夏俞德浚放洋之后，农林植物所于8月26日向教育厅呈函："敝所副所长俞德浚君赴英考察农林园艺事业，休假一年，所遗副所长职务，自八月份起由研究员蔡希陶君兼任。”②此时农林植物所只能依靠农林生产获得微薄收入来维系员工生活，或者仅以此收入已难以维持，不得不有所兼职。俞德浚此前在云南大学任副教授即是，蔡希陶也因家庭生活困难，“在昆明城里福照街开了一个单门的鹦鹉商店，以养鸟和其它小动物并出售它们为副业，为了照顾店面和亲自饲养动物只得在城里安了一个小家——如意巷五号。而为了到黑龙潭工作方便，他还买了一匹高头大马，每天仆仆风尘地来回四十多里地去上班。”③

图3-4　1949年蔡希陶和家人在云南农林植物所

① 云南省档案馆，1106-5-420-21，转引自《私立五华文理学院档案资料汇编》，第20页。

② 农林植物研究所致云南省教育厅函，1947年8月26日，云南省档案馆藏教育厅档案，1106-003-0837。

③ 吴征镒：也是迟来的怀念，《蔡希陶纪念文集》，云南人民出版社，1991年。

农林植物所开展生产起始于1943年6月，尚在郑万钧任副所长时期。其时，农林植物所与昆华中学合办昆华农场，签订三年协议。学校仅出土地、肥料和员工住房；至员工薪资则由农林植物所负责，每年2、8月两次结账，所得利润，除提取15%为农场员工奖金、5%为用作校园绿化布置外，余下由双方平分，各占40%。这是自学校校长向教育厅报告函所获得之内容，其后如何组织实施、经营情况如何，一概不知。据此可以说明，在农林植物所经费尚可之时，已将农林生产作为自救方式之一，而不是坐以待毙，没有经费就宣布解散了事。有此居安思危意识，才能将事业坚守下去。

在俞德浚任副所长时期，农林生产已开始试种烟草，其来源乃是接受云南烟草改进所委托。中国烟叶产区主要在中原地区，但产量极低，且抗战之后，沦陷为敌占区，为满足烟民需要，改善农业经济，增加财政收入，云南省政府决定在云南试种。1941年3月1日云南省财政厅成立烟草改进研究所，并创立云南纸烟制造厂。改进所在昆明富滇银行设立办事处，在昆明长坡设立15亩试验场，作为培育幼苗之床地。4月开始播种，试种有美国品种三种，法国种子四种。1943年1月业务扩大，成立云南烟草生产事业总管理处，隶属于云南企业局，而先前烟草改进所则为管理处下属机构。长坡试验场试种几年，结果并不理想，因气候及杂交关系，发生变异。于是自1945年与农林植物所合作，请植物学家用科学方法培育优良籽种，该项工作先由俞德浚主持。俞德浚去英国进修后，由蔡希陶接管。云南企业局之所以与农林植物所合作，还有该局副局长刘幼堂与俞德浚为北京师范大学同学，在昆明相会，乃人生之乐事。且刘幼堂爱好茶花，距农林植物所不远有其花园和果园，彼此兴趣相同，来往更密，与农林植物所其他人员也甚熟悉。当烟叶试种发生困难，自然请植物学家为之。且农林植物所经费窘迫，藉此可以获得一些经费予以维持。

农林植物所俞德浚进行烟叶育种试验，其种源来自云南企业局保存美国黄金叶种子。

> 1945年《云南农林所美烟栽培原始记录》记载：1945年4月4日、6日、7日、10日，云南农林植物所进行了15个烟草品种播种试验，其中有美烟四号Y. M.和美烟五号M. G.（即大金元Mammoth Gold），种子公司名称为“Cokir’s Pedigrad Seed Co.”。1947年，俞德浚、邹家才发表《云南烟草栽培试验报告》，证明农林植物所于1945年进行了包括烤烟品种

"大金元"在内的栽培试验研究。①

俞德浚经过几年育种试验,1947年8月赴英,由蔡希陶继续此项工作。是年春,俞德浚还进行了一次播种,秋间获得良好之效果。农林植物所试种美烟获得成功,成为云南社会之新闻。1947年9月21日,云南省参议员及昆明新闻界记者曾来黑龙潭育种场参观美烟种植情形及植物所所藏植物标本。第二天《云南日报》有下列报道:

> 午后一时,参观同仁搭乘汽车出发,途中天气微阴,秋凉袭人。一时三十分抵达,小憩十余分钟,即由招待员领导于小雨霏霏中,前往参观美烟品种及关于烤焙之一切设备,并详细讲解自撒种至收成过程,应具之一切常识。植物研究所收藏之标本种类亦颇丰富,每种木材之用途,特质及分布情况,均由招待员作详细介绍。参观同仁,获益颇多。参观毕,即行午餐,席间先是省厅李主任秘书叙烟草改进所组成概况,其次两所长相继报告历年工作推进情形及将来之发展希望,语多恳切诚挚。最后秦仁昌教授及来宾,相继提供美烟种植之推广及运销方面之许多建议,语毕席散。时红日含山,已过五时,观者即乘车返城。②

胡先骕获知蔡希陶在云南试种成功,为静生所生存计,令其扩大种植面积,进行产业化生产。经静生所委员会同意,先请中央农业试验所所长沈宗翰在南京设法代为办理贷款1.5亿元,然无结果;最后是蔡希陶在昆明请秦仁昌帮助,才得此项贷款。此有蔡希陶为寻求贷款事与胡先骕函商信件一通,录下以见概要。

> 步曾夫子钧鉴:
>
> 接读十八日谕示,获悉吾师安返北平,至为欣喜。月来因钧址不定,故未作禀报告。
>
> 兹者昆明烟已涨至每担六百万元,旧年后总可达一千万元大关。而

---

① 《中国科学院昆明植物所简史》,昆明植物所,2008年,第100页。

② 记者及参议员昨参观美烟,《云南日报》,民国三十六年九月二十八日第三版。

豫鲁产区，烽火连天，非惟运输不可能，恐烟田亦尽荒芜矣。故明年滇省种烟已臻，断然为有利阶段，如收获量三万斤，总价可在二十至三十亿元间，诚属可喜。贷款经过，吾师想已闻悉。十一月十八日生接任先生函告："中基会会章规定，不能有任何经济上之担保责任，最好就昆明另觅一保。"即电请将借约寄回昆明，二十五日借约寄到，二十六日入城，烦子农先生以云南实验农场名义盖章作保。一面请求农行先行拨款一部分。其他调查场址、设备担保等手续，皆面商免除，以求简速。二十七日即将一亿五千万元领获（此系农行三十六年剩余之贷款），二十八日政府停止贷款，三令公布，可谓大幸矣。

现在食米已购存三百余石，场地已租妥二百余亩（先缴租金每亩每年十余万元），职员已添聘四人，规模至此，粗具矣。静生财务委员会对此事之关心，自极合理。明年年终，生当将经营经过，及盈亏实况详为报告，以求彼等之了解，并藉以作静所此后运用基金之参考。然此次贷款，彼等并未担保，诚恐吾师误会，特函禀明。

滇所会计仍为曾吉光，人虽老朽，尚属忠实。款项之运用，农行照约有监视权，又兼生名为贷款人，法律责任甚重，将来归还如生问题，生实责无旁贷，故一切皆由稳重方面进行，决不致有辱师命。

请释

钧念

蔡希陶（一九四七年）

图 3-5　农林植物所烤烟房

3 月 23 日，云南农林植物研究所副所长蔡希陶与云南烟草改进所所长诸守庄签订烟草育种试验合约，继续合作烟草育种，中证人为云南农业改进所所长秦仁昌。是年，烟草改进所提供国币 7.8 亿元，农林植物所于年底收获籽种483市斤,附烟叶2 324市斤。烟草种植,则租地280亩,另租5亩为苗圃,早春育好足够烟苗,移植后生长甚佳。是夏昆明多雨,几成水涝,幸所租之地,皆为山地,未有大害。至12月获得丰收,除还清贷款本息,及支付农林植物所的开支外,尚汇三千金圆至北平静生所,以补所用。

1948年,农林植物所不知从何处得到土耳其烟叶种子,即为试种。1949年鉴于上年试种美烟获得成功,且有良好之效益,植物所希望继续与改进所合作,3月农林植物所致函烟草改进所上级主管单位烟草生产事业总管理处,以扩大试种土耳其烟及继续种植美烟为主要内容。函文和计划书如下:

迳启者:

敝所自民国三十四年接受云南烟草改进所委托,举办烟草育种改良工作,迄今五载。近年来云南全省所推广之美烟种子,几全数系敝所育种场所供给者。本年因此项关于烟草改进之经费来源断绝,敝所势将不能继续进行此部分工作。而云南栽烟事业,关系全省农场经济复兴至巨,今一旦工作中缀,前途影响极堪忧虑。窃思敝所以往各种研究工作之进行,历年来多受贵处补助及鼓励,今者推广烟草,改善农村经济之事业,复与贵公司宗旨相符合,用特奉上"烟草研究试验及育种工作计划纲要"及其"栽培土耳其烟叶计划书"各二份,请加以审核,如蒙赐予经费上之支持,则非但敝所之烟草研究得以继续,即云南种烟事业之前途,亦可因而发展光大焉。

云南农林植物研究所 三十八年三月二十四日①

云南农林植物研究所试栽土耳其烟叶计划书

国人皆知有土耳其烟,然吾国引种纸烟用烟叶,虽有二十余年之推广历史,而始终未有栽培土耳其烟者。查土耳其烟系一种商业名称,其产地限于希腊及土耳其爱琴海及黑海地区,故又有东方烟之称。美国系世界烟叶出口最大之国家,然对于土耳其烟反系一种进口烟。缘土耳其烟需要特殊之气候及制作,复因叶片极小(长约三十英寸),采收需人工较多,而美国之地理环境既不适合,人工又属奇昂,故年来虽在加罗林那及弗吉

① 云南农林植物研究所致云南烟草生产事业总管理处函,1949年3月24日,云南省档案馆,125-1-284-52,谢立三抄录。

尼亚二州加以试验栽培，终未臻成功。每年因配制纸烟而输入美国之土耳其烟叶，为数仍在四千五百万磅之巨。

土耳其烟之所以名噪一时，备受嗜者之欢迎，首先于其具有干燥之香味及优良之燃烧性，为其他任何烟叶所不及，嗜吸美制深色纸烟及名贵埃及烟者，多能领略其优点。在土耳其及希腊，向视其种籽为禁止出口品，以免流传普及而影响其独占之出口。本研究所数年来从事烟叶之试验及育种工作，几经设法搜求，始于去年（三十七年）秘密获得稍许种籽，计 Catarnu、Cavalla、Yaka、Smgrna、Samsun 等 5 种，经试验栽培后，发现前三种极适合云南气候，生长优良，复予以加工制作，色泽深黄，燃烧性亦佳，惟香味不及东欧产者之浓厚，或系试种株数太少，所以烟叶不足成堆，后期发酵不充分之故。本年度拟扩大试种一百亩，俾作正式经营之探针，成功后，不惟可以改进云南纸烟企业，且更可收出口国之外溢，爰拟具预算书于后。（略）

农林植物所继续合作计划，5 月得到企业公司赞同，并制定“委托办法”，植物所也同意接受。最终任务是：植物所应缴美烟干叶四千斤，种子二百斤；土耳其烟三百斤，种子二十斤。植物所试验场地分为三块，管理员分别是邱炳云、李绿三、禹平华。11 月下旬开始收种晒种，一直在工作，惟 12 月 19—23 日因属战区，工作不得不暂停；24 日复又整理烟籽。不知这些收获是否缴呈改进所，不久，新政府成立，植物所被接管之后，烟草育种工作遂告停止。

农林植物所自 1945 年承担美烟栽培育种试验以来，先后试验过 38 个编号的烟草品种（美烟 25 个、印烟 3 个、土耳其烟 5 个、归化土烟 5 个）。先后选出特 401、特 400、大金元三个品种。在推广初期，此三个品种在全省面上种植，因抗逆性差，特 401 和特 400 而逐渐被大金元取代。[①]

在 1949 年，美国民间组织“茶花学社”欲得一批珍贵的云南茶花，经香港植物园主任丁氏（Dean）和中山大学农林植物研究所陈焕镛介绍，请云南农林植物所为之收集，由冯国楣在昆明代为收购。为此陈焕镛还特来昆明，在黑龙潭小居十余日，以考察农林植物所。这项工作，使得农林植物所从中获得美金

---

① 《中国科学院昆明植物所简史》，昆明植物所，2008 年，第 105 页。

400余元，但此笔款项还未及使用，就在12月的云南起义时，被游兵抢夺而去。即便如此，农林植物所员工仍坚守岗位，维持所务，直至云南解放，胜利度过最为黑暗时期。其后，在中国人民解放军军事接管委员会接管时，农林植物所被誉为是云南被接管机构保管最为完好的机构。

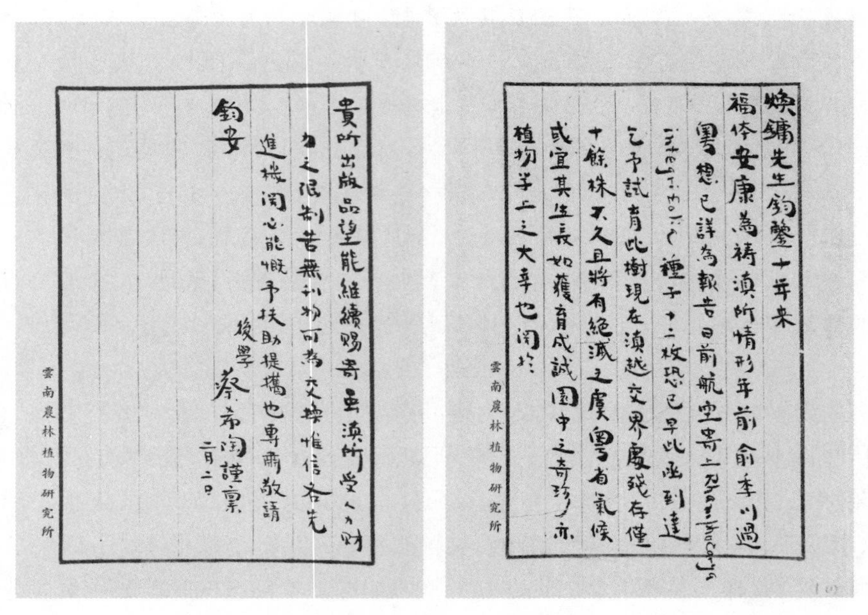

煥鏞先生鈞鑒十年来
福体安康為祷滇所情形年前俞季川過
粤想已詳為報告日前航空寄上Rhamphocarya
integrifolia 種子十二枚恐已早此函到達
乞予試育此樹現在滇越交界處殘存僅
十餘株不久且將有絶滅之虞粤省氣候
或宜其生長如獲育成誠園中之奇珍亦
植物学上之大幸也聞於
雲南農林植物研究所

貴所出版品望能継續賜寄至滇所受人力財
力之限制苦無刊物可為交換惟信各先
進機関必能慨予扶助提攜也專肅敬請
鈞安
後學 蔡希陶 謹稟
二月二日
雲南農林植物研究所

图3-6　蔡希陶致陈焕镛函（中科院华南植物园档案）

第五节　北平研究院植物学研究所昆明工作站

北平研究院及其在昆明诸研究所之复员，由研究院统一安排。昆明与北平之间，路途遥远，交通工具，一时不易觅得，研究院遂采取陆续复员办法。先派员赴北平，着手接收原有房屋。由于行动迟缓，晚于其他机构，故研究院原有之房屋，有被其他机构占为使用者。经多方交涉，得以收回，植物学所在天然博物院中的陆谟克堂亦相应收回，而室外之植物园及其温室中植物，皆荡然无存，景色殊异。

研究院在昆明之物品，首先亟待起运者，集中于总办事处，统一运输，共有250余箱，重约百余吨，迟至1946年11月才联系到迤东运输公司，委托其由昆明直运北平。这些物品当中，植物学所有68箱，主要是标本、图书等，其装箱费用还是植物学所人员以刘慎谔私款垫付。其时，刘慎谔于9月27日偕采集员王汉臣赴大理，启运先前在此所采之标本，装箱20只。刘慎谔还顺便再次在大理附近之点苍、鸡足两山采集，于12月21日才押运标本返回昆明。

植物学所在昆明主要物品运走之后，植物学所曾致公函于研究院，云"本所在昆明西山所址已于本年十二月底办理结束，此后本所一切行政事宜均移北平所址办理。"①据此，或可断定北平植物学所在昆明之工作于1947年1月结束，此后则改为昆明工作站。在刘慎谔未回北平之前，林镕已于1946年9月自上海赴北平，刘慎谔即请其兼代所长，处理事务。刘慎谔自大理回昆明，本即准备携简焯坡、匡可任一同北上，不知何故，其本人未能按计划启程，滞留至1947年7月方才动身。行前还为昆明工作站重新建造房屋，并向平研院原昆明办事处借用办公桌四张、藤椅十把及其他办公家具②，并邀朱彦丞来昆明主持工作站。

朱彦丞(1912—1980)，生态地植物学家，河北清苑人，1935年于北平中法大学毕业，后赴法留学，先后取得法国里昂大学自然科学硕士和法国国家自然科学博士学位。1946年回国，任北平中法大学生物系教授。早在朱彦丞出国之前，即以优异成绩，博得刘慎谔的赏识，将北平植物学所所采下等植物地衣类三百余种交其研究，经其鉴定，得38种及14变种，撰成《中国地衣的初步研究》一文，发表在1935年第三卷第六号《北平植物学所丛刊》上。朱彦丞还协助刘慎谔整理其在法国留学时所采地衣标本。其后，朱彦丞对刘慎谔将其引向学术之路，甚为感激，其言：

图3-7　朱彦丞(云南大学档案馆提供)

> 1929年中学毕业后，乃被直接保送升入北京中法大学理学院预科，两年预科读

① 植物所致函研究院，1947年1月12日，案卷号182。

② 昆明工作站致函北平研究院，1947年5月27日，案卷号183。

完后，乃升入该校理学院的生物系。在生物系的四年期间，是我在大学最用功的时期，因此系中的老师们对于我有个很好的印象，并受到老师不断的鼓励，对于求学我有了坚定信心，而且自己亦以为是高材生了。尤其是在生物系四年级的时候，在前国立北平研究院植物学研究所中去预备毕业论文，得该所所长刘慎谔先生的直接指导，每天和该所研究员相接触，使我渐渐的感到科学研究工作的兴趣，而羡慕这种学术研究生活，心中在当时就想日后作科学研究工作。1935年生物系毕业，论文做完后，又得在该所丛刊上发表，而且论文的单行本赠送同学，表示我在学术研究工作中是有成绩的，显得有些神气了。

当时老师刘慎谔先生又把他的许多著作送给我，感到我是受到刘先生的重视，并且刘先生对于我的希望很大，要我再继续深造，再继续作科学研究工作，我更是格外的高兴，想到此后自己是有机会在学术界中我有出路。①

此时朱彦丞又被刘慎谔吸收来昆明主持工作站。同时兼任云南大学生物系教授。朱彦丞与北平研究院关系不长，北平研究院档案关于其材料亦少，仅有朱彦丞接受刘慎谔邀请，自北平到达昆明后，致李书华手札一通。藉此或可作为纪念，录之如此。

润章院长钧鉴：

学生自本月四日离平，六日抵昆明，连日与刘所长商理云南工作站事，颇为忙碌，以至未能即刻奉告。刘所长业于本月十八日飞沪，出席《中国植物志》编纂委员会，今接来函，得悉刘所长可于八月一日离沪返平，想业已到达北平矣。新聘钟补勤先生尚未来昆明，或可于八月中旬来此进行采集工作。

专此，敬颂

钧安

学生　朱彦丞　谨启　卅六、七、卅②

---

① 朱彦丞：自传，1958年，云南大学校史馆藏朱彦丞档案。

② 朱彦丞致李书华，1947年7月30日，案卷号183。

函中所言钟补勤，为钟观光之长子，钟观光早年大规模之采集，得其之助。此为刘慎谔之聘，参与昆明工作站之采集，故朱彦丞期待钟补勤早日到来以进行采集。其后，在恶性通货膨胀之经济形势下，平研院经费拮据，植物学研究所在北平也仅能维持，故而昆明工作站之采集未曾开展，而朱彦丞则有时间在云南大学兼职。朱彦丞云："1947 年暑假我一个人来到昆明，到该所的云南工作站工作，但是因为该所当时对于工作站没有采集调查研究等费用，只是在一个较小的花园中，培植云南的茶花、杜鹃和兰草等工作，不能达到我的愿望，在工作上感到消极，发愁自己在植物群体生态方面作不出大规模的研究。当秦仁昌先生要我到云大生物系教书，我想不妨兼职，还可多得些薪水。"①至于钟补勤是否来昆明，也不得而知。1948 年 8 月，朱彦丞脱离工作站，专任教于云南大学。工作站改由刘伟光继任。刘慎谔如是推荐刘伟光："此人学历不高，而经验充足，人亦可靠，拟请准备以高薪设立技术员或助理研究员之名义，接替朱彦丞先生之职务。"②刘伟光入站后，任技术员，其系江苏教育学院农科毕业。至于何以得到刘慎谔选聘，则有不知。其后，工作站又聘刘伟心为助理员，其毕业于西北农学院。1950 年中国科学院植物分类所接管云南农林植物研究所，设立昆明工作站，对北平研究院植物学研究所昆明工作站在昆明西站昆华农业学校内植物园予以接管，所有苗木转入昆明工作站，植物园管理员刘伟心、刘伟光一并转入。③

1949 年 1 月，随国民政府撤退至广州之李书华，据其回忆录云，其时北平之外的平研院所属之机构，如在上海之药物和生理两研究所及植物研究所云南工作站均照常工作。为照料这些，李书华在广州还组织了平研院广州办事处。至 6 月，上海已解放，广州亦将被中国人民解放军占领，李书华遂与教育部接洽，北平研究院不再向国库即教育部领取经费，而将植物学所昆明工作站职员二人拨归云南大学支薪。北平研究院终告结束，而李书华本人则远赴美国。

① 朱彦丞：自传，1958 年，云南大学校史馆藏朱彦丞档案。

② 刘慎谔致北平研究院总办事处，1948 年 7 月 15 日。

③《中国科学院昆明植物研究所简史——1938—2008》，2008 年。

第四章

DISIZHANG

昆明工作站之重组与发展

第一节　从工作站到研究所

1949 年 10 月 1 日，中华人民共和国成立，历史进入新时代；12 月 9 日国民政府云南省主席卢汉起义；1950 年 2 月 2 日，云南全省解放，加入新时代。新时代将改变旧时代，对于国家科学事业而言，1949 年 11 月 1 日，中央人民政府成立中国科学院，以对此前国民政府之科学机构予以改组，其中之于植物分类学，1950 年 2 月成立中国科学院植物分类研究所，由胡先骕领导之静生生物调查所与刘慎谔领导之北平研究院植物学研究所合组而成，请钱崇澍出任所长，吴征镒出任副所长。

一、重组经过

中国科学院重组此前生物学研究机构，将静生所与北平研究院植物所合并，在 1949 年 11 月底决定接收静生生物调查所时，即已形成。在办理静生所移交事宜时，特成立静生生物调查所整理委员会，推定远在上海复旦大学农学院院长钱崇澍担任主任委员，新近调到中科院之清华大学生物系讲师吴征镒为副主任委员。如此安排实是在接管之后，合组成立新所之时，由他们分别担任所长与副所长。1992 年吴征镒在接受中科院院史研究者的采访时，对这段经历的回顾。他说：

> 1949 年年初，我在北京军管会的高等教育委员会工作——先是文化教育委员会，后改为高等教育委员会。在五六月我腰椎摔坏了，被送到府右街北口北大医院，住了三个月之后，还需要三个月。我觉得我自己身体健康状况不理想，而且当时还不知伤骨能否接得上，接得好不好，所以我就请求回清华大学，到了清华生物系。在清华校医室又住了三个月，才把石膏背心去掉了，恢复得很好。这时汪志华找我，便调到科学院。党员开会只有七八个人，我被选为第一任党支部书记，一直到三反。
>
> 我到科学院做的第一件事就是给科学院找房子，把我派到静生所做

静生所的工作，让静生所合并到北平研究院植物所，把所有的标本、仪器等搬到北平研究院植物所，地点在三贝子花园，即现在的北京动物园。我做这个工作做了一两个月。静生所搬走，科学院搬到静生所的楼里办公，科学院这才有了办公的地方。植物所的所长是钱老，钱崇澍，是我推荐的。①

吴征镒1946年随清华大学由昆明复员至北平，任生物系讲师。北平解放时期任军管会高教处处长，12月奉调至成立后的中科院，任党总支副书记。中国科学院植物分类所合组之际，正是中国共产党开始领导一切之时，以年老体弱之钱崇澍任所长，只是新政府给予钱崇澍等旧知识分子的一份礼遇，希望他们为新中国服务，所务实由吴征镒所主持，以实现中国共产党对科学事业的全面领导。

在中国科学院接管静生生物调查所时，静生所所长胡先骕在交接之时，对该所所办其他机构也希望中科院予以接收。其云："云南农林植物所应由科学院去电云南昆明，设法联系，早日由本院接收，因彼处存有静生所的器材、图书和标本很多，应好好加以利用。"②胡先骕此项建议得到中科院赞同，中科院植物分类所成立之后，4月即接收云南农林植物研究所，使之与北平研究院植物所昆明工作站合并，作为该所之工作站，名之为"昆明工作站"，由蔡希陶任主任。与此同时，植物分类所还接收中央研究院植物研究所高等植物部分，在江苏南京设立华东工作站；接受庐山森林植物园，在江西庐山设立庐山工作站；接受北平研究院西北植物调查所，在陕西武功设立西北工作站。

图4-1　昆明工作站主任蔡希陶

中国科学院将先前植物学研究机构作如此处置，是根据其时条件、人员等诸多因素限制而作出权宜之计。设立植物分类研究所并不是仅

① 吴征镒先生访谈录，《院史资料与研究》，1992年第3期。

② 静生生物调查所整理委员会第一次会议记录，中国科学院档案馆藏。

限于植物分类学，而是待分类学以外学科发展之后，成为综合性研究所，再更名为植物研究所，并领导全国之植物学研究。植物分类研究所各工作站，也是按研究所建制来建设，待发展壮大之后，再单独成立研究所。其中，惟庐山工作站是按高山植物园来建设。1953 年植物分类研究所扩充为植物研究所，1958 年在大跃进运动之中，各工作站升格为研究所。关于昆明工作站升格为昆明植物所，容后记述。

在中科院接收云南农林植物所之前，云南军事管制委员会文化接管委员会已接管农林植物所，1950 年 4 月 7 日，农林植物所赶造财产清册，由军事代表魏瑛和副所长蔡希陶在移交清册上签字。清册所载物品大到房屋、地亩等，小到筷子几双，无论巨细，均一一记录，此摘录重要者如下：

1. 办公室 3 间、标本室、陈列室、会客室各 1 间。

2. 宿舍饭厅 8 间、厨房 1 间、烤烟房 5 间。

3. 温室 1 座、荫棚 1 座。

4. 北平研究院房屋共 96 间。

5. 茨坝高田山地 150 亩及各处租借用地 60 多亩。

6. 各种盆栽花木 837 盆、烟草种子 30 种。

7. 蜡叶标本 30 橱，正号和副号标本共 11 万余份。

8. 各种图书杂志 2 565 册。

9. 农林植物所档案卷宗 21 类 597 件。①

此时农林植物所人员有蔡希陶、冯国楣、曾吉光、禹平华、李继科、李禄三、邱炳云等 7 人，还有技工 2 人、长工 4 人。农林植物所与北平研究院植物所昆明工作站合并，该站仅有刘伟光、刘伟心两人。

中科院植物分类所昆明工作站成立之后，由于植物分类所也是刚组建完毕，尚无暇顾及各工作站，致使昆明工作站没有得到中科院正式公文，也未得到经费。故蔡希陶多次向植物所报告，主要内容有如下几点：① 经费问题；② 评薪问题；③ 希望俞德浚先生返滇工作；④ 主张昆明工作站中心工作为建设植物园，称之为云南植物园，已作初步选址，并绘制草图；⑤ 修建房屋；⑥ 农林植物所与前昆明工作站尚未全合并。就此，分类研究所工作计划委员会专

① 云南农林植物研究所现有财产器物及员工清册，1950 年，中国科学院档案馆藏昆明植物所档案，J259－0002。

图 4－2　中国科学院植物分类研究所昆明工作站大门

门开会讨论，由所长钱崇澍主持，讨论结果如下：

> 植物园应属于工作站，不必另取云南植物园名义，范围可照图样。水田可设法与农民交换划入范围。小部分精耕细作，其余部分维持原由果树区域及进行造林。植物园最好自办，以免将来发生牵制困难，具体办法由蔡希陶视实际情况掌握，并与刘幼堂先生研究后再行决定。
>
> 该站 1951 年作暂时维持局面，内部如建立标本室，植物园的基础等，采集工作根据实际情况暂缓进行。
>
> 修理房屋问题：前研究院之房屋建筑时非常偷工减料，如欲修理甚不经济，暂时以小修为原则，将来以另建房屋为妥。①

新时代之昆明工作站即是按此指示展开新的工作，主要内容是建立植物园和标本室。9 月份植物所核拨经费为 1.5 万斤小米。其时物价波动大，且有多种币制，即以市场小米折合成纸币。当时一位普通工人一月 240 斤小米，如

---

① 植物分类研究所工作计划委员会会议记录，1950 年 6 月，中国科学院档案馆藏中国科学院植物研究所档案，A002－3。

此算来,昆明工作站经费还算充裕。

二、兴建昆明植物园

建造植物园地亩一部分来自刘幼堂捐赠。刘幼堂(1897—1972),云南昆明人,1920 年北京高等师范数学系毕业,回滇在中学执教多年,1930 年受卢汉之邀,到云南省财政厅,主管税务,后主持滇西一平浪煤矿和盐务,再后办理烟草种植及纸烟生产事业,本书此前记述农林植物所试种烟草时已对刘幼堂有所介绍。刘幼堂在龙泉镇瓦窑村有一座占地 2 500 平方米的茶花园和一个面积更大的果园,花园种植茶花有 200 余品种,6 000 余株。1950 年刘幼堂将花园、果园及所有茶花全部捐献给昆明工作站。关于捐献经过,刘幼堂之子,北京大学历史学教授刘桂生曾撰文有所记载:

> 这座果园原为唐继尧将军所有,其子唐筱蓂售予先父。解放后,中共云南省委负责人之一、省政府副主席周保中将军多次亲临舍下,给先父做工作。鼓励说:“刘老先生,你的选择对了;跟着共产党走,有你的光荣前途。”这样,在周将军所代表的党的关怀和鼓励下,先父决心把花园和果园全部无偿赠送给中国科学院植物研究所,由院长郭沫若先生接受,并在北京宴请先父。先父所赠之花园和果园此后成为植物研究所昆明工作站的一个组成部分。(后改为云南热带植物研究所)并聘先父在该所工作,技术职称为技正。[①]

刘幼堂在工作站工作为时不久,后被聘为云南省各界人民代表会议代表、省政府顾问、省政协委员等,1957 年被划为“右派”。与刘幼堂毗邻还有孙东明一所花园,其亦仿效刘幼堂,将园地和花木一同捐献给工作站。有此地亩,工作站按类分区定植,形成了昆明植物园的雏形。1951 年开始着手植物园建设,并从事茶花种间杂交试验及果树嫁接亲合力试验。茶花杂交试验由冯汉英进行,当年就发现新品种很多;苹果和梨无性杂交试验,由刘幼堂、刘伟心等进行。第二年,植物园广泛种植各类植物,又四处搜集而来的经济植物和观赏植

---

① 刘桂生:云南陆系财团的形成与云烟事业之创始,中国人民政治协商会议昆明市委员会文史委员会编:《昆明文史资料选辑》第三十九辑,2003 年。

物,还有外出考察人员携带回来的野生植物,及从国内或国外引种一些植物,并以锌牌标记植物学名、中名、原产地等,以便参观者对植物有所认识。5月任命助理研究员冯国楣为植物园负责人。自1953年5月起,在工作站每月总结中,植物园改称“植保场”,不知其原由。

植物园建成之后至1957年,与国家第一个五年计划基本重合,此摘录工作站《第一个五年计划工作总结》中关于植物园者,以见初期之成绩。

> 植物园现已引种了各种植物约1 000种(温室植物250种,露地植物750种),五年来除结合中心工作引种云南热带及亚热带的资源植物外,尤以城市绿化材料较多,如云南山茶、玉兰、杜鹃及各种球根等已名驰中外,其中以云南山茶和杜鹃品种最多,前来本站参观的外宾近年来已达数百起,56年经云南省委确定为国际活动重点之一。
>
> 在栽培植物方面我们进行了胜利号白薯,无壳瓜子、香叶天竺葵的栽培和推广工作,经过几年来在各地试种的结果。胜利号白薯产量高,不翻藤,口味好,因此附近农民乐意种植。无壳瓜子栽培简易,不择土壤气候,产量高,含油量38%,现已推广到全国各地。香叶天竺葵经多年的栽培观察和近几年的试验研究,确定其含油量达0.15%,品质良好,是一种经济价值较高的芳香植物,在云南南部有广泛发展前景,两年来在各地试种,结果良好,现已建议有关部门发展生产。
>
> 我站自55年起根据中苏科学技术合作协定及各人民民主国家的种子技术合作协定,开始进行种苗交换,并印制了种苗交换目录,分发给有关部门300余份,计国外51、国内120个单位,到目前为止,供应国外种子球根共251包,国内615种。在国外并与30余个国家建立了交换关系。55年由于完成交换任务较好,曾获得植物所通报表扬及集体二等奖,奖金500元。在国内收到庐山植物园等15个单位的种子363种,从国外寄来的种子,在社会主义国家有苏联、波兰、捷克等共98种,资本主义国家计有法国、新西兰等国家共37种。我们已将交换来的种子开始在植物园内试种,同时我站于1957年采有100余种种子,将于58年初寄往各国交换。①

---

① 昆明工作站:第一个五年计划工作总结,1958年2月6日,中科院档案馆藏昆明植物所档案,J259-033。

1957年昆明植物园规划设计，由蔡希陶、张育英、冯耀宗完成，目的在于绘制设计图，以便进行植物布置。设计图草成之后，寄请国内有关专家审阅，再根据审阅意见修改，绘出正式图样。

三、研究工作

标本室工作也自1951年开始，首先添置标本柜30个，标本按Hutchinson分类系统重新排列，对1940年王启无、1947年冯国楣在滇东南所采标本，以及抗战时期秦仁昌、冯国楣在滇西北所采标本，予以整理，抽出完整一份交纳中科院植物分类所标本馆。此乃遵照中科院植物所成立之后，对标本收藏地点作出各工作站均有向总所提供标本义务之规定而进行。总所多出副号标本，也向各工作站提供。1952年5月昆明工作站得到总所寄来云南、四川标本28023号，数量可谓不少。总所还寄来秦仁昌在欧洲拍摄模式植物标本照片8千张，即分科分属整理存放，以便于利用。1953年底由中科院投资，工作站还是克服困难，新建一幢砖木结构之标本室，面积225平方米。

分类学研究方面，主要有1953年蔡希陶对云南榕属植物研究。过去欧美学者记录云南此属植物有21种，在多年采集之后，发现共有50余种之多，其中不少是原产印度支那、缅甸各地，在中国则首次发现。由于缺乏参考图书和模式标本，完全靠推敲摸索进行鉴定，故进展迟缓；其后，蔡希陶兴趣转移到经济植物，在1956年中苏联合云南生物考察中，调查了油料、芳香油、纤维、橡胶等经济植物百余种，而此项研究未能进行下去。在调查经济植物中，对云南樟树分布特加注意，发现分布非常广泛，几乎遍及全省，而且品种有20个之多，各品种间含油差别大，选种育种便是有意义的工作。因此，工作站进行育苗造林及生态因素对产量影响试验，并对樟油主要成分进行分析。

组建工作站后，总所下达编写《云南习见树木图志》一书，由蔡希陶和冯国楣从事，在编写最初两年中，工作站每月有工作报告，月月均有该书编写进展记录，包括文字和绘图；但是两年后，不知何故即为放弃。而是改为编写《昆明附近植物手册》，此系为大专院校及农林生产部门提供参考，也是为编纂云南全省植物志作准备。参加编写者有蔡希陶、冯国楣、刘伟心、李锡文、宣淑洁、

图 4-3　分类组人员在 1958 年 1 月合影

黄蜀琼、辛景三、毛品一等，1956 年将木本部分基本完成，至 1958 年仍在编写之中，但是大跃进到来，该书又被搁置。不过在编写过程中，发现新种 4 个，新变种 1 个及云南地理新分布数种。

此时完成之著述，并正式出版者，仅《云南山茶花图志》一种，署名俞德浚、冯耀宗。俞德浚在 1947 年出国之后，农林植物所一直将其列入员工名册；1950 年俞德浚回国，却回到北京，在中科院植物分类所工作。昆明工作站组建时，曾向总所报告，请俞德浚重回云南，未得同意。俞德浚在云南时，已对山茶花予以研究，此接受刘幼堂捐赠不少山茶花品种，再加上搜集，使得昆明植物园内种植品种甚多，故请俞德浚完成此书，以大学毕业新分配而来之冯耀宗协助。书中记载云南山茶花一般性状，植物学分类及品种描述，附有彩色图片，除此之外，还介绍一系列栽培方法。该书于 1958 年 12 月由科学出版社出版。

四、工作站升级为研究所

将昆明工作站扩建为昆明植物所，乃是 1950 年建站时，总所既定之目标。由于云南植物种类丰富，加之蔡希陶领导得力，在中苏联合考察中，昆明工作站发挥重要作用。1955 年 4 月 10 日，国务院总理周恩来、副总理陈毅到工作站视察，在详细参观后，对工作站人员指出云南植物学研究的重要性，云“云南是植物王国，连一个像样的王宫都没有，应将工作站建成一个高水平的植物研究所”。① 苏联科学院科马洛夫植物研究所的植物学家来云南参加联合考察，也到工作站参观，阅看标本和图书，对工作站收藏丰富的标本和贫乏的图书，均感到惊异，且允诺赠送一些图书给工作站。基于此，昆明工作站向上级报告，要求国家对工作站予以更大投入。

图 4－4　国务院总理周恩来(左一)和副总理陈毅(左二)来工作站视察

工作站的报告写于 1955 年 6 月，使得工作站发展在 1956 年实现了飞跃，此中经过如何，不得而知。1956 年由中科院投资 24 万元，工作站在一年之内先后建起 3 500 平方米的研究楼房，包括办公楼、化学楼、动物楼、植物园荫棚、蓄水池和高级研究人员宿舍二幢。如此投入，此前不可想象。不仅如此，还准备在年内实现工作站向研究所的转变，即在原由分类组、植物园组之外，新成立植物生态组、资源植物组、生物化学组、动物研究组；并根据云南气候的特点，分别筹建热带、温带、寒带三个植物园。但是，如此宏大计划在 1956 年底并没有实现，仅其中温带植物园即对现有昆明植物园予以扩建，所需土地得到云南省政府划拨 1 147 亩。

1956 年由工作站扩大为研究所计划没有实现，两年之后，大跃进运动开展，各行各业都在不顾客观现实，作出跃进计划，对中科院而言多设研究所即符合大跃进的政治需要，而将工作站升级为研究所则是水到渠成之事。为实现体制转变，中科院、植物所、工作站均积极筹备。工作站对升级为研究所后的任务作这项界定：

云南因地理条件复杂，有热温寒三带气候，植物种类繁多，一向有植

① 李德铢主编：《中国科学院昆明植物研究所简史》，内部资料，2008 年，第 6 页。

图 4-5　1956 年工作站建成办公实验楼群

> 物王国之称，可为我国植物研究中心。为适应研究工作，特别是工农业大跃进的需要，开发利用云南丰富的植物资源成为当前急务，因此在站的基础上扩建为昆明植物研究所，及新建昆明、西双版纳、丽江、文山等四个植物园，并与云南大学协作。研究任务和发展方向：以研究经济植物为主，并大力在云南热带、亚热带地区开发利用野生资源植物，为国民经济建设提供有益的资料。①

在扩建昆明植物园之外，还另建三座植物园，可知工作站也受到大跃进热潮之鼓舞。再从工作站员工人数变化，也看出大跃进的速度。1958 年初工作站职工总数 86 人，其中研究人员 19 人，即研究员 1 人、副研究员 1 人、助理研究员 2 人、研究实习员 15 人；技术人员 7 人；其他人员 60 人；8 月中科院云南分院分配高中毕业生 38 名，初中毕业生 11 名，人员大增。而大学毕业生则只有 3 名，值得庆幸的是 3 人均是植物学专业。此增加 3 名大学毕业生，是工作站先前自己制定的计划，即 1958 年起至 1962 年，每年吸收大学毕业生 2～3

① 昆明工作站：科学研究机构设计计划任务书，1958 年 11 月 24 日，中科院档案馆藏昆明植物所档案，J259-038。

人。但是1958年制作新计划，则需要10名大学毕业生。之所以大量进人，是预计的事业将有大幅度扩大。为实现如此跃进计划，计划总人数达到723人，其中研究人员237人，辅助人员163人，工人303人。昆明植物园计划三年引种1.5万种，园地面积扩大为3 000亩，包括黑龙潭及附近山头，拟请昆明市人民委员会予以协助下拨，至于其他植物园如何实现，则未提及。

工作站升格为研究所，中科院于1959年1月30日第一次院务会议通过，4月23日复经国家科学技术委员会批准，与此同时，还新成立中国科学院昆明动物所。此前在工作站内建有动物楼，系中科院昆虫研究所紫胶虫工作站，动物所即以紫胶虫工作站为基础。除此之外，此次中科院还在昆明新建冶金陶瓷研究所、地质研究所、数学物理研究所，亦见跃进步伐。

第二节　中苏联合云南考察

一、橡胶植物与橡胶宜林地调查

1945年第二次世界大战之后，世界格局进入以美国为首的资本主义国家阵营和以苏联为首的社会主义国家阵营对峙的冷战之中。中国共产党领导的革命属于苏联所倡导的无产阶级革命，当1949年取得政权之后，自然加入社会主义国家阵营，并采取向苏联“一边倒”的外交政策。1950年朝鲜战争爆发，两大阵营发生正面战争之后，资本主义国家又对社会主义国家发动了以贸易管制为主的经济冷战，这令整个社会主义阵营国家难以获得许多重要战略资源。中国植物资源丰富，尤以华南和云南热带植物为甚，是否从中可以寻得所需资源；或者利用这里热带气候，种植热带经济植物，以打破经济封锁，遂为苏联等社会主义国家关注地区。中国南方也是社会主义阵营国家中唯一热带地区，使得开发这里资源，不但具有经济价值，更具有国际政治意义。为此中国科学院与苏联科学院合作，在中国华南和云南进行橡胶宜林地调查，在云南进行紫胶及其寄主植物调查，直至在云南西双版纳建立森林生物地理群落综合研究站和热带植物园。中科院植物所昆明工作站立足于云南，在此项合作之中，担负起具体工作。昆明工作站主任蔡希陶，不仅担任组织领导工作，还亲自深入野外，寻找资源植物，其学术兴趣也从植物分类学理论研究转移到经济植物研究。

橡胶在现代工业经济中，属基本战略资源，极具经济与国防价值。当冷战开始后，“美国不但限制自己对苏联的合成橡胶出口，而且还迫使东南亚橡胶生产国及其宗主国英国与荷兰减少或停止对苏联的橡胶出口。在此背景之下——中国不仅拥有可以发展橡胶种植的亚热带疆土，更与东南亚地区经济联系深厚，可为苏联代购橡胶。”①因此，苏联通过中国转口贸易，获得所需之橡胶。由于中国卷入朝鲜战争，也遭到西方国家经济封锁，1951 年 5 月 18 日，联合国通过对中国禁运决议，遂使中国从东南亚各国与港澳地区获得橡胶变得十分困难。如此一来，虽然通过华侨尚可得到一些，但仍然稀缺，更难满足苏联之需要。

为获得橡胶资源，在苏联最高领导人斯大林建议下，中苏联合签订《中苏联合发展天然橡胶的协议》。据此，国家领导人毛泽东、周恩来亲自决定，由副总理陈云负责在国内寻找橡胶资源，并组织生产。1951 年 8 月 31 日，陈云受周恩来委托，主持召开了中央人民政府政务院 100 次政务会议，作出“关于扩大培植橡胶树的决定”，在我国热带地区展开产胶植物资源调查，寻找适宜种植巴西橡胶或印度橡胶地区，以作为推广种植之依据。遂在广西、广东、云南等省区展开调查。

云南地区之调查任务经中国科学院植物分类所，交由昆明工作站蔡希陶执行。1951 年 10 月 3 日植物所致函工作站，云“本院与有关部门商讨，拟定橡胶、金鸡纳树产区调查计划。计划中云南区调查由你站担任，兹附上计划一份，即希查照先行办理，并请拟定你站计划寄所为荷。”②所寄计划书将工作期限拟定为 13 个月，自 1951 年 12 月至 1952 年 12 月。在此之前，蔡希陶所从事之工作，主要是植物分类学的理论问题，偶尔涉及经济植物也只是为了研究所的生存；目下之任务则是国家任务、是政治任务。今不知蔡希陶对此种新变化作何感想，但至少是积极承担，当即召集云南省林业局及云南大学森林系有关人员商议如何进行。10 月 26 日决定：“云南全省分为三

① 姚昱：20 世纪 50 年代初的中苏橡胶贸易，《史学月刊》，2010 年，第 10 期。

② 中国科学院植物分类研究所致昆明工作站，1951 年 10 月 3 日，西双版纳热带植物园之西园谱，复印件。

队进行。第一队由秦仁昌（云南省林业局副局长、云南大学森林系主任）率十五人去保山专区；第二队由冯国楣（本站）率领十五人去宁洱专区；第三队由蔡希陶率十八人去蒙自、文山两专区。为争取采种育苗时间，三队皆提早在十月份内出发。”[①]调查橡胶植物任务，工作站于 10 月份接到植物分类所指示，即立即组织，并于 10 月底出发，而未等到原计划之 12 月，可见蔡希陶等工作热情之高。

旭文等于 1992 年撰写《蔡希陶传》，记有蔡希陶调查橡胶植物在途中之经过，系采访相关人员后写成，洵为可信，节录在此，以见其时野外工作之艰险。

> 蔡希陶率技正刘幼堂、采集员毛品一及林业局龚建华等四名见习员，往滇东南红河流域。一路上，他们除自己寻采土生土长橡胶植物外，还指导地方开展普查工作，经过麻栗坡、河口、金平都留下一人指导。因此，金平工作结束，再沿边境线进发时，只有蔡希陶、毛品一和林业局一位同志了。
>
> 因为在边境地区调查，军管会发有左轮手枪防身。调查队为运送种苗标本，临时买了二匹驮马。一天傍晚到江边，有匹马不肯下水，就沿江边跑了起来。蔡希陶追它，毛品一也追它。天快黑了，马还跑个不停。毛品一欠考虑拔枪就打。马耳朵穿了一个窟窿，惊住了。可蔡希陶发火了，说附近如果有残匪听见枪声，那不自找麻烦。蔡希陶很少发脾气，当时所讲并非言过其实。
>
> 当时云南解放不久，剿匪尚在进行，国民党残部还频繁活动在边境地区，随时有遭遇袭击危险。一天夜里，他们闯进一户人家借宿。第二天蔡希陶早起解手，猛见门外墙上写着“剿共”标语，方知进了土匪窝。三人赶快牵上马，悄悄地溜出寨，才松了一口气。
>
> 在少数民族地区，他们一行随遇而安，有什么就吃什么，吃饭也跟着用手抓，递过来的大烟筒也抽上几口，十分尊重边境民族风俗习惯。[②]

---

① 昆明工作站致钱崇澍所长、吴征镒副所长，1951 年 10 月 26 日，西双版纳热带植物园之西园谱，复印件。

② 旭文等著：《蔡希陶传》，国际文化出版公司，1993 年，第 89—90 页。

关于此次调查之艰辛，蔡希陶在多年之后，写下这样文字：

> 全国解放以后，我接受了中央关于寻找橡胶资源的任务。那时云南省虽然解放了，可是边疆地区还没有稳定秩序，而我设想的可能有野生橡胶的地方，就是在和外国接界的政治秩序没有完全建立的边疆，因为那些地方海拔低、天气热、雨量多。所以我就和三位青年，赶着两匹驮马，装备了几瓶防治疟疾的奎宁丸，从文山专区起，沿国境线向西走了几千里（不应该说是路，因为有一段是没有路或小径可通的），一直到缅甸边境，终于找到了我国土生土长的橡胶，并用它做成了第一块我省自产的橡胶样品呈现给中央。
>
> 后来，有一起义的云南军官对我的一个朋友说："老蔡走的这段边境线，我以前带了一团人走过，还是没走通。他们只有几个人就敢走，真是吃豹子胆的。"①

在云南组织三路调查队中，蔡希陶进行含有橡胶植物调查，采集到甚多样品，利用化学药品试验，分析其含胶量及其成分等，经此鉴定含胶植物多种。主要有"在金平县的勐拉、金水河一带找到了野生橡胶资源——木质藤本植物：大赛格多（*Parabarium tounieri*）、中赛格多（*P. nspireanum*）、小赛格多（*P. nlinearicarpum*）"。② 蔡希陶认为在没有橡胶树的情况下，发展藤本橡胶也为必要。在这次调查中，冯国楣在西双版纳橄榄坝暹罗华侨橡胶园发现种有橡胶树苗200余株；秦仁昌在德宏盈江发现橡胶树2株，并采得种子3颗。调查所得橡胶树苗，种植于昆明工作站温室中，后将其移植到西双版纳热带植物园中。③ 对于橡胶宜林地，此次调查得出这样结论："云南在纬度23度以南的广大山区，只要海拔在1 500公尺以下，都是无霜多雨地区，可试验种植巴西橡胶树。"④

昆明工作站组织在云南寻找橡胶植物和调查橡胶宜林地工作成绩，受到

① 蔡希陶：我的兴趣是什么，《科学之窗》，1980年第1期。
② 毛品一：蔡老轶事，《蔡希陶纪念文集》，云南科技出版社，1991年，第48页。
③ 冯耀宗编著：《大青树下——跟随老师蔡希陶的三十年》，云南科技出版社，2008年，第5页。
④ 李德铢主编：《中国科学院昆明植物研究所简史》，内部资料，2008年，第5页。

西南地区和云南省首长赞誉，表示协助增加工作站人员，并资助建设大型温室和化验室；并请工作站代为培训林木干部。为此蔡希陶撰写《在云南成立橡胶研究机构计划书》，略谓：

一、我们证明云南是橡胶树的好产区

云南的广大延绵的河谷地区，尤其是滇西南的河谷地区，因受印度洋热带气流的穿透，气温和雨量都特别高，是种植橡胶树的理想区。英帝早就在江心坡（原属云南，英美霸占）大量栽种过橡胶树，并设厂制造。现在滇缅滇泰毗邻地区，还有很多地方零星种植着橡胶树，生长情形很好，就可使我们对云南种植橡胶树这一问题得到相当的坚信。在滇越交界一带，据年老的农民报告，以前亦有法帝派人在滇桂等地收购橡胶（我想大概是野生的萝藦科和桑科植物所产的橡胶）。最近复获报告，车里、佛海一带已有热心的华侨，开始试种巴西橡胶。所有这些事实，都足以鼓励我们勇敢的在云南开辟橡胶的资源，以为全国国防和工业上的利用。

二、还要去发掘更多的野生橡胶植物

苏联和美国已积极试验推广的一种橡胶草，现在经验证明在我国新疆已有出产。云南的含胶植物，在种类上说，要多于新疆百十倍。在这许多种类中，只要我们肯发掘，肯探觅，一定有可能找到比橡胶草更理想更有价值的植物。比如我们最近在昆明附件调查的结果，发现有属于大戟科的大狼毒、小狼毒、一品红，属于桑科的缅树、地石榴，以及好几种属于菊科的草本，乳汁中都含有相当的橡胶。由此我们就已有的植物学知识去推断，云南全省发现含橡胶的木本及草本植物之种类总在三百种之多。我们必须先训练一批基本干部，分赴各地指定地区，结合农民（樵夫和牧人），大力地去采集调查。有了普遍广泛的调查以后，我们再把样品拿出来，鉴定各种含胶的量和质，并不一定可以大量繁殖推广（因为有些森林中的植物，如萝藦科的，不可能成为普遍作物一样地大量种植）。所以我们获得优良的野生植物后，还要经过试验栽培以后，才能推广、才能实用。

三、试验场是桥梁

我们在云南找到了产胶植物以后，一定要在不同气候、不同土壤分开做实际试栽工作，将某种植物的可栽培性和可推广性加以确定，才能介绍分配给农民去栽种生产。不经过试验场这座桥梁，盲目地去叫农民栽种，必将引起农民的损失。

四、设立专门机构

为了橡胶植物的调查与研究得以迅速顺利展开，我们建议在云南成立一个专业机构。为保密起见，名称上可以广泛地称为“云南经济植物研究室”，而内容则针对这橡胶植物。①

这份计划书，是蔡希陶在调查基础之上写成，其后还对研究室组织结构、经费预算等作出具体设计。但是，随着调查深入，发现橡胶资源直接来源于橡胶树，产量和质量均比来源于其他橡胶植物为高，故含胶植物研究无需进行，故此研究机构也没有设立之必要。但橡胶植物调查是蔡希陶调查资源植物的开始，其晚年尝云：“从此，我就越加自信，植物学虽是一门理论学科，但是熟悉了这门学科，用这方面的知识去寻找国民经济需要的物资和原料，是会受到人民欢迎的。所以我开始把注意力集中到资源植物方面去。这方面的科研领域在我国解放前很少有人去涉猎过的，我只是摸着路试走。由于党对我的支持和鼓励，我终于走上了这条康庄大道。”②蔡希陶研究橡胶植物计划虽然没有付诸实施，但为昆明工作站的发展埋下伏笔。1955年中科院下达基建计划，云南省和昆明市大力支持，征用土地1 164亩，建筑二幢实验楼和办公楼，研究条件大为改善，其后于1957年成立植物资源化学研究组，其研究对象已不限于橡胶，蔡希陶愿望得以实现。

橡胶调查在广东、广西之调查结果与云南大致相同，促使中国政府于1952年9月15日，与苏联政府秘密签订《关于橡胶技术合作协定》。“该协定规定：苏联向中国提供年息2%的7 000万卢布贷款，用于发展中国橡胶种植，而中国政府负责在10年内(1963年之前)使橡胶生产达到20万吨。同时中国必须从1956年7月30日起，6年内偿清苏联贷款，偿还方式在1963年大规模出产橡胶之前，中国每年需从第三国为苏联以国际市场价格代购1.5—2万吨橡胶，不足部分以钨、钼、锡、锑等原料顶替。”③该项协议之签署，促成中国大规模种

① 昆明工作站七月份工作简报，1952年7月。转引自旭文等著：《蔡希陶传》，国际文化出版公司，1993年，第84—86页。

② 蔡希陶：我的兴趣是什么，《科学之窗》，1980年第1期。

③ 姚昱：20世纪50年代初的中苏橡胶贸易，《史学月刊》，2010年，第10期。

植橡胶，开办农场。由于起初任务紧迫，许多地区橡胶垦殖工作走在学者调查、勘查、设计和规划之前，不惜砍伐大片原始森林，开垦种胶，造成环境破坏，水土流失，资源浪费等不必要损失。

1953年中国科学院与苏联科学院组成以调查云南南部橡胶宜林地为主橡胶考察队，吴征镒、蔡希陶为考察队副队长，历时三年，所到地区有云南东南部、南部和四川峨眉山，采得标本约万余号，提出云南橡胶栽培的适生条件和适生地区的报告。1954年在云南河口建立第一个橡胶国营农场，接着在西双版纳地区又兴建多个橡胶农场。多年之后，云南南部成为中国仅次于海南橡胶种植基地。在云南橡胶宜林地选择上，昆明工作站还作出独到贡献。

> 德宏自治州因气候过寒及纬度过于偏北等关系，不适宜于三叶橡胶生长，在53年橡胶宜林地调查回昆明总结会议上，中苏专家一致认为德宏自治州可以发展橡胶生产，而我站则再三强调不适宜种植，后来亦为垦殖部门同意，而为国家节省40多万元的基建投资。①

其后中苏两国交恶，致使苏联对中国橡胶事业的推动，乃至苏联植物学家在云南资源植物调查所起指导作用被隐去，而名之曰“独立自主发展橡胶事业”，这与事实有不合之处。其实，中苏签署之秘密协议一直在执行，当“1963年大规模出产橡胶后，苏联购买中国年产量的70%，购买价格低于国际市场8%”②。该项协议之所以更多考虑苏联利益，是中国以此作为对苏联援华建设的回报，而所付出之代价却相当惨重，许多原始森林从此消失。

二、中苏科学院联合调查云南紫胶

紫胶，英文名为lac，是紫胶虫之真皮腺所产生一种黄褐或红褐色的树脂类物质，具有绝缘、防潮、防水、防锈、防紫外线、粘合力强、化学性稳定等多种优良性能，广泛应用于国防工业及社会各项建设。紫胶虫分布于北纬16—32

① 昆明工作站：第一个五年计划工作总结，1956年2月6日，中科院档案馆藏昆明植物所档案，J259-033。

② 姚昱：20世纪50年代初的中苏橡胶贸易，《史学月刊》，2010年，第10期。

度之间，主产于印度、泰国、缅甸和中国。而在中国仅云南保山地区有放养。此项资源，亦吸引苏联注意，1954 年 9 月，中苏两国政府协商，决定由两国科学院合作进行云南紫胶调查。

1955 年 3 月 8 日苏联科学院通讯院士、动物研究所所长、昆虫学家波波夫(В. В. Попов)一行 7 人来京，其中有 3 位昆虫学家、4 位植物学家。据《竺可桢日记》记载，知波波夫一行在北京逗留一周，与中科院副院长竺可桢等商讨赴云南考察事宜，中方决定"由刘崇乐及赵星三副所长领队，至昆明后稍停，与省府接洽即赴墨江或另一地点为根据，从此地出至车里、普洱一带。四月底回昆明，六月中至四川峨眉采集"。[①] 刘崇乐(1901—1969)，福建闽侯人。1916 年入清华学校，1920 年赴美国留学，入康奈尔大学，1926 年获博士学位回国。历任清华大学、东北大学、北平师范大学等校生物系教授兼系主任。抗日战争时期在昆明组织清华大学农业研究所昆虫组工作，此时任中科院昆虫所研究员。赵星三为昆虫所副所长。3 月 12 日中科院常务会议，讨论通过 1955 年"中国、苏联科学院紫胶虫和紫胶合作研究工作计划纲要"，纲要分为工作目的、工作项目、工作地点、工作日程和预期结果五项。其工作目的乃是"扩大紫胶产区，增加紫胶产量而为中苏两国发展紫胶工业服务，并结合这一工作适当地进行动植物区系调查"。[②] 由于有植物区系调查内容，中科院植物所派昆明工作站参加。17 日考察队一行离京赴昆，到达昆明之后，昆明工作站蔡希陶即加入其中，任中方副队长。此次考察至当年 8 月结束，考察采用点线结合方式，在云南行程 8 343 公里，"离开云南后又去四川峨眉山调查动植物区系，并赴广州、上海等地考察标本收藏"。调查队返回北京后，22 日刘崇乐向第 35 次中国科学院院务常务会议作"中国、苏联科学院紫胶工作队工作报告"，汇报工作经过、调查结果和发展意见。其主要成果：一是摸清紫胶在云南分布范围，在北纬 21—25 度之间，几乎占全省 1/3 面积，主要集中在元江、李仙江、澜沧江、怒江、瑞丽江及其支流的河谷地区。在这些地区中，紫胶虫主要分布在海拔 500—1 500 米半山地带，而以 600—1 300 米最为适宜；二是了解紫胶虫生活习性，寄主植物和天敌，在云南大部分地区每年发生两代，已知寄主植物有 115

① 《竺可桢全集》第 14 卷，上海科技教育出版社，2008 年，第 47 页。

② 《中国、苏联科学院紫胶虫和紫胶合作研究工作计划》，载《中国科学院年报》(1955 年)，第 325 页。

种。[①] 此次调查,还促使在云南景东建立紫胶工作站。

8 月 25 日苏联专家离开北京回国,《竺可桢日记》所记苏联专家离京之时甚匆忙,“中午赶到车站送别 Попов 等。张副院长、秦主任等早已到站。紫胶团团员七人中 Шероиов 因病已先走,其余六人 Попов 团长也患心脏病,面目憔瘦。此次医生本定要他再等几天,但队员大家不愿,所以由院派了护士同行至满洲里。今日到站送行尚有昆虫所刘崇乐、陈世骧,植物所钱老等”。[②] 由此可知考察之艰辛,几个月后,苏联专家均疲惫不堪。

第二年,中苏云南紫胶考察继续,只是考察规模、考察范围均有较大扩大,故考察队更名为中苏云南生物综合考察队。苏方队长仍为波波夫,在波波夫缺席时,由伊万诺夫担任,其成员共有九人。中方队长仍然是刘崇乐,副队长则是吴征镒、蔡希陶,另增加行政副队长孙冀平。考察队分为紫胶组、气象组、理化组和生物资源组 4 个组,双方各推举组长。考察队员共计 122 人,由 30 个单位人员组成,其中来自中国科学院 9 个、苏联科学院 4 个、中央与省属机关 9 个、高等院校与医院 9 个。5 月 5 日苏联 9 名队员抵京,12 日苏联队员偕北京中国队员一同赴云南。

考察队在云南工作至 7 月初结束,各小组渐次到达昆明后,即进行总结,并于 7 月 17 日向省方汇报。返回北京之后,8 月 18 日中国科学院召开总结会议,听取刘崇乐所作报告。此仅介绍紫胶组之工作成绩。“通过这次考察,在云南的胶蚧科从 1955 年调查所得的 3 种增加到 5 种;紫胶虫寄主植物从 1955 年的 43 种增加到 117 种,紫胶虫的地区分布调查记录,也有补充,分布地区共 33 个县,最北为丽江专区的泸水县,位置在北纬 26 度以下。”[③]基于此,专家认为在云南发展紫胶工业甚有前途。蔡希陶在考察之中,还对紫胶虫寄生植物生长条件和分布地区予以调查,为扩大紫胶生产提供了根据。[④] 其后,1957 年七八月间,苏联将紫胶虫与寄主植物一并引种而去,并获得成功。

关于考察队之于植物考察,见下节所述;而考察队之于动物考察则略而不述。

---

① 《中国科学院动物研究所简史》,科学出版社,2008 年,第 115 页。

② 《竺可桢全集》第 14 卷,上海科技教育出版社,2008 年,第 159 页。

③ 中科院动物所简史编委会:《中国科学院动物研究所简史》,科学出版社,2008 年,第 116 页。

④ 昆明植物所:蔡希陶同志先进事迹材料,1959 年 5 月,中科院档案馆藏昆明植物所档案,J259 - 043。

昆明工作站在野外紫胶考察结束之后,还在室内进行紫胶理化性质之测定。此系在中科院综合考察委员会支持下,化学实验室得以充实,对紫胶虫不同寄主所产紫胶的理化性质予以测定,发现各种间无巨大差别;还对紫胶净化提供一种新的方法,可能有工业上的生产价值。

三、中苏联合云南生物资源综合考察

在1955年中苏组织云南紫胶考察之时,苏方所派植物学家,对云南植物尚不十分了解,所以提出在云南紫胶考察完成之后,往四川峨眉山考察植物。在四川考察时,中科院植物所请四川大学生物系方文培陪同考察。也许是中苏植物学家在云南考察紫胶时,见到云南动植物种类之丰富,故于1956年在继续紫胶调查的同时,将视野扩大到地质、地貌、土壤、气候、植被、动植物区系和生物资源等领域,扩大规模,组建生物综合考察队。

需要指出的是中国与苏联合作进行考察,还在于其时中国科学研究水平还甚落后,通过合作,不仅可以解决实际问题,还有利于专业人才培养,掌握研究方法。就中国植物学而言,以现代科学方法作植物区系调查与研究,以其中之高等植物研究为最早,但其历史也不超过三十年,各级研究人员仅百余人,其中在副教授级以上者35—40人;而低等植物研究者则更少,仅有几人。通过近三十年积累,收藏了一定数量的标本和文献,但远不够需要。此前出版了一些期刊和专刊,但全国植物志还未开始编纂,而地区植物志,除一二地区的高等植物外,也还未曾刊行,理论性的工作更是有限,国内未经采集调查的空白地区甚多。而于植被研究则注意不够,仅在作植物分类调查时,附带加以观察。而在科学先进国家,如苏联、美、德、英、法、日本等,植物区系的调查早已完竣,出版了多种植物志和经典著作,并已进入世界性专志的研究。苏联在帝俄时代,积累了不少资料,自十八世纪起即开始编纂各种植物志。在高等植物方面,全苏植物志已接近完成,此外还完成所有地区和多种资源植物志和手册。关于系统发育的系统学说,在近十年也有辉煌成就。在低等植物方面,也有不少研究成果。在地植物学和生态学方面,其时中国学者认为苏联研究最为全面,与实际也最为结合,已出版1/400万实测植被图和全苏植被,研究所、研究站在各处设立,除致力于荒地调查,建立饲料基地、营造防护林等专题外,主要致力于第三、第四纪植被发生和演替。而于欧美等国之植被研究,中国学者则认为其陷入唯心论。

苏联专家来华，曾就地植物学、森林学、自然区划、综合考察、禁伐区等问题多次作系统报告，并在考察旅途之中，回答中国年轻学者之问题。[①] 因而竺可桢也说在植物生态及地植物学领域，“全国估计只有八个人可领导这方面的研究工作，并且其中大部分忙于行政或教育工作，没有进行系统的专门研究。发展这门学科，主要应派人去苏联学习或请苏联专家来华合作研究”[②]。此系竺可桢在中南海怀仁堂向毛泽东等中央领导人所作报告，所言甚直白。

中科院植物所王文采参加此次综合考察之植物区系考察，考察结束之后，与中方副队长吴征镒合写《云南热带亚热带地区植物区系研究的初步报告》。在《王文采口述自传》中，记有此行中令其难忘之经历，转录至此，藉之可知在外考察之情形。其云：

> 我和陈灵芝在1956年5月到了昆明。联合考察团中方团长是动物所昆虫专家刘崇乐先生，苏方团长也是一位昆虫专家，吴征镒先生是副团长。参加植物区系的队员由昆明植物所和云南大学生物系的一些植物专家组成，苏方是柯马洛夫植物所三位专家费德洛夫、林契夫斯基、基尔皮茨尼柯夫和一位年轻的昆虫专家组成。调查区域选择云南东南部屏边大围山一带。我和昆明所李延辉先生先到屏边东邻的马关县采集，那里山谷中的热带雨林极为茂密，其林层结构和植物种类，都比1953年在广西大青山看见的丰富复杂。低山山坡上散生的高大的董棕 *Caryota urens*，形成了一种独特景观。在雨林中，多数高大乔木都是光滑、浅绿色的树干，枝下高度很大，很难攀援。向上望去，不要说花、果，就是叶子的形状也不容易看清楚。看到这么丰富的植物区系，我真的成了“刘姥姥”进入大观园，绝大多数树种以及灌木，草本都不认识。在马关工作六、七天后，我和

① 侯学煜、王献溥、陈灵芝、杨宝珍、陈昌笃整理：苏卡切夫院士在我国考察期间所谈到的关于地植物学及其相关问题的一些意见。《地理学报》，第22卷第3期，1956年8月。1956年2—4月，苏卡切夫率苏联科学院森林研究所一行4人到中国四川、云南、广东、和海南岛等地考察，并在北京作学术报告。本文作者系聆听报告并跟随考察，后将所得，记录整理成文，刊载出来，乃是为有更多学者参考。

② 竺可桢：中国生物学地学的发展状况与前途，1956年1月21日，《竺可桢全集》第3卷，第282页。

李延辉来到大围山。考察团在近中山的坡上修建了不少茅草房，才能容纳下数十名考察队人员。我和李延辉带了林场的五、六位小青年到了近山顶的一片小林中搭起帐篷，在附近林中采集。一天，几位苏联专家也来到这个小营地，林契夫斯基先生从营地向外望去，看到那一片望不到边的密密山地常绿阔叶林时，不禁连声赞叹道："真是一片林海啊！"接着一天夜间大雨倾盆，帐篷已被摧毁，在第二天早上我们只好返回大本营。之后听云南大学胡嘉琪说，昨夜雨实在太大了。她的鞋都给雨水冲走了。在这种情况下，吴先生只好做出撤退的决定。在全队下山途中，经过来时走过一段二三百米的山谷，只见那山谷原来密茂的森林已全部被冲到山谷中，多数下卧的树干杂乱的覆盖了整个山谷，看到这样景象，对那暴雨的巨大威力，感到一种未曾有过的恐惧。考察团从大围山转到金平县的老山，以后到了河口，即乘车返回昆明，我在七月初返回北京。①

蔡希陶属于植物资源组，工作站参与此项工作人员共有 5 人。在一份蔡希陶"1956 年研究课题总结"中，有关于此次调查的文字。其云：

4—6 月，地区是金屏、河口、屏边等县，作了植物资源的普通调查，代橡胶 9 种、油料 19 种、芳香油 16 种、纤维 16 种、药用 21 种、淀粉 8 种、染料 5 种、水果 29 种。对于当地特产的芳香油料植物、苹果、山奈、香草等，进行了较详细的观察和访问。

这是从纯粹植物学开始转移到为生产建设服务的初期工作，所以一切还感生疏。资源调查牵涉学科很多，如对分类、地理、生态、生理、栽培以及化验分析等，缺少这些方面的专门人员配合，便不容易达成得全面。②

从这段文字可知蔡希陶已将自己学科方向转移到植物资源学，但尚未完成。此种转移虽是为完成国家任务，但与蔡希陶一贯关注经济植物相一致；此

① 王文采口述，胡宗刚整理：《王文采口述自传》，湖南教育出版社，2009 年，第 85 页。

② 蔡希陶等 5 人：1956 年研究题目总结——云南南部热带植物资源调查，中国科学院昆明植物研究所档案。在总结中，蔡希陶还列出是年在中苏联合调查结束之后，其"在 11 月往西双版纳，继续 1955 年所作樟树调查，对十余种樟树做出了含樟脑及樟油的测定。十二月往武定县，也是专门调查樟树"。

种转移也促使昆明工作站在从事植物调查等既有学科之外,增设植物化学。1957年昆明工作站设成植物资源化学组,由蔡希陶兼任组长,并兴建实验室,请彭加木为之设计。当1959年工作站上升为研究所时,该组也升格为研究室,室内已有植物分类、形态、植物化学等方面人员。此系另话,还是回到中苏综合考察队上来。

1956年8月18日在北京召开考察总结会上,苏联专家伊万诺夫、费多罗夫、施尼特尼科夫、克雷然诺夫斯基认为云南地区生物资源极其丰富,特别是热带植物,应该在云南进行系统的气候学、植物病理学和热带植物研究。会议认为此次中苏科学家的合作,为中苏两国的科学合作树立了一个典范和作出了重要贡献。此项考察,也影响其时国务院科学规划委员会正在编制《1956—1967年科学技术发展远景规划》。该规划是在苏联专家指导之下编制完成,其中第一项"中国自然区划和经济区划"、第三项"西藏高原和康滇横断山区的综合考察及其开发方案的研究"、第五项"我国热带地区特种生物资源的综合研究和开发",均与云南生物资源有关。每一项中均有若干中心问题,系由竺可桢约请有关科学家为之撰写。

1957年1至6月,中苏科学院云南生物考察队继续进行。苏方领队改由苏联科学院院士、森林研究所所长,森林学及地植物学家苏卡切夫(В.Н. Сукачев,1880—1967年)担任。中科院派承担动物区系调查之22人,由张荣祖率领,于1月12日先行由北京出发。1月21日,竺可桢在北京约吴征镒谈来华考察苏联专家事,《竺可桢日记》云:

> 下午约吴征镒谈Сукачев院士等四人于二月十日到后如何安排工作,同时谈植物区系和紫胶虫工作的日程的安排。据现在计划,植物区系和紫胶虫我们请七位专家,即Иванов伊万诺夫(鸟类)、Федолов费多洛夫(植物)、Щнитников什尼特尼科夫(气候)等。目前尚无确切消息,希望能和Сукачев于二月十日同时到北京。暂定一个日程,由吴征镒写信通知。①

2月9日苏卡切夫一行11人乘坐Tu104飞机抵达北京,竺可桢、钱崇澍、

① 《竺可桢全集》第14卷,第501页。

图 4－6　中科院植物所欢迎苏联专家（前排左起侯学煜、夏纬琨、钟补求、汪发缵、吴征镒、苏联林业研究所专家、林镕、秦仁昌、**Федолов**（费多洛夫）、钱崇澍、**Сукачев**（苏卡切夫）、**Щнитников** 什尼特尼科夫、胡先骕、唐进、俞德浚、□□□、王伏雄、吴素萱、关克俭、姜纪五）

林镕、吴征镒、秦仁昌、陈世骧、刘崇乐等前往机场迎接。12 日晚中科院院长郭沫若在北京饭店约请苏联专家晚膳。在京期间，恰逢中科院植物所学术委员会成立，苏卡切夫、费德洛夫等七位苏联科学家也应邀参加大会，共作六篇学术报告。随后苏卡切夫等在竺可桢陪同之下，往广东及海南岛参观考察；另一部分动物学、昆虫学专家在刘崇乐率领下赴昆明，再往景东考察。3 月中旬在广州召开华南热带资源开发科学研讨会，中科院有竺可桢、侯学煜、吕炯、吴征镒、蔡希陶等出席，苏联专家也参加。在会上吴征镒讲华南植被类型，蔡希陶也有发言，介绍云南经济植物。《竺可桢日记》记蔡希陶发言云："云南省三分之一地区有紫胶虫寄生树，所用不及 1%。八十多县生樟树，亦未利用。去年收买即得四百吨。"①可知蔡希陶所关注者，依然是植物资源之利用。会后 3 月 15 日吴征镒、蔡希陶陪同苏联专家从广州飞往昆明，20 日抵勐海。中方队长仍为刘崇乐，副队长也仍为吴征镒、蔡希陶。是年考察规模，此摘录《云南南部地区综合考察简要计划》，可知概要。

---

① 《竺可桢全集》第 14 卷，第 536 页。

中国科学院与苏联科学院组织云南综合考察，是在上年中苏合作云南紫胶调查工作的基础上的扩大。全队中方业务人员共约88人，18人往景东，其余则在南部工作；苏方共有11人，3人在景东，余者在南部。除业务人员之外，尚有翻译、保卫、行政事务、医务、司机、炊事、采标本挖土坑伐木等人约60人，均在南部工作，仅小轿车便派定3辆，以供苏联专家交通之用。中方参加知名的科学家还有：云南大学的曲仲湘、南京大学的任美锷、中科院动物所郑作新、中科院昆明植物所蔡希陶、冯国楣等。考察任务：一是在景东继续研究有关紫胶生产的科学问题；一是在云南南部调查该区的自然环境条件，如地貌、土壤、植被，以及生物资源。①

这份《简要计划》显示，20世纪50年代所开展的生物资源调查都是在非常保密情况下进行，中方参加人员应是得到执政者充分信任，但是，并不是所有参加人员均可得阅这份《简要计划》，通晓全盘情形，大多数人或者仅知自己之计划。② 此次考察，为绘制万分之一至五万分之一各种详测图，选择元江（热带草原）、小勐养（热带雨林及其他森林）及勐海（热带种植地区）三大据点测量对照，每点面积15—20平方公里。生物资源调查在昆打公路沿线之元江、普洱、

图4-7 中苏生物资源考察团在云南（前排右三起吴征镒、蔡希陶、苏卡切夫）

① 中科院植物所：《云南南部地区综合考察简要计划》，中国科学院植物研究所档案，A002-114。

② 胡宗刚著：《西双版纳热带植物园五十年》，科学出版社，2014年，第16页。

思茅、允景洪(车里)、勐海(佛海)等处,选择 5 个大据点,12 个小据点进行,植物资源调查以勐海为重点。考察分三个小组,动物区系有业务人员 22 人,由张荣祖率领;植物区系由冯国楣率领,有业务人员 18 人;植物资源组由蔡希陶率领,有业务人员 6 人。组织如此庞大考察队,虽然有严密组织,但限于条件,以致设备不敷应用,竺可桢便认为考察内容过于笼统。

6 月 24 日考察队主要人员在北京向中科院汇报,《竺可桢日记》:“上午招待云南考察团苏联专家,今日中方到者仅吴征镒、刘崇乐、吕炯和石湘君。刘先报告今年紫胶虫工作……。次吴征镒报告了云南植物区系。目前车里垦殖场、普文农场有滥伐森林之危险,佛如在一片火海之中云云。”“一片火海”景象形成之原因,是此时国家已从内地移民至西双版纳,设立多个垦殖场,砍伐热带雨林,种植橡胶所致。

第五章 DIWUZHANG

1959 年后昆明植物研究所略史

1958 年中国科学院昆明植物研究所成立,该所在大跃进运动中迅速壮大,且领导着西双版纳热带植物园和大勐龙森林生物地理群落定位站。其后,随着社会政治、经济波动,诸机构几经改隶变迁,昆明植物所 1970 年下放到云南省,最后于 1978 年重新归属于中国科学院。此后,云南植物学研究仍在其领导下,还曾倡导创立中科院昆明生态研究所。1996 年中科院对云南植物研究机构再次调整,形成昆明植物所和西双版纳热带植物园并存之格局。关于昆明植物所历史,该所于 2008 年编写《简史》,虽名之为简史,实是一部完整之历史,对研究成就、人才培养、机构变迁均有详细之记述。本书在参考《简史》之余,翻检该所部分档案,在《简史》之外,再作一篇名副其实之简史,但愿没有太多重复耳。

第一节　隶属于中国科学院

一、所长吴征镒

中科院昆明植物所成立之后,中科院任命吴征镒为所长。吴征镒 1949 年末进入中科院后,任副所长,对中科院植物分类所组建贡献良多。1955 年当选中国科学院学部委员,时年三十九。自中国与苏联在中国,尤其是在中国云南开展植物资源调查,吴征镒作为中方主要人员参与其中,多次回到其所熟悉的昆明,并深入滇南参与考察。1959 年调任昆明植物所所长。吴征镒来昆明,无论对其本人,还是对昆明植物所都是重要转折,其晚年对此选择如是言:

图 5－1　吴征镒任中国科学院昆明植物所所长

> 1958年年终在云南继续考察后，回到北京时姜纪五同志已调植物所任书记和副所长，他热心于亲自抓植物资源组的工作。我已年逾不惑，亟思寻一安身立命的场所有所建树，才对得起这一“学部委员”的头衔。我遂毅然请示调往云南昆明，与蔡希陶合作建一新所，在植物学研究上了我夙愿。得科学院党政领导首肯，乃正式调往当时新设立的由刘希玲领导的云南分院。该年浦代英已先调昆明，我去后就形成领导班子。从此，是我参加领导植被调查工作十年，而后又领导植物资源组工作四年，至此又回到分类区系工作上来，从而完成了“一波三折”的我一生中的大转折时期。①

按照其时中国科学院对中国植物学研究事业之布局，中科院植物研究所是中国植物学研究中心，聚集植物学家也最多，研究平台更大，研究者施展的空间也更大。而昆明植物所偏于一隅，且新成立，无论经费、设备、人才均无法与中科院植物所相比，惟占据植物资源丰富优势。吴征镒来云南，与蔡希陶一同将植物资源优势不断释放出来，将昆明植物所、西双版纳热带植物园建成具有国际声誉的研究机构，此乃蔡希陶、吴征镒之于中国植物学事业最大之贡献。

昆明植物所之主要任务是研究开发利用云南极为丰富的植物资源，包含植物分类、生态、植物资源化学和植物栽培等方面的综合研究所。据此，1959年8月昆明研究所在设置所内机构时，除办公室外，还设有分类研究室、野生植物利用研究室、地植物研究室、昆明植物园、西双版纳热带植物园、丽江高山植物园、图书馆和中间工厂，代管热带森林生物地理群落定位站。全所职工232人，其中高级研究人员4人、中级研究人员3人、初级研究人员41人，技术员27人、助理业务人员70人、工人87人。各机构负责人如下：分类研究室由所长吴征镒兼室主任，李锡文为兼职秘书；地植物研究室由所长吴征镒兼任室主任，刘伦辉任兼职秘书；野生植物利用研究室由蔡希陶兼任主任，周俊兼任秘书；定位站由云南大学教授曲仲湘任站长；昆明植物园由副所长浦代英兼主任；西双版纳热带植物园由副所长蔡希陶兼主任、周凤翔为副主任；丽江植物园由冯国楣负责；图书馆由所长吴征镒兼管。如此安排，似乎昆明植物所人才缺乏，几乎无人可以承担中层领导，故由所级领导兼任；同时也说明用人之谨

① 吴征镒：九十自述，《百兼杂感随忆》，科学出版社，2008年，第48页。

图5-2 1960年植物化学研究室人员在植化大楼前合影(右起俞筱峰、丁靖凯、周俊、聂瑞麟、克里木、杨雁宾、蔡宪元、唐绍来、秦润宝、欧乞鍼)

慎,而一些优秀年轻人,也仅能担任学术秘书;其实,未必竟然,仅野生植物利用研究室有蔡宪元即可担任室主任,只因其已被打成"右派",弃而不用。

蔡宪元(1903—1972),山东高密人,1921年赴美留学习化学,1925年获阿腰阿省立大学硕士学位。1928年回国,曾任大学讲师、副教授、教授、工厂工程师等,1941年后任资源委员会委员,酒精厂厂长;1945年为东北工矿接收大员,沈阳化工厂副厂长、厂长;1949年到昆明师范学校任教授、理化系主任;1956年昆明工作站建立野生植物利用研究室,来所工作。由其简历可知,其家庭出身应为地主,本人是国民党党员,即便如此,也只是技术官僚。当社会价值发生根本改变之后,有如此经历之人,自不被信任,蔡宪元在工作站的技术职务为副研究员,已属降级使用。但进工作站后,蔡宪元即主持云南樟精油化学成份研究,发现多样性苗头,许多年轻人跟随其学习。1963年在一份蔡宪元"自我鉴定"上,其言"在芳香油工作中,以为大家都是边学边做,快了怕出漏子,样品搞完了,得不到结果,不好向上级交待,所以自己经常嘱咐青年同志们,慢慢搞,使工作出现拖拉现象。"[①]这是一份带有自我批评的鉴定,从中可见

① 蔡宪元:干部鉴定表,1963年12月,中科院昆明植物所档案。

蔡宪元乃是实际工作的主持者。1964年后蔡宪元在《药学学报》等刊物上发表系列关于云南樟科植物精油研究论文，且发明多项专利。

此时就任的研究室学术秘书均为可以造就之才，成长起来之后亦可成为昆明植物所之栋梁，且长期担任研究室主任或研究所所长，此先介绍李锡文、周俊两位。

图5-3　李锡文

李锡文（1931—　），原籍广东省新会县，出生于越南西贡市。1947年归国就学，1954年于河北农学院毕业，分配至昆明工作站。李锡文在植物的分类学研究中，发现了4个新属、147个新种和47个新变种，并对樟科等的专科分类研究有独特见解，其中《中国唇形科植物的分类、地理分布和进化》获国家自然科学二等奖。李锡文是《中国植物志》编委、*Flora of China* 中外联合编委会中方编委。2009年《中国植物志》获国家自然科学一等奖，李锡文为十位获奖代表之一。

周俊（1932—　），江苏东台人。1958年毕业于华东化工学院制药工程专业，分配来昆明植物所，参与由蔡希陶、彭加木筹建野生植物利用研究室，1999年当选为中国科学院院士。其系统研究了中国山毛榉科、薯蓣科、人参属、重楼属、白前属、

图5-4　周俊在实验室

乌头属及石竹科9属的酚类、萜类、甾体、生物碱和环肽，发现新化合物296个，其中新类型5个。系统开展了药用植物水溶性成份配糖体研究。对石竹科植物环肽研究，发现新的环肽化合物66个，并提出检测植物环肽的新方法。提出“中药复方的物质基础与作用机制是天然化学库和多靶作用机理”的新观念。

吴征镒来云南是举家迁来，夫人段金玉从事植物生理学研究，来云南之前曾为北京大学生物系李继侗之助教；此时，又有木材学家唐燿自北京中国林业科学研究所调来从事云南木材研究，其不仅是静生所旧人，还是吴征镒中学时期之老师。由于段金玉、唐燿加入，昆明植物所在1960年又成立植物生理研究室和木材研究室，由他们分别主持。

二、经济植物普查

1959年初，由中国科学院与商业部联合提议进行全国资源普查，4月7日国务院发布关于利用野生植物的指示，7月初在北京召开植物学会全国代表大会，即为贯彻国务院指示。9月新任昆明植物所所长之吴征镒遂组织7个分队，开展对云南植物普查。李锡文率队赴昭通、蔡希陶率队赴文山、武素功率队赴玉溪、王文采率队赴大理丽江、黄蜀琼率队赴楚雄、陈介率队赴德宏、朱太平率队赴临沧。此中朱太平、王文采、陈介、武素功系中科院植物所员工，被吴征镒临时招来云南工作，以补充人手不够；但吴征镒还想他们能留下，长期在云南工作。后陈介、武素功留下，成为昆明植物所中坚力量。

图5-5　陈介

陈介(1929—2011)，广东番禺人。1953年毕业于广西农学院林学系，分配至北京中国科学院植物研究所，1959年调至昆明植物所，主要从事植物分类、地理及资源研究，代表论著有《四棱草属系统位置问题的探讨》《欧亚大陆活血丹属及其邻近属的关系》《国产酸脚杆属与印度板块漂移》《山豆根属植物订正兼证华莱士线》《野牡丹科植物与蜂类某些类群的演化关系初探》等，在传统经典分类学研究的基础上，较早采用与植物形态、孢粉、古地理及分布区等相结合，综述和探讨植物与植物、植物与昆虫之间的起源、发生、进化、衍化、亲缘及系统位置等的问题，对中国植物区系地理、区系成分、印度板块漂移、生物地理线划定，作出论证。参与编写《中国植物志》《云南植物志》《云南树木图志》，主编《云南省志·植物志》等。

武素功(1935—2013)，山西太谷人，1951 年至 1955 年入伍，任文化教员，转业后在北京中国科学院植物所工作，1961 年到昆明植物所。武素功虽为行武出身，但在工作中学习，成为植物学家，致力于植物分类学和植物区系地理学研究，参与《中国植物志》《云南植物志》《西藏植物志》和《横断山维管束植物》的专著的编写，发表论文 50 余篇，出版专著 2 部。武素功更是勤于采集、出生入死，填补了许多植物学考察的空白，获得大量珍贵植物标本，累计达 10 万余号，其中包括蕨类新属 2 个，300 多个新种和不计其数的新分布类群。

图 5-6　武素功

植物普查各分队陆续于是年年底或翌年年初返回昆明，对所得标本予以鉴定，编写记录卡等，对 500 余种植物原料作了化学分析。在 1959 年 3 月 9 日召开全体人员会议，总结并交流普查成绩，为编写《云南经济植物志》作准备。其后，《经济植物志》很快进入编写阶段，还准备在 1959 年 10 月作为国庆十周年献礼项目；还于 7 月底又派出 3 支普查队赴西双版纳、丽江、景东考察；另与四川、贵州有关机构协作，在川贵两省普查。前后共有 35 人参加,参加单位还有昆明师范学院、云南省商业厅等,共采得标本5 645号。并且向商业部门提出许多新的有经济价值的芳香油、烤胶、纤维等植物原料。但《云南经济植物志》至1960年虽已编纂完成,等待付印,然最终未能出版。

植物资源调查由分类研究室承担,除此之外,还对植被类型予以调查,由地植物研究室进行。在1959年,地植物研究室除参加普查外,还与云南大学生物系协作,完成西双版纳植物调查总结的编写和绘制40万分之一的植被图;完成六个样品的土壤腐殖质组成分析。

昆明植物所事业也并非如其在大跃进热潮中所预料那样"跃进",当热潮退却之后,国民经济陷入困境,甚至出现饥荒,国家对科学的投入必然减少,昆明植物所事业即受影响,好在西双版纳热带植物园对发掘野生植物资源之重要,继续得到国家支持,所以在1959年昆明植物所减员下放,即将精简20多人下放至西双版纳植物园。1960年底昆明植物所再次检讨工作,以战线太长,造成工作不当,且陷入难以掉头等困境。

但在1960年国民经济出现严重问题,饥荒在全国蔓延。昆明植物所在继续先前的研究项目基础上,还开展面向农村,为农业服务的项目,开展以橡子、滇橄榄、松针、槐叶等野生植物代食品的研究。野生油料植物油渣果引种栽培试验。编写《云南野生食用植物》及《云南有毒植物》两本小书,共介绍470种植物,作为群众在寻找野菜救荒时鉴别是否可以食用时参考。还有人造肉试验、小球藻培养等。

三、一度改名为中科院植物所昆明分所

西双版纳植物园之重要,促使蔡希陶大约在1960年下半年亲自驻园领导,并迅速将研究工作开展起来,有油渣果繁殖及栽培研究,无性扦插繁殖获得成功;芭蕉生物学及繁殖利用研究,以实现芭蕉代替粮食;橡胶多层多种经营及幼林期胶粮兼作试验;引种可可、胡椒、咖啡、椰子等主要热带经济植物。热带植物园成绩之显现,于是中科院云南分院在1961年12月9日对西双版纳植物园领导关系作出变更,即自1962年1月起,西双版纳植物园仍为昆明植物所的分支机构,名称仍然为中国科学院昆明植物研究所西双版纳热带植物园,但植物园的编制经费、基建器材、人员调配等,由分院直

接管理,[①]以此再度提高植物园的地位。对于大勐龙群落站、丽江植物园则仍由昆明植物所直接领导和管理。

关于西双版纳植物园和大勐龙定位站之创办在本书另外章节将有详细记述,此仅简略介绍丽江植物园。该园也在1958年年底开始筹建,园址选在玉龙雪山脚下,原计划面积1万亩,研究方向为引种驯化高山地区的森林园艺植物、牧草和药用植物。1959年7月由冯国楣等7人至丽江,除进行基建外,还外出至德钦、中甸、贡山等地进行植物资源普查及收集种子、苗木和标本。至1960年6月开辟园地8亩,栽培以薯蓣为重点的40多种药材,并拟整理订正约400多种云南高山药用植物名称。至1963年,有职工11人,利用土地30余亩,经过三年观察试验,获得薯蓣栽培相关数据资料,探明滇西北野生薯蓣属植物的种类、分布、蕴藏量等。仅此而已,远未有西双版纳植物园那样发展规模。

图5-7 1962年,吴征镒(二排右三)陪同陈封怀(前排右五)、俞德浚(前排右三)访问丽江高山植物园,与员工合影(二排左三为冯国楣)

1961年开始,中科院在精简机构,而云南分院对西双版纳植物园领导却予以加强。事实上,若无有力之领导,在西双版纳其时之社会条件下,植物园是难以建立。但昆明植物所与中科院其他研究所一样,为纠正大跃进运动带来的偏差,对研究所重新定方向、定任务、定科室。这是中科院下达科学研究工

① 云南分院党委办公室:关于勐仑植物园领导关系问题的通知,1961年12月21日。中科院档案馆藏昆明植物所档案,J259-068。

作“十四条”和“七十二条”所要求的主要内容。昆明植物所经反复多次讨论，直至 1962 年 2 月，确定如下研究方向：

> 全所主要发展方向有两个方面：一是研究合理开发利用云南热带、亚热带山区的具有特色的重要植物资源，开展植物化学、生理、栽培学研究，近期从木本粮油和特种药物、芳香油入手，系统的扩大资源和积累基本理论资料；一是围绕云南热带、亚热带的山地合理利用问题，开展植物群落类型及其演替规律的研究，和生物地理群落的研究（包括天然的和栽培的）。近期以云南植被区划，热带森林生物地理群落定位研究和橡胶及热带主要经济林的多层多种经营试验为主。①

昆明植物所新的方向与先前并没有大区别，只是更加注重现实问题。方向确定之后，即是定科室，作如下调整：

1. 高等植物分类和地植物研究室：由原分类室和地植物的植被组合并组成；

2. 植物化学研究室：即原野生植物利用室；

3. 植物生理研究室：即原生理室和昆明植物园经济植物组合并组成；

4. 植物栽培研究室：即原昆明植物园和丽江植物园两部分组成，原植物园作为试验场，丽江植物园以引种场形式存在，但两植物园对外名称不变；

5. 西双版纳热带植物园包括两个研究室：一是热带植物引种驯化研究室，一是生物地理群落研究室，包括原地植物室的土壤、小气候、群落站等。

如此调整，整个事业已是萎缩不小。但在 1962 年调整之中，还有更大隶属关系变动，6 月 25 日中科院通知昆明植物所云：“经 1962 年第一次院务常务会议审查通过，并经国家科委批准，你所作为植物研究所的分所，定名为‘中国科学院植物研究所昆明分所’。”②今不知中科院是基于何种原因作出此项决定，似乎事前并未酝酿，也未对具体管理事项作出如何交接，而此时云南分院在办理撤销事宜，昆明植物所甚为迷惑，故致函中科院计划局，请予指示。其

① 中科院昆明植物所：关于“五定”方向、任务的意见（草稿），1962 年 2 月 19 日，中科院档案馆藏昆明植物所档案，J259－084。

② 中科院(62)院计字第 404 号，1962 年 6 月 25 日，中科院档案馆藏昆明植物所档案，J259－074。

图 5－8　1960 年代初期昆明植物所人员合影(前排右一冯国楣，右三起周光倬、唐燿、吴征镒，右七蔡希陶)

云:“我所作为植物所的分所后，其领导关系是全盘属植物所领导，还是只在研究业务领导方面归口植物所，其他人事、财务、业务计划等分口归院部各有关局？请予明确指示。”[①]为此昆明植物所还派办公室主任晋绍武赴北京交涉，与计划局局长和植物所姜纪五副所长商谈，结果是昆明分所之财务、器材、干部管理等同归中科院有关局直接办理。由于云南分院被撤销，西双版纳植物园又隶属于昆明分所。

经此调整，在贯彻执行“十四条”及“七十二条”后，昆明植物所在此后几年中以研究工作为中心，以出人才、出成果为目的，以任务促发展，至 1964 年全所共有研究课题 67 项，其中下列十项课题预计可以得到成果，即列为重要工作。

1. 蔡希陶：油瓜的研究；

2. 吴征镒：唇形科植物志；

3. 唐燿：热带及亚热带木材；

4. 蔡宪元：樟科精油成分研究；

① 昆明植物所致中科院计划局函，1962 年 7 月 7 日，中科院档案馆藏昆明植物所档案，J259－074。

5. 冯国楣：茶花图谱；

6. 高梁：热带植物与土壤环境；

7. 张育英：蕉麻的无性繁殖；

8. 朱彦丞：亚高山草甸及针叶林的分类和利用；

9. 吴征镒：热带亚热带植物区系成分的研究报告Ⅲ及Ⅳ；

10. 翟萍：云南植物资源的分区评价及其分布规律。[①]

仅以此十项重点项目而言，研究内容即有应用研究，也有理论研究。其时，科研为生产服务为基本方向，所以 1962 年昆明植物所在“三定”中将理论研究归为“积累基本理论资料”，如同在狭缝中生存。但在执行过程中，却超出其范畴，此中应归为所长吴征镒学术追求所致。1958 年吴征镒来昆明自言是“折节读书”，实是其学术方向已定；一旦条件许可，即为之努力，同时也率领研究所朝此方向，并形成学术研究氛围，此乃昆明植物所能走向植物学前沿的精神传统。且看吴征镒其时一段讲话：

> 我们所的任务是与植物界作斗争，这不外两个方面：1. 利用植物的各个种进行研究，以种为对象，也就是开发利用热带亚热带的植物资源；2. 植物在自然界的表现形式不是以孤立的个体出现的，而是结合成了一定的群落。所以要进一步研究植物群落，利用群落来发展植物种的可能利用的限度。所以我们要明确这两方面，明确我们的作战对象。

贯彻十四条，经反复申请，1962 年 8 月昆明植物所招收 1 名研究生，导师吴征镒招收高等植物分类及植物地理专业，录取西北大学生物系植物专业本科毕业生陈书坤。贯彻十四条，所内学术氛围浓厚，如李锡文就不愿担任研究室秘书工作，行政工作占了一点业务时间，令其不高兴，自言“现在埋头业务，将来要赶上吴所长”。研究实习员张敖罗，也想摆脱社会工作，而一心钻研自己的业务。研究人员向学，本是研究者基本价值取向，但在其时政治挂帅前提下，是要受到种种非议，有时还要受到批评，即便如此，在昆明植物所却得到提倡。

---

① 中科院植物所昆明分所所务扩大会议纪要，1964 年 3 月 14 日。中科院档案馆藏昆明植物所档案，J259－093。

昆明分所所部之科研条件却稍有改善。此前仅在工作站时期，于1956年建造研究大楼及部分宿舍及食堂外，其余宿舍一直沿用抗日战争时期北平研究院建造的生活用房。至1964年，这些本就简陋的房屋已全部破旧，有些甚至成为危房，此前一年还倒塌一幢；再加上研究所发展，人员增加，结婚生子之后，房屋不敷使用，因此在1964年建造600平米砖木结构生活用房，造价5万元。又昆明植物园主干道还是红土路，雨天泥泞，修建2 400平方米三合土道路，造价1.2万元。

但是，贯彻十四条仅几年，至1966年，"文革"还未开始，中共中央作出"备战、备荒、为人民"七字方针，在开展"活学活用"毛主席著作、学习大庆、学习大寨之后，昆明分所确定两个重点：一是以粮为纲，多种经营的农业样板；一是蕉麻、轻木等国防急需的植物原料。1964年末，科学院从战备考虑，经国家科委批准，决定将中科院植物所迁往昆明。1965年2月23日植物所申报《昆明分所基本建设任务书》，拟定将该所的植物分类研究室、植物地理植物生态研究室、植物形态研究室和古植物研究室四个研究室及植物资源研究室、植物生理研究室的一部分迁往云南，北京迁往昆明人员230人，与昆明分所合并，在昆明温泉楸木园兴建一个综合性植物研究所，并将植物所昆明分所全部迁入。该项工程由建设工程部东北工业建筑设计院设计，于1965年动工，1970年9月全部工程竣工，完成投资271万元，建造房屋28 000平方米。自1965年10月北京有8人、11月有20人迁往云南。毛泽东有"农业大学办在城里不是见鬼吗？农业大学要统统搬到农场去①"的讲话后，植物研究所更是认为"植物所办在北京很不合适"，搬迁至昆明的计划势在必行，乃积极准备，向科学院申请搬迁设备。此后搬迁计划并未付之实现，所建房舍移交给云南林学院使用。

"文革"后，吴征镒主导的多种理论研究被搁置，所承担《中国植物志》编写任务即为暂停，仅清理鉴定标本。不仅如此，在"踢开党委闹革命"之中，吴征镒在昆明、蔡希陶在西双版纳皆受到冲击。在运动中，虽然也贯彻"抓革命、促生产"的指示，但实际上只抓革命，不促生产，把革命放在首位。1968年曾将渡口农业研究作为研究任务，虽然也积极投入，却也偏离研究方向。

---

① 毛泽东：《在北戴河中央政治局扩大会议上的讲话》，1958年8月17日，转引自朱先奇等编著《制度创新与中国高等教育》，中国社会出版社，2006年，第76页。

第二节　隶属于云南省

一、研究工作在政治运动中恢复

经过几年激烈运动之后,1970年7月,中科院将一些研究机构下放由各省市管理,故昆明分所改名为云南植物研究所,西双版纳热带植物园改名为云南热带植物研究所,均为独立研究所,隶属于云南革命委员会科技办公室核心小组,该小组后改名为科学教育局;而丽江植物园则在1971年被撤销。1981年昆明植物所在总结历史时,对设立丽江植物园曾作这样反思:"1959年建立的丽江高山植物园,在缺乏业务领导的情况下,急于铺点,没量力就大上,加上园址选点不当,国家经济力量有限,虽然搞了十多年的艰苦工作,最后仍被撤销。"①所言确为事实,其时已无力维持,只好撤销。改隶之后,云南植物所还取消科室建制,机关成立政工组、生产组和办事组,研究室改为连队建制,即一连、二连等。

在运动中,1972年科研工作有所恢复,并开始落实政策,恢复吴征镒领导职务。8月24日云南省植物所在致函云南省科教局之函云:"1973年拟新开展的科研项目,是考虑到以往工作的基础,结合当前国民经济的需要提出的。"其后,开展野生植物开发利用,如栽培一些种类,重提编写《云南植物志》《云南经济植物志》等。不过大多数人,除参加政治运动之外,学业被荒废了,而吴征镒却未中断其研究,"十年动乱期间,为云南中医中药展览会中的中草药标本进行学名订正。十年动乱后期,在'牛棚'里完成《新华本草纲要》中由中草药文献考订的植物名录。"②

1975年一面仍然开展政治运动,一面又在落实知识分子政策,纠正"划线站队"错误,平反被戴上莫须有帽子的政治假案,包括吴征镒、唐燿在内等17

① 昆明植物研究所概况和建所以来的初步总结,1981年10月。中科院档案馆藏昆明植物所档案,J259-WS-004-002。

② 吴征镒:自订年谱。《百兼杂感随忆》,科学出版社,2008年,第13页。

图 5－9　吴征镒与夫人段金玉在“文革”期间

人作出结论，将靠边站的科室负责人段金玉、周俊、李锡文等恢复领导岗位。政治运动不仅让云南植物所研究事业遭受损失，由于无人管理日常事务，还使园区面积遭到邻近单位侵占。1956 年经省委批准征用 1 164 亩土地，至 1975 年仅存 515 亩。为了保障科学事业不受干扰破坏，1975 年云南省计委批准投资 12.5 万元修建围墙。其四周南端是农田、东部有电子管厂、康复医院、林科所；北邻桃园；西部与重型机械厂、机床厂相邻。植物所藉修建围墙之机，将昆明植物园重新予以规划。整个园区有一条公路从中穿越，公路以东是原有植物园，面积 50 亩；公路以西为植物园扩建区，面积 515 亩，南北长约 150 米，东西宽 430 米，中心有两个凸起之土丘，名为元宝山，海拔 1 985 米。规划区域是公路以西面积，用地安排：① 科学试验用地，共 153 亩，此中包括百草园、药圃、油料植物区、速生丰富用材区、环境保护区、热带植物温室。② 苗圃和原始材料圃，面积 70 亩。③ 植物资源进化区，222 亩；观赏植物区，40 亩，已建成；水生植物区，30 亩。此外还有一些建筑，除以列出温室之外，还有科研办公用房、成果陈列室、外事接待室、园林建筑等。这些规划，因经费无从落实而未予以实施。

随着科研活动的恢复，研究所在 1975 年也恢复研究室，计有植物分类、植物化学、植物生理、昆明植物园、土壤组、微生物组、木材组和中试工厂等，各研究室或组并未任命主任，仅确定负责人。

二、《中国植物志》

《中国植物志》是由中科院植物所在1959年“大跃进”中提出开始编纂，并计划8—10年完成，全书预计有八十卷，但在“文革”之前仅出版3卷。1973年中国科学院恢复编写《中国植物志》《中国动物志》《中国孢子植物志》，在广州召开编写此三志会议。吴征镒、李锡文前往出席《中国植物志》会议，会议对编写任务予以重新明确或分配，吴征镒还当选为副主编。吴征镒承担唇形科在1959年已开始编纂。在经济植物普查中，因唇形科植物是重要芳香油料植物，在云南分布普遍，种类丰富，过去没有系统整理，为了解决鉴定问题，即需要对该科予以整理。先完成分属检索表和各属分种检索表，油印出来，发给普查队员使用。全科计有63属、308种、34变种及3变型，发现心叶石蚕属（*Cardiotencris*）一新属，喇叭香茶（*Plectranthus lamarum*）等58个新种，还有3个新变种及3个新变型，此仅为初步研究，至“文革”前已完成初稿。1973年重编，吴征镒与共同编写者李锡文等根据新的文献资料，进行定稿，以求达到出版水平。该科志记载该科植物共842种，多为药用和芳香油用，系首次全面整理，对澄清一些种类、名称的混乱，对其时开展的中草药运动有一定指导作用。

1973年还有陈介主编的紫金牛科完成大部分稿件，后在编写《云南植物志》过程中，补充一些种类，于第二年完成初稿。至于云南植物所承担其他各科，在1973年大体还是资料收集和标本整理初步工作，至1975年完成其中的锦葵科、木棉科、茶茱萸科、省沽油科、希藤科、山榄科的编写，此外尚有西番莲科、紫金牛科、使君子科、槭树科、茄科编写在进行。2004年在主编吴征镒主持下，八十卷126分册全部编辑出版完成。昆明植物所主持完成的卷册除吴征镒之唇形科、陈介之紫金牛科之外，还有吴征镒主编第一卷《总论》，裴盛基、陈三阳主编之棕榈科，吴征镒、李恒主编之天南星科等，李锡文主编之樟科，吴征镒主编之罂粟科等，陈书坤主编之苦木科等，陈书坤主编之冬青科，冯国楣主编之锦葵科，李锡文主编之藤黄科等，陈介主编之使君子科等，吴征镒主编之旋花科等，在《中国植物志》中占有较大分量。

图 5－10　1976 年，吴征镒与陈书坤在江西出席《中国植物志》编写会议时合影

1973 年在广州三志会议上，云南植物所还承担编写《中国孢子植物志》任务。此项研究，对云南植物所而言系白手起家，首先建立孢子植物研究组，进行孢子植物标本采集，当年即采得 1 900 号，再加上其他机构赠送，有四川、浙江天目山、福建、南京、庐山等地标本，合计 8 000 余号，此外开始搜集苔藓及真菌文献，在 1974 年开始编纂第一卷“真菌志”，从牛肝菌科开始，由臧穆主持。臧穆(1930—2011)，山东烟台人，1953 年毕业于东吴大学生物系，1954—1973 年于南京师范学院任教，1973 年 6 月调至中国科学院昆明植物研究所，从事真菌系统学、生态地理学、外生菌根及其应用等领域的研究。创建隐花植物标本馆，并任馆长。牛肝菌目是担子菌中最为复杂、争论最多和分类难度最大的类群，臧穆对牛肝菌研究可谓倾注毕生精力，通过野外观察和标本采集，将形态特征、微观解剖结构、化学特性、生态因素与地理分布及共生树种等相结合，进行系统分类学研究，发现大量新物种，澄清了许多国内外有争议的分类群和名称混乱与误用。一生有《西藏的真菌》《中国食用菌志》《西南大型经济真菌》《横断山真菌》等 6 部专著，发表论文 150 余篇，发现和发表 3 新属、5 新(亚)组和 140 余新种①；且培养一批后学，与夫人黎兴江一道将孢子植物学研究发展成为昆明植物所主要研究学科，享誉中外学界。

① 杨祝良：臧穆先生发表的论著及新物种，黎兴江主编：《臧穆纪念册》，2013 年，第 42 页。

图 5－11　臧穆与诸弟子(左起杨祝良、王鸣、臧穆、刘培贵,刘培贵提供)

1973 年臧穆自南京师范学院调至云南植物所,乃是以照顾夫妻生活为名。其妻黎兴江,1965 年,自中科院植物所调至昆明植物所,从事苔藓研究。黎兴江(1932—　),四川涪陵人,1954 年毕业于四川大学生物系,同年秋分配至中科院植物所。1955—1958 年奉派至南京,参加陈邦杰主办之苔藓研究班学习。臧穆亦为陈邦杰之学生,由此因缘,遂为相识相爱,成为终身情侣。黎兴江主编《中国苔藓志》(第 1—4 卷)、《西藏苔藓志》《云南植物志》(第 18、19 卷)*Moss Flora of China*(Vol.Ⅰ and Vol.Ⅳ),且与臧穆共同主编《中国隐花(孢子)植物科属辞典》。

《中国植物志》自出版以来,国际植物学界越来越希望见到其英文版问世,并有国外学人陆续将其所需要部分翻译成英文,在国外刊物上刊登。1980 年 8 月美国密苏里植物园主任雷文来华访问时,与中方初步达成中美联合翻译"中国植物志"协议。由其向美国国家科学基金会申请经费,大量翻译工作在中国进行,如果中国的翻译人员需要到美国查阅文献、审稿、定稿等,美方可以提供必要的经费开支。《中国植物志》在美国排版印刷,版权属于中国。后由于某些原因未能立即付诸实施。迟至 1987 年,中国植物志编委会决定修订《中国植物志》的检索表,连同图版译成英文,由科学出版社出版。在此之际,柏林国际植物学大会期间,雷文再次希望与中国合作,得到时任主编吴征镒欢迎。经过一系列筹备,1988 年 5 月在北京中美植物分类学家晤谈,达成意向协定。同年 10 月 7 日在美国圣・路易斯之密苏里植物园,由吴征镒与雷文签署正式协定。签署地点设在该园所植原产中国之水杉树下，此之象征意义令人回味。签约之后，召开 *Flora of China* 第一次联合编辑委员会，中方委员有吴征镒、李锡文、戴伦凯、崔鸿宾、陈心启、陈守良、黄成就、毕培曦；美方委员有雷文（Peter H. Raven）、Bruce Partholomew、David E. Boufford、Naney R. Morin、William Tai，吴征镒和雷文为主编。会议决定在《中国植物志》基础之上，修订、缩简，全书设计为25卷，预计15年完成，由中国之科学出版社和美国之牛津大学出版社纽约分社合作出版。*Flora of China* 已不是《中国植物志》简单之英译，而是自《中国植物志》派生而来又一部大型著作。该部书于2014年出版完毕，总论一卷，正文文字版25卷，图集25册。

三、《云南植物志》

1973年在《中国植物志》恢复编写的同时，《云南植物志》也恢复编写，由吴征镒任主编。提出该志编写在1961年，当时认为该书对市场部门、教育部门和科学研究部门均有参考利用价值，通过编写对云南地区植物进行系统整理，摸清云南植物种类和分布，并对世界植物区系和植被发源发展问题，提供新的基本资料，以推动热带、亚热带及高山寒带植物的专题系统研究。当时估计云南植物有1.2万种以上，计划以三年时间予以完成。这也是受《中国植物志》影响，属大跃进思维，当然无从完成。1973年重提编写，当年9月即完成第一册初稿800种，乃是之前已有一定基础，才能如此迅速。不过还是经过一番努力才得以实现，当年工作总结是这样写道：

> 在编写过程中同志们的干劲是大的，工作是踏实的，有的同志日夜苦干，有小孩拖累及身体欠佳的同志仍然是兢兢业业坚持工作。既达到通过《云南植物志》第一册编写，从而培养干部（练兵）的目的，又摸索到在人少任务重的情况下如何多快好省地写地方志的好经验，这些成绩的取得是很宝贵的。但是工作由于本身缺乏经验，还存在不少问题，这主要是计划有前松后紧，工作安排不紧，绘图与编写不够协调，审稿与抄稿缺乏长远安排，资料工作跟不上，组织上不够健全，工作中有过分照顾个人愿望的倾向。这些问题的产生主要是领导抓得不力、思想工作跟不上的结果。明年指标是第二卷800种，但要加强领导，搞好所外协作，落实措施，在留

有充分余地的前提下又要加强计划性。①

《云南植物志》如是开始编写，以上所引文字具有时代意识形态之烙印，可增加读者理解其时编写之背景；从中还可获悉其时编写人才之欠缺，在政治运动中管理之凌乱，还有编写热情之高涨。第一卷于 1977 年由科学出版社出版，其稿完成在 1975 年，并以云南省植物所名义写有序言。1974 年计划完成第二卷 800 种，并没有完成，延至 1976 年始才完成。在此期间，又有"批林批孔"运动，干扰了研究进展。第二卷出版在 1979 年，也为科学出版社出版。进入八十年代，得到云南省科学技术委员会有力支持，在主编吴征镒组织下，先后共约请省内外多家研究机构和大专院校 40 多位植物分类学者和植物科学绘图者参加，至 1991 年出版至第 5 卷。此后，更得云南省科技厅持续支持，组织更大编写队伍，终于 2006 年完成全部 21 卷之编写与出版。《中国科学院昆明植物研究所简史》对其编写经过有所记载，摘录如下：

> 1993 年云南省科技厅把编纂《云南植物志》立为省内重大研究项目，给予持续支持。昆明植物所植物分类研究人员为主体，组织 24 个单位 170 多名专家学者投入编研。全书 2 452 万字，4 263 幅图版，记载云南高等植物类群（含苔藓植物、蕨类植物、裸子植物和被子植物）433 科 3 008 属 16 201 种和 1 701 亚变种，全面阐述云南及其邻近地区已知的全部种类的形态特征及其亲缘关系、区系组成、地理分布、生态环境和经济用途。②

《云南植物志》是较早出版的中国地方植物志之一，而其篇幅则是最大。其之完成，标志中国植物半数以上种类已经摸清，对云南乃至中国西南地区植物区系研究、生物多样性研究均将产生重要影响。

---

① 1973 年云南省植物所科研课题执行情况的报告，1973 年 12 月 25 日，中科院档案馆藏昆明植物所档案，J259－0121。

②《中国科学院昆明植物研究所简史》，昆明植物所内部发行，2008 年，第 48 页。

四、《西藏植物志》

也是在1973年，是年3月中科院下达“青藏高原1973—1980年综合科学考察规划”，考察内容涉及许多学科，其中动植物区系特征、形成和演化规律研究，由中科院北京植物所主持，参加单位有中科院北京动物所、微生物所、湖北省水生生物所、云南植物所、青海生物所。云南植物所派出武素功参加考察。其后为纪念中科院综合考察委员会55周年，武素功受邀撰写回忆文章，对此其云：

> 1973年的一天，才恢复工作不久的吴征镒先生找到我说，现在科学院组织到西藏考察，本没有我们所的名额，北京植物所给了我们一个名额，你愿不愿去？愿去，准备一下明天就到成都报到。当时文革尚未完全结束，每天不是学文件就是劳动，心里对以后的工作、对前途均十分彷徨。听到这一消息，真是喜出望外。没什么可准备的，第二天卷起铺盖就上了火车。①

西藏植物区系考察主要目的是为了弄清西藏植物区系的种类组成、起源和发展，以及为植物资源的开发利用提供基本资料。云南植物所只是不经意中加入，其后在植物学方面却取到举足轻重之作用。通过三年考察，至1975年在多单位合作之下，共采到高低等植物标本14 000余号，其中有些科学上的新发现，基本掌握墨脱地区的木本油料植物和西藏主要藏药，并找到两种过去需要进口的藏药，“生等”藏药写进《中国药典》。完成察隅、波密植物名录，藏西、藏北的植物名录。其后，1979年云南植物所已改名为昆明植物所，参加西藏综合考察丛书之《西藏植物志》和《西藏真菌》编写。《西藏植物志》由吴征镒、武素功参加，所承担内容约占全书三分之一，即20余科，1 000余种，主要有杜鹃花科、罂粟科、五加科，并编写《西藏植物区系》一章。《西藏植物志》共五卷，吴征镒被推为主编，1983年出版第一卷，前冠主编吴征镒之序，其中关于考察采集云：

---

① 武素功：我和综考会的不解之缘，中国科学院地理科学与资源研究所所庆网站，2010年。

从1973年开始的青藏高原综合科学考察队，对西藏进行了大规模的综合考察，其路线西至狮泉河的什布奇，南达墨脱，北至昆仑山的喀拉木伦山口，考察的足迹几遍西藏各地，参加的人员也超过了以往的任何年代。其中1973年有武素功、倪志诚，1974年增加了郎楷永、陈书坤、何关福、程树志、顾立民、南勇以及西藏医院的洛桑西挠和西藏军区卫生处肖永会等(部分人员系由中国科学院中国植物志编委会组织)，并且由杨永昌、黄森福、陶德定、臧穆等组成的补点组在山南地区进行了补点。1975年有倪志诚、武素功、郎楷永。1976年倪志诚、武素功、郎楷永、黄荣福、陶德定又再次进藏，并增加了尹文清、苏志云，四年来共采得标本15 000余号。我本人于1975—1976年也两次到西藏，先后同行的有陈书坤、杜庆、臧穆、杨崇仁、管开云等，共采得标本4 000余号。与此同时，考察队的植被组也采得标本14 000余号，林业组采得标本4 500余号，草场组采得标本2 000余号。①

《西藏植物志》最后一卷出版于1987年。《西藏真菌》出版于1983年，昆明植物所臧穆参加编写，承担主要内容如下：① 前言：真菌的特征及西藏真菌研究简史；② 概论：真菌形态构造及生活习性、西藏真菌生活型及地理分布、西藏真菌区系成分初步分析；③ 分类各论。但该书出版时，将臧穆所写大多内容略而未用。

第三节　重新隶属于中国科学院

1976年10月，“文革”结束，浩劫之后，百废待兴。1978年3月中科院致函云南省革委会，云经国务院批准，云南省植物所、动物所和热带植物所改由中科院和云南省双重领导，以中科院为主，业务由中科院管理，政治工作由云南省委领导，实是恢复“文革”前的隶属关系，6月正式办理移交。隶属关系改动之后，云南省植物所恢复中国科学院昆明植物研究所原名，而云南省热带植

① 吴征镒主编：《西藏植物志》第一卷，科学出版社，1983年3月，第6页。

物研究所则改为中国科学院云南热带植物研究所，直属于中科院。

一、研究科室恢复与重建

昆明植物所所长仍由吴征镒担任，植物分类室主任李锡文，植物化学研究室主任周俊，植物生理研究室主任段金玉。

1958 年由工作站升级为研究所后至 1978 年，二十年或者更长，大多数研究人员技术职务没有变动。1978 年落实知识分子政策，其中一项为晋升技术职称。是年 2 月，专业、外文良好，成果优异者李锡文、周俊、段金玉、冯国楣、臧穆由助理研究员提升为副研究员；另有 26 人由研究实习员或见习员提升为助理研究员，其中植物分类学专业有方瑞征、武素功、黄蜀琼、李恒、张敖罗；地植物专业有刘伦辉；植物引种驯化专业有陈宗连、夏丽芳、罗方书、武全安；植物生理专业有刘学系、郑光植、胡忠、王均、黄仕周；植物化学专业有杨崇仁、孙汉董、吴大刚、聂瑞麟、黄伟光、陈维新、木全章。不仅提升职称，还对一些人员进行专向培养，如送至云南大学进修；除此之外，还聘请国内知名学者来所讲学，研究人员积极申报研究课题或深入从事研究，研究所学术氛围空前浓厚，均言将“文革”浪费的十年时光予以追回。

昆明植物所在 1978 年 3 月回归至中科院未久，3 月 17 日中共中央副主席李先念，5 月 22 日国务院副总理、中科院院长方毅先后到访昆明植物所，见到

图 5－12　1979 年昆明植物所提职报告会(前排左一唐燿、左四吴征镒)

研究所房屋设备陈旧,作出“此所应予支持”的指示。昆明植物所遂将两位领导人来所视察经过及指示内容向中科院汇报,得这样回复:“请就你所需要解决的问题和困难提出你们的意见和计划。”为此昆明植物所编制“1978—1985年规划纲要”,将亟待解决的问题归为基本建设、仪器设备、人员指标、经费四类,一一列举报告。由此,昆明植物所重新得到重视和有力支持,研究所综合实力得到一次飞跃。

在经过十年动乱之后,许多机构被撤销,即使维持下来,也茫然不知所措。但是,对昆明植物所而言,虽然也跟随时代步伐,但其学术追求始终没有放弃。在1979年重新定方向、定任务、定科室之“三定”中,昆明植物所可谓是信手拈来:

> 我所自一九五九年建所以后,根据我国社会主义建设和学科发展的需要,充分考虑了我们所在地区的特点,通过多年科学研究工作的实践,逐步形成了自己的研究方向和任务,这就是:以开发利用云南及西南地区丰富的植物资源为中心,以近代实验装备为手段,通过多学科的协同研究,不断为国民经济建设提供新资源、新品种、新技术、新方法和新途径。在密切联系实际,积累大量基本资料的基础上,建立我国自己的植物区系和植物资源学理论。①

昆明植物所在植物资源学、植物分类学、植物生态学坚持方向不曾改变,最终引领这类学科在中国的发展。但是,并非从事所有学科皆如是,如植物生理学便走了不少弯路,且看昆明植物所之反思:

> 植物生理室建于1960年,初期结合云南的特点在植物营养生理和水分生理方面做了一些,有一定的研究成绩,建室和培干方面也有些初步的基础。但在以后的十多年间,首先受到下楼出院大搞农田样板的干扰,室的方向任务就被狭义的支农任务所代替,研究方向广而杂,虽然做了不少有实效的短线工作,但科研上无主攻方向,干部成长必然受到影响,特别是“文

---

① 关于落实基础学科规划工作安排及进展情况报告,1978年7月5日,中科院档案馆藏昆明植物所档案,J259-0140。

化大革命”几乎全盘否定植物生理,很多干部转搞微生物,影响就更大。①

从植物生理研究室在昆明植物所的经历可知,一个研究室如果长期受到各种社会因素干扰,方向任务得不到相对稳定,即难以出成果、出人才;若能消除这种干扰,则会得到很好发展。

1979年中国开始实行改革开放基本国策,此也导致中外学术交流之剧增,仅以1980年为例,是年昆明植物所接待来访国外植物学家有24次95人之多,平均每月两次。通过交流,增加了解,建立合作关系。1980年昆明植物所总结如是记载:

> 我们在接待由地方外贸部门邀请来访的日本大鹏药厂外宾时,经过交流,双方对药用植物的研究都有兴趣,有共同合作的愿望。经过协商,日方同意接受我方两人去日本进行合作,并提供在日期间的资助,经院外事局批准已得实现。又如,通过青藏高原科学讨论会的接触,我们得知美国田纳西大学植物学系皮特逊教授有合作进行中国和北美植物区系研究的兴趣。皮特逊访问我所时,争取了有关方面的资助,同意接受我所三人去美国作短期研究工作。日本热川植物园木村亘是我所老朋友,1980年先后两次提供资助,接待我所三人(两起)去该园参观温室和学习兰花栽培技术。我们还利用美籍华裔学者美国哈佛大学胡秀英博士回国机会,邀请她来所讲学,讨论人参属植物的研究问题,很有收获,双方准备拟议一个五年研究计划,进行全面合作。②

此后中外交流更加频繁,此不再列举,只是以此说明对外学术交流对封闭初开之中的昆明植物所甚为重要,从其行文语境可悉,对能获得国外学术信息,能走出国门,均甚为珍惜。

植物化学为发掘开发植物资源重要实验室手段,昆明植物所自1958年起

---

① 昆明植物研究所概况和建所以来的初步总结,1981年10月,中科院档案馆藏昆明植物所档案,J259-WS-004-002。

② 加强科研管理,提高科学水平——一九八〇年工作总结,1981年1月30日,中科院档案馆藏昆明植物所档案,J259-0149。

在此领域研究未曾中断，在人才培养和研究成果均享誉学界。1987年中科院遴选第二批开放研究实验室，昆明植物所植物化学研究室积极申报。为此，中科院生物学部和计划局共同邀请大学和科研单位12位同行专家于1987年2月11—12日在昆明召开论证会。专家意见认为：昆明植物所植物化学研究室经过几十年的工作积累，已逐步形成了以研究植物二萜、三萜、甾体和配糖体方面为特色的植物化学基地，并且取得了一定成果，在国内外有一定的影响；该研究室还建立了研究植物化学比较完整体系，有了配套的天然化合物结构研究所必需的大型仪器。该室已建立了比较得力的领导班子，科技人员积极性高，研究人员素质及在大型仪器管理上都具有一定水平，具有比较大的潜力。① 基于此，评审组一致同意昆明植物所之申请。同年8月获得中科院批准，并任命周俊为实验室主任、周维善为学术委员会主任。植物化学学科在昆明植物所此后更得到长足发展，1999年周俊当选为中科院院士。

继周俊之后，昆明植物所植物化学研究人员中还有孙汉董于2003年也当选为院士。孙汉董(1939—)，云南保山人，1962年云南大学毕业分配至所，在蔡宪元指导下做精油分离与鉴定。"文革"之后，两度留学日本，于1988年9月获日本京都大学药学博士学位。其学术成就是系统研究了中国唇形科香

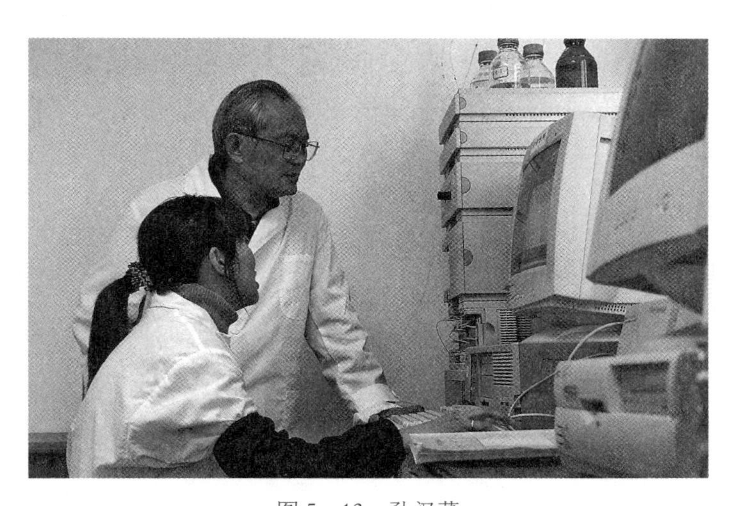

图5-13 孙汉董

① 关于中国科学院昆明植物研究所植物化学开放实验室的论证情况，1987年2月，中科院档案馆藏昆明植物所档案，J259-WS-088-002。

茶菜属、红豆杉科、五味子科、伞形科、樟科及地衣类等科属的220余种植物的资源和次生代谢成分，发现新化合物700余个，有开发应用价值的20余个。发展了萜类化学，丰富了天然化合物的内容。率先发现并阐明了冬凌草活性成分冬凌草甲素、乙素的结构，揭示了冬凌草的化学成分和生物多样性，推动了冬凌草作为抗癌药物的开发应用。孙汉董也曾任开放实验室主任和昆明植物所所长，为研究所发展承前启后。

二、几次重要野外考察

横断山综合考察　1981年中科院自然资源综合考察委员会组织成立考察队，由中国科学院植物所、昆明植物所和成都生物所人员参加，对云南大理以北的横断山脉地区60个行政县市广大区域进行植物区系调查。纵贯中国西南的横断山脉，也属青藏高原的一部分，此次考察是青藏高原综合科学考察的延续。在该区域，昆明植物所此前曾多次深入一些地区调查，但未曾涵盖整个区域。为作深入而广泛的调查和采集，并避免标本号的重复，调查队分为两队，一队以武素功、李沛琼等人组成；另一队由郎楷永、李良千、王金亭、费勇等人组成，计划以三年之力完成考察任务。关于昆明植物所在此次考察之中大致情形，该所《简史》记载如下：

> 1981年，有武素功、李恒、杨增宏、杨建昆、袁惠昆、陈渝等人参加，考察地区包括云南的祥云、下关、剑川、丽江、宁蒗、中甸、德钦；四川的德荣、乡城、稻城、理塘、巴塘，以及西藏的芒康一线，采集植物标本共5 280号。
>
> 1982年昆明植物所有武素功、成晓等人参加，考察区域是云南的维西、福贡、贡山、沿独龙江而上至西藏自治区的察隅(察瓦龙和日东区)，再到云南的德钦至丽江一线，共采集标本5 179号。费勇等参加考察的路线是四川木里、盐源、泸定和康定的贡嘎山区及汶川(卧龙自然保护区巴郎山的东西坡)，共采集植物标本1 546号。
>
> 1983年，武素功、成晓、张长芹、俞宏渊参加考察，考察区域是四川的攀枝花、盐边、米易、盐源、木里至云南丽江一线，共采集标本3804号；费勇等参加的考察路线是四川的南坪、松潘、若尔盖、宏源、阿坝、马尔康、雅江、理塘、巴塘、稻城一线，共采集植物标本1 410号。

> 三年中采集植物标本21 082号。从1984年起，有关研究人员结合相关研究机构收藏的横断山区标本，经过5年多的整理鉴定，终在1993年和1994年，编辑出版《横断山区维管植物》(上、下册)，主编王文采，副主编武素功，昆明植物所参加编写的有吴征镒、李锡文、李恒、陈介、方瑞征、陈书坤、闵天禄、苏志云、白佩瑜、徐廷志、陶德定、尹文清、杨增宏、成晓、费勇、孙航、高信芬、包士英、郭辉军。①

中科院自然资源综合考察委员会主持青藏高原科学考察，涉及许多学科，先后组织几十家研究机构和大专院校几百人进行。1982年，将此前之考察以“青藏高原的隆起及其对人类生活环境的影响”为题，荣获国家自然科学一等奖，昆明植物所得奖人是吴征镒、武素功。

可可西里综合考察　青藏高原科学考察最后区域是可可西里地区，该区域为无人区，此前未曾有人深入其核心区域调查，属空白地区。1990年，中科院组织可可西里综合考察队，进行生物学、地学和生态环境保护等专业考察，以武素功为队长，成员有杨永平等68人，考察为期两年。经此调查，可可西里有高等植物210种，分属29科、89属，其中72种为青藏高原特有种，而本地区特有种则有12种。其后，武素功与杨永平合写《青海可可西里地区植物区系的特征及演变》一长文，阐述了此次考察的学术意义：

> 在这次考察中，我们从打的钻孔和从上新世及早更新世露头剖面上，取得了较为丰富的孢粉学资料，通过对这些资料的分析，从而有可能探索可可西里地区晚第三纪以来植物区系的演变和植被发展的历史过程。
>
> ……这次我们对可可西里地区一些种类的细胞染色体进行了研究，希望通过这一研究，获得一些物种进化的信息。虽然研究的种类较少，但仍不失为一次有意义的尝试。②

可可西里之所以为无人区，乃是此区域自然条件不适宜于人之生存。深

---

① 李德铢主编：《中国科学院昆明植物研究所简史——1938—2008》，2008年，第43页。

② 武素功、冯祚建：《青海可可西里地区生物与人体高山生理》，科学出版社，1996年，第1页。

图 5－14 武素功(左)与杨永平(右)在可可西里采集细胞学研究材料(采自《青藏高原腹地——可可西里综合科学考察》)

入其地,作科学考察,不仅需要克服极为恶劣的环境因素,还要克服野外工作带来的不便。

这次考察是十分艰苦的。首先是在极度缺氧下,75%的队员有不同程度的高山反应;其次,该地区是冻土区,夏季融化层一般为1米左右,融化后的土地松软泥泞,为车辆行进造成了巨大困难,陷车是常事,而陷车后只能靠车拉人推。从勒斜武担湖至太阳湖,连续行车28个半小时,仅行进83公里,而且因陷车当天不能返回营地,只能在车上过夜;第三是气候寒冷,常有暴风雪,夜间气温均在0℃以下。因为太冷,只能蜷缩在被子里,不能入睡;第四是伙食很难调剂,既无蔬菜,也很少有肉类。①

武素功在《青藏高原腹地——可可西里综合科学考察追记》②便记载上文所言不能返回营地详细经过,其名之为“虚惊一场”,读来可获一种探险体验,但文字太长,节录又不足以再现其困难场景,还是予以割爱。科学家为获得珍贵科学资料,乃是冒着生命危险而深入其地。虽然在可可西里腹地只进行三个月考察,没有发生不幸事件。但对年老体弱者,一定是有身体伤害。武素功在可可西里就曾病倒而打吊针,他说“能在那个地方打吊针真是很不错了”③,可见其乐观性格。2002年,时已七十有五之武素功,还率杨永平一道参加北极

① 可可西里综合科学考察队编:《青藏高原腹地——可可西里综合科学考察》,上海科学技术出版社,1993年,第99页。

② 武素功:青藏高原腹地——可可西里综合科学考察追记,《科学生活》第65期,2003年。

③ 孙鸿烈等口述;温瑾访问整理:《青藏高原科考访谈录——1973—1992》,湖南教育出版社,2010年,第380页。

科学考察。但武素功最后罹患白血病去世，其好友王文采言：武素功患此绝症，或与他长期在青藏高原考察有关。可可西里科考成果获得中国科学院二等奖，也促成可可西里国家级自然保护区建立。

独龙江越冬考察　昆明植物所赴可可西里及之前赴青藏高原考察，均是中科院自然资源委员会下达之任务。1990 年吴征镒主持国家自然科学基金重大项目研究——“中国种子植物区系研究”，研究范围广泛，探究学术问题深刻，组织 20 个单位，约 200 余人参加。研究主要内容有：“中国特有科属的起源和分布规律，调查研究与新生代重大地史事件相关的关键地区和研究薄弱地区植物区系的组成和特征，探讨我国植物区系中重要科属的起源、分化和分布，阐明中国植物区系的形成演变历史”。本书所要记述的是该项目中关键地区和研究薄弱地区调查。

独龙江被列为关键地区和研究薄弱地区植物区系，由昆明植物所李恒主持越冬考察，队员有云南怒江洲农业局高应新，昆明植物所潘福根、杨建昆和黄锦岭，考察时间自 1990 年 10 月至 1991 年 6 月。独龙江此前名为俅江，其独特地质地理气候环境，导致所产植物之独特性；也因此故，其地高山深谷、道路险峻、暴雪淫雨，使得野外考察极为艰辛。自三十年代俞德浚起，中国植物采集家虽多次深入独龙江，但仍未穷尽其蕴藏，其植物区系研究仍处空白状态，此次李恒率队前往，乃是为了完成植物学研究未尽之事业。是年李恒已六十有二，且为女性，仅此即可见其勇气。李恒(1929—　)，湖南衡阳人，1956 年毕业于北京外国语学院，曾任中科院地理所俄文翻译，并入北京大学地理系选修自然地理四年，1962 年，随丈夫调来云南，入昆明植物所，即决定从事植物学研究，先在云南大学生物系进修植物学，后研究天南星科，参与编写各类植物志，曾多次参加科考活动。

图 5-15　李恒

独龙江越冬考察为时 207 天，采得植物标本 7 075 号近 4 万份，涉及种子植物 1 500 余种，其中新种 40 多个。关于在独龙江野外考察之情形，2017 年《民主与科学》杂志记者采访李恒所写报道云：

为了全面搜集独龙江的植物，李恒走遍了独龙江两岸的各个村寨，大小沟坎，以及人迹罕至的高山峻岭。她的团队都以采集为乐，晴天大采，雨天也要采。他们的行为感染了独龙族的男女老少，上至乡长，下至猎人，不论是打猪草的妇女，还是正在玩耍的儿童，几乎每天都会送一把花草给考察队作标本。那段日子里，李恒最经常的工作状态是白天采摘标本，晚上登记，压制，烘烤，查阅文献。看着一个个标本压制成形，她的心头无限喜悦。日复一日，日出日落，他们埋头工作，没有休假。一个植物标本，除了标本外，还需要有一份专属的"植物标本采集记录"，记录采集日期、编号、产地、生长环境、海拔高度等信息。考察结束后，这份植物"户口"写满了33个小"账本"。

正当一切有条不紊进行的时候，考察被一场意外打乱。李恒染上疟疾，高烧不退，由于缺医少药，生命危在旦夕。但大雪封山，马队无法出去，直升飞机也无法进来。村民从部队借来担架，顶风冒雪将她抬到当地卫生所。她命大，简单治疗之后，竟然侥幸闯过"鬼门关"。从那之后，她的生活中多了一件事，用录音机录下工作上的安排、科考的成果。

李恒的敬业、执著感动了周围的人，渐渐地，马库边防军战士，独龙族老乡都成为她的向导、帮手和好朋友。她与乡亲们分享豆腐的制作方法，共享当地的野菜资源，如魔芋、鱼腥草等。她哄着从来不洗脸的娃娃们洗脸，教孩子们用蜡笔画画。她每走到一处，孩子们就围在她的身旁。每次采集标本回来，都会听到孩子们的欢叫：奶奶回来了！

考察结束，考察队要离开驻地了。启程的那个早晨，全村男女夹道欢送，可爱的孩子们却一个也不愿抬头。他们不愿意看她，不愿意挥手送别，只是把头埋进母亲的怀里哭泣。此情此景令李恒难以忘怀。①

1992年，李恒根据独龙江考察队所采植物，并结合此前俞德浚等在独龙江流域所采，编写出《独龙江地区植物》专辑，发表了部分新种和一些新的区系资料。1993年正式出版，收录独龙江植物1994种，几乎列举了独龙江地区已有的全部标本；1994年又编写出《独龙江种子植物区系研究》专辑，1996年再出版《独龙江和独龙族综合研究》专著，可谓著述不断，鸿篇屡出。

① 周立新：李恒——沉迷于平凡却不简单的生活，《民主与科学》2017年第3期。

独龙江地区只是高黎贡山一部分，对气势磅礴之高黎贡山而言，无论是植物地理研究，还是生物多样性研究均不多；无论是学术性专著，还是科普性出版物，都处于空白状态；尤其是高黎贡山西坡缅北地区，仍然未被综合考察或探险地区。李恒在完成独龙江研究之后，乃将视野扩大到整个高黎贡山。1995年之后，昆明植物所李恒和郭辉军组织课题组，获得国家自然科学基金委员会、麦克阿瑟基金会、云南省科学技术委员会、美国地理学(NGS)、美国加利福尼亚科学院(CAS)等机构资助，与保山地区自然保护区、怒江州自然保护区合作；1996年又与英国植物学家合作；1997至1998年与英国、美国、意大利植物学家合作，先后在保山百花岭、腾冲高黎贡山、泸水怒江县、贡山怒江河谷西侧等地进行了8次考察，新采标本近7000号。在此基础之上，2000年由李恒、郭辉军、刀志灵主编完成《高黎贡山植物》一巨著，由科学出版社出版。

墨脱越冬考察 在吴征镒“中国种子植物区系研究”项目中，列为关键地区和研究薄弱地区还有西藏墨脱地区。在70年代，中国科学院曾组织几次对西藏墨脱地区生物资源进行考察，特别是1980—1993年对南迦巴瓦地区较为全面，但这些考察受限于该地区自然条件艰险以及考察学科范围涉及植物区系偏少，尤其缺乏细胞学材料，故吴征镒将此地区列为研究薄弱及重点考察关键地区。为获得珍贵研究材料，昆明植物所乃几经遴选，最后组织以孙航为队长，周浙昆、俞宏渊为队员的青年考察队，自1992年9月至1993年6月，作为期10个月越冬考察。一次考察时间如此之长，已不多见，实因墨脱地区交通不便，还因需要获得越冬材料。

墨脱县其时是中国唯一不通公路地区，一年之中有长达九个月大雪封山，其南端又处于中国和印度有争议的“麦克马红线”，大部分地区与外界实是隔绝状态。临行之前，项目主持人吴征镒对考察任务和方法作了明确指导，在昆明项目学术领导小组成员、昆明植物所有关负责人和项目秘书组成员，多次会商考察路线、工作安排、重点群落和种群，达成统一认识，并对后勤保障、交通运输和人员安全均作细致安排。昆明植物所还请国家自然科学基金委员会致函西藏自治区政府，请当地政府和西藏军区予考察队以安全保卫等。9月4日考察队离昆，临行之前，昆明植物所还给三位队员饯行，三位青年表示一定要尽最大努力完成好考察任务，可谓是壮行。

关于考察途中之艰难，有非经历者所能想象者。在档案中有一期昆明植物所《研究工作简讯》，将调查队致研究所汇报之信函、电报汇集在一起。这类档案，在电话和 E-mail 广泛使用之后，难已复见，故甚为珍贵。此摘录其中一段，以见途中艰险之一斑。

> 标本采集中也有不少困难。尽管我们本着安全第一，但这里地势险峻，林森草密，许多能采到标本的地方都要冒一定的风险，否则要有相当数量的标本难以采到。从汗密下来时，周浙昆在老虎嘴天险滑了一跤，道路又窄，下面是万丈深渊，至今想想还有些后怕感。在后勤保障上，所有食品粮食都必须自备，自己做，根本不在老百姓家吃东西。在治安方面，虽这里基本上较内地安全，但就在 11 月 29 日，我们雇的背运食品的民工，（与我们同行，但在我们后面）在阿尼桥被一伙门巴村民持刀抢劫并被打伤，我们不得不高价雇民工将其背回。据说此类事件偶有发生。这里山高路险，一天也遇不上一个人，出了事可谓呼天喊地都不应。
>
> 这是我们所能带出来寄的最后一封信，大雪马上要封山了，据说现在翻山雪已有齐胸深。所里若有什么指示，可直接电告。①

图 5－16　周浙昆（左）、孙航（中）、俞宏渊（右）在墨脱多雄拉山考察（孙航提供）

---

① 孙航等致昆明植物所计划处及大课题领导小组函，1992 年 11 月 4 日，《科研工作简报》第 19 期，1992 年 11 月 25 日，昆明植物所科技档案。

条件虽如此艰险，但孙航等年轻学者继承昆明植物所前几辈学者之精神，拥有克服困难之勇气和对科学事业之忠诚，最终历经重重险阻，圆满完成任务。考察队对考察成绩作这样综述：

> 这次考察共获6 300号标本①，500余袋细胞学材料，200号活苗以及几乎全部森林类型的样方资料。基本搞清了墨脱雅鲁藏布江植物的区系组成，分布及演化规律；搞清了该地区特有类群，以及残遗替代类群的分布及生态学特征，该地区重要科学的细胞学材料已基本采到，为后期开展细胞学方面研究奠定基础。此外，在该地区植物区系区划方面，此行考察也为之提供了可靠的依据，并且还基本搞清了植物群落在演替过程中区系成分的动态变化。在所采到标本中包含了许多新记录或新类群。②

其后，孙航、周浙昆等利用考察所得材料，完成论文20多篇；孙航和周浙昆还合著《雅鲁藏布江大峡弯河谷地区种子植物》③一书。他们因此而奠定其的学术地位。是年，孙航年仅29岁，还在攻读博士学位；周浙昆已获博士学位，也只有34岁。他们均出自吴征镒门下，经此历练，其后各自在学术道路上越走越远。

三、几个重要研究平台建设

《云南植物研究》学报 伴随昆明植物所发展，有《云南植物研究》编辑出版。早在“文革”末期，随着研究事业初步恢复，国内一些科学期刊陆续复刊。云南植物所此前未有刊物，而此时有不少论文需要发表，于是在1975年试办《云南植物研究》，未公开发行，仅为内部交流使用，为半年刊，共编辑4卷8期。1979年经国家科委批准，为学报级刊物，仍为半年刊，向国内外公开发行，且有英文刊名 *Acta Botanica Yunnanica*。此前或者是同仁刊物，此则面向全国，乃至国际，吸引国内外知名学者投稿，也提升刊物影响力，不久即被国际知名

① 此行所采标本最后据采集记录统计应为6901号。

② 孙航、周浙昆、俞宏渊：墨脱考察纪行，昆明植物所科技档案。

③ 孙航，周浙昆：《雅鲁藏布江大峡弯河谷地区种子植物》，云南科学技术出版社，2002年。

文摘类杂志所收录。2002年改为双月刊,2005年,实行主编领导下学科副主编责任制,增加各学科编委,吸纳部分国外编委,使得刊物在国内外声誉不断提高。

昆明植物园 昆明植物所持续发展也带来昆明植物园日臻完善,因园区面积有限,将目标定为:以云南高原和横断山地区珍稀濒危、特有类群及具有重要经济价值的植物为目标,以建设专类园为基本单元,广泛开展物种的收集和保育工作。园区占地660亩,至2008年建成13个专类园(区),保育植物4 254种(变种),其中系统树木园1 100余种;木兰园120种;山茶园300余种,包括云南山茶(*Camellia reticulata*)品种100余种;百草园1 000余种;濒危植物区400余种;秋海棠专类园250余种、蕨类植物专类园(42科)400余种、扶荔宫(温室群)2 000余种、杜鹃专类园80余种、单子叶植物区200余种、裸子植物区200余种、岩石园100余种、观叶观果园400余种。昆明植物园立足云南,围绕国民经济建设的需求,从林业、药用植物、油料植物(包括能源植物)、经济作物、园林绿化植物、观赏花卉等方面为国民经济建设提供新的植物种质资源,为合理开发利用和保护云南的植物资源作贡献。昆明植物园还是云南省大专院校开展植物学、园艺学、林学、农学和环境科学等的实习基地,也是对公众进行植物科普教育和参观的园地。

中国西南野生生物种质资源库 1999年8月,吴征镒向国务院总理朱镕基呈书,提出"十分有必要尽快建设云南野生生物种质资源库"建议,得到国务院重视。2002年,中科院和云南省人民政府联合申报"中国西南野生生物种质资源库建设项目建议书",得到国家发改委批准,遂开展筹备和论证,2004年3月国家发改委予以正式批准,将该项目列入国家重大科学工程建设计划,总投资1.48亿元人民币。

项目目标是通过就地保护与迁地保护相结合方式,以中国西南地区野生生物资源保护为重点,兼顾周边地区,重点收集稀有濒危种、特有种、具有重要经济价值及科学价值的物种,为中国野生生物种质保护、研究、合理开发及利用提高技术支撑和决策依据,并建立一支研究团队。种质库收集种质资源以植物为主,兼顾动物和微生物,设有种子库、植物离体种质库、DNA库、微生物种子库、动物种质库等。

该种子资源库建设,是中国政府履行《生物多样性公约》、实施可持续发展战略的重要内容之一,将对国际生物多样性保护产生深远影响,在建设之初,英国著名学术刊物 *Nature* 刊载专文报道该项目启动消息,美国密苏里植物园主任 Peter Raven 和英国皇家植物园邱园主任 Peter Crane 到现场考察。

种质库建于昆明植物所内元宝山上，占地 83.9 亩，建筑面积 9 700 平方米，主楼为"品"字形三层楼房，与整个园区协调，形成一体。种质资源采取冷藏方式予以保存，具有 1.9 万种 19 万份（株）保藏能力。2007 年 2 月种质库竣工，随即成立种质资源采集队，赴西双版纳等地采集，由此开始持久采集工作。且以种质库为平台，承担多项国家重点项目，分别由李德铢、孙航、龙春林主持。

丽江高山植物园　1974 年丽江高山植物园撤销，30 年后得到重建。1991 年，昆明植物所与英国爱丁堡皇家植物园正式建立姊妹研究机构关系，由于爱丁堡植物园有成功引种云南高山花卉到欧洲的历史，基于此 1999 年该园与昆明植物所初步达成一同复建丽江高山植物园意向。经云南省政府和丽江地区政府同意之后，2000 年 5 月 14 日正式签订合作协议，在中英双方政府及有关部门支持下，昆明植物所、省农科院、爱丁堡皇家植物园和丽江县政府四方达成共识，合作复建丽江植物园。园址经多方面比较，中英双方一致选择玉峰寺北侧与玉水寨左侧毗邻的山坡地带。该点距丽江县城约 12 公里，计划用地 4 300 亩，其中 400 亩为园艺展示园，100 亩为实验和管理用地，100 亩为野外工作站，其余 3 700 亩为原始林植物资源保护区。

2005 年 1 月 25 日，英国爱丁堡皇家植物园与昆明植物所为研究与保护西南地区生物多样性所搭建的科技平台——中英合作共建丽江高山植物园大门建成并通过竣工验收，中英合作共建丽江高山植物园挂牌仪式在云南丽江举行。从此，昆明植物所又增加一个研究平台，也实现历史愿望。

自 1997 年中国科学院启动科技创新工程之后，国家对科技领域投入大幅增加，昆明植物所进入快速发展时期。一批年富力强、德才兼备优秀人才，先后提拔为所领导。1997—2001 年，郝小江为所长，刘培贵、李德铢为副所长；2002—2005 年，郝小江仍为所长，刘培贵、李德铢仍为副所长，增加杨永平为副所长，在 2004 年中期考核中，又增加孙航为常务副所长；2006 年则李德铢为所长，孙航、杨永平、刘吉开、干烦远为副所长。昆明研究所在他们领导之下，继承传统，不断创新，学科布局和研究特色进一步优化。除建成植物化学与西部植物资源持续利用国家重点实验室和中国西南野生生物种质资源库之外，还建成中国科学院生物多样性与生物地理学重点实验室。兴建综合科研大楼、国家重点实验室大楼、植物标本馆、图书馆、物业中心大楼、研究生公寓和文化

图 5－17　2008 年昆明植物所历任所长合影（前排左起周俊、吴征镒、孙汉董；后排左起李德铢、许再富、郝小江）

广场等多项建筑；研究设施和仪器装备大幅提升。招聘数名“百人计划”人员，研究生培养体系进一步完善，研究队伍素质、结构和数量持续提高，新一代科技人员肩负起科技创新之重任。

昆明植物所取得诸如此类之成就，与吴征镒几十年苦心经营，着意培养而形成研究所之研究传统和学术氛围有莫大关联；所获得研究成果又为学界和社会所认同，并引领中国植物学得发展，因此，更得到各级政府、各类机构有力支持；而吴征镒本人在科学道路上，孜孜以求，终成大家。在吴征镒晚年，昆明植物所协助其整理平生著述，出版《吴征镒文集》《百兼杂感随忆》《吴征镒自传》等，予以系统总结，为后世留下一份宝贵遗产。此引《百兼杂感随忆》编者在“后记”中一段对吴征镒为学、为人之评述，作为本章之结语。

（“文革”结束之后）吴老十分珍惜这来之不易的“科学春天”，勤于国内、国外科学考察，特别是花甲之年毅然两次进藏考察，长时间在缺氧的高原考察，回来后牙床松动，全装上了假牙。此间吴老总揽全球和中国植物区系研究，组织、领导并圆满完成国家基金委员会重大项目“中国种子植物区系研究”，提出了一系列有关植物区系发生、演化和发展的学术创建，写出一套四部相关的姊妹篇，得以充分发挥他所独创的学术思想，也培养和带动了一批优秀的年轻学者，使中国植物学后继有人。吴老一路走来，丰厚的学术建树和深厚的修养同步而生。他对科学执着追求在实践中得到检验，修养、情操在考验中得到提升。[①]

① 吴征镒著、昆明植物所编：《百兼杂感随忆》，科学出版社，2008年，第568页。

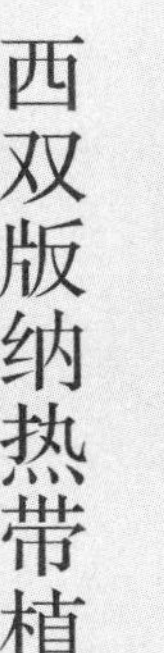

西双版纳热带植物园

第一节　创建始末

野生植物只有经过调查采集，通过化验分析，才能发现其经济价值。即便发现其经济价值，尚需通过引种、栽培、推广等过程，才能运用于生产之中。此中有复杂之过程，均由植物园这样研究机构予以完成。中苏两国科学家在云南之调查，发现许多经济植物，自然提出建立热带植物园之建议。1956 年提出，曾立即予以落实，最初选址在金平县猛喇坝，并起草有选址工作报告，与中苏生物考查队的总结一并送中科院审核，但并没有立即组织实施。“1956—1967 年国家科学技术规划”第 56 项，在第二个五年规划期间的 1958—1962 年成立海南岛植物园及云南河口植物园，又将热带植物园选定在河口。1957 年列宁格勒柯马洛夫植物研究所副所长费多洛夫（А. Л. Федолов）等向中国科学院建议，为发展热带经济植物，应从速成立云南热带植物园，并主张将园址改在西双版纳。然而，此项建议仍未立即着手，以致 1958 年 5 月 28 日竺可桢在整理其上年访问苏联材料，撰写《参加 1957 年中国科学技术访苏代表团的报告》时，还云苏联人几项意见值得我们注意，如专家要我们在热带设立植物园事，尚未开始。但是，不久即为筹备。

关于西双版纳热带植物园历史，笔者曾受该园邀请，以三年之力，于 2003 年完成一部《西双版纳热带植物园五十年》，本章及下一章即取材于是书，并增加一些新材料。

一、初设大勐龙

在西双版纳景洪设立群落站之同时，亦在其地筹划设立植物园和自然保护区。在酝酿过程之中，昆明之蔡希陶与北京之吴征镒有甚多函电来往。限于当时条件，有人主张将植物园与自然保护区合并建设，吴征镒来电告知。蔡希陶认为此项主张不妥，随即复函，说明其意。此函写于 1957 年 12 月 30 日，其云：

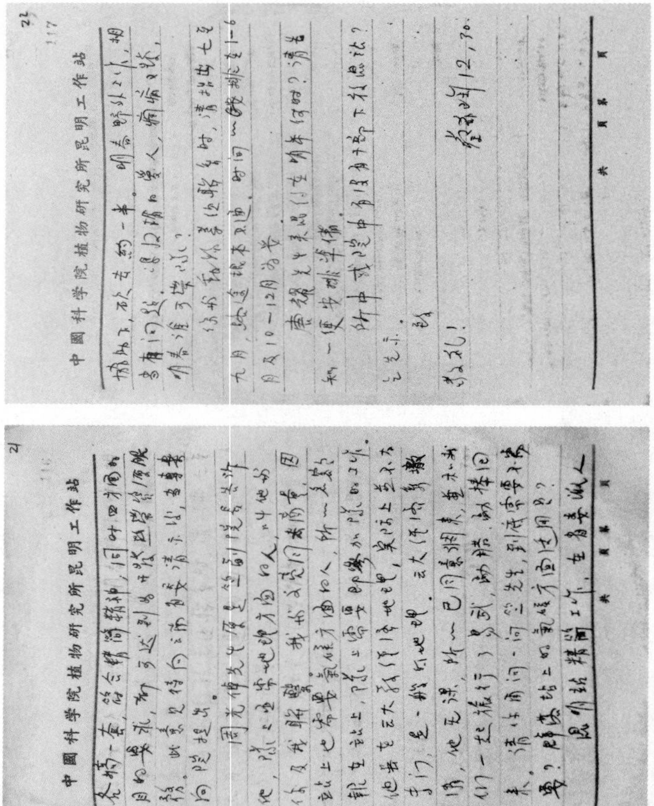

图6－1　蔡希陶致吴征镒函(昆明植物所档案)

> 景洪成立植物园事，事实上不能与禁伐区合并，因禁伐区是天然林，要保护，不能砍；而植物园系引种试验之用，必须有相当面积的空地。我个人，也有不少其他的人，总认为开发热带，光停留在调查了解的阶段，不加以试验，是不足为生产服务的。所以电复所云，将植物园并入保护区，事实不可能，而只能说，植物园宜接近保护区，以便利观察照管。
>
> 我与李文亮同志初步商谈，为节约财力人力，主张将热带植物园、群落观察站、保护区以及紫胶虫试验，一起合并，设在景洪。如此，行政、气候等可不再各搞一套，符合精简精神；同时四方面的目的要求，都可达到，为开发热带资源服务。此意见待向云南省委请示后，当专案向院提出。①

由此函可知蔡希陶对植物园理解高出一般人士。植物园作为一项科学事业，源于西方科学先进国家，传入中国虽已有年，但尚不普及。蔡希陶虽然未曾出国留学，但其师友之中即有几位植物园专家，如陈封怀、俞德浚等。1956年当蔡希陶任用新分配来昆明工作站未久之冯耀宗加入昆明植物园工作，即令其先赴庐山植物园、北京植物园参观学习，接受名师指导。由此可知，蔡希陶对植物园建设一开始即持纯正之观点。此后昆明植物园及西双版纳热带植物园能取得享誉国内外之成就，实乃蔡希陶学术观念为其奠定基础。但是，此时之蔡希陶，只是工作站主任，是决策执行者，而决策层在中科院或中科院植物所，蔡希陶希望其意见能影响决策，故函文语气和缓，亦见其洞悉世事。

其后，蔡希陶起草“西双版纳热带植物园规划”，将植物园的方针和任务界定为：

> 1. 将过去已经在云南发现的经济植物收集引种，通过栽培观察，进行选育优良品种。如云南的儿茶、槟榔、大叶茶、咖啡、香茅草、木姜子、蓖麻、樟树、柚木、铁力木以及各种热带水果。还有著名的热带药用植物，如蛇跟草、马钱子、三七等，也都应列入引种名单。
>
> 2. 和华南及东南亚、南美、非洲等地热带国家的植物园建立密切交换关系，经常引种国内外的各种经济植物种苗，对于橡胶、咖啡、可可、胡椒等经济意义特大的作物，当通过企业部门或华侨关系，广搜各种优良品

① 蔡希陶致吴征镒函，1957年12月30日，中科院昆明植物所档案。

种,重点繁殖栽培,以服务于我国正在发展中的热带种植场事业。

3. 为了最大限度地利用自然为社会主义服务,要大力发掘野生植物,化无用为有用,培养出数以百计的各种丹宁料、纤维料、芳香料、油脂料和药物的新品种,使它们驯化为人类所用。①

蔡希陶所作"规划",还写出一些具体措施。这些措施虽与此后之实施有所出入,尤其是建园时间及所需经费和人员,均不是按照上级领导机关之指示所作出,而是蔡希陶作为昆明工作站一站主任之构想,以符合精简精神,故亦抄于此。

1. 一九五八年春季开始勘查适宜园址。

2. 园址拟建设在西双版纳首府西南50公里的大勐龙,海拔700公尺,有简便公路可通,与本站的另一新机构"生物地理群落站"相接近,便于行政领导及互相联系。

3. 园址面积3 000—5 000亩。要有小山、溪谷等复杂地理条件,以荒地为主,尽量勿占耕地。

4. 今年在园址划定后,就立即进行开荒垦殖工作,要求秋季能播下经济植物100种,五年后有2 000种。十年后成为有名有实的一个热带植物园。

5. 经费。本年经费由昆明工作站自筹解决以应急需。

6. 干部。处级干部及工人由下放干部中选调,本年需农校毕业以上程度八名,工人三十名。其他负责业务领导及乡镇领导的干部,请院办事处考虑由其他机关或大学中调配。②

蔡希陶写此"规划"草稿,未署日期。稍加分析,可以断定是在其即将赴西双版纳设立群落站时所写。蔡希陶致力于植物资源的调查,对建立植物园甚为迫切。其时,全国开展"大跃进"运动刚起步,中国共产党提出"科学要为工农业生产大跃进服务",建立热带植物园对促进植物科学为生产服务,也符合

① 蔡希陶:西双版纳热带植物园规划,1958年,中科院昆明植物所档案。

② 蔡希陶:西双版纳热带植物园规划,1958年,中科院昆明植物所档案。

其时之政治形势。于是，云南省人民委员会于3月29日以(58)会文办密字第008号指示西双版纳傣族自治州人民委员会将西双版纳勐龙曼金寨附近荒地、荒山及原始森林划作园址[①]。将植物园选址在勐龙，当然是蔡希陶的主张。早在1956年有创建植物园意向时，他便开始选择适当园址，“曾经在全云南低纬度低海拔地带跑过四五千公里，当时有些地区还不通公路。先后勘测过廿九个地点，仅允景洪一县勘查过十多个点”[②]，最后确定在距离允景洪五十余公里之外的大勐龙。

一般而言，植物园大多设于社会条件、基础设施较好，且为地区政治文化之中心城市。在西双版纳当以景洪为中心，理应在景洪建立植物园。但蔡希陶认为，景洪周围的自然面貌受人的影响太多，他理想中的植物园可以就地引种植物，有多种多样栽培植物的园地，各种植物各得其所，野生植物和人工栽培植物能相互参照比较。蔡希陶是将植物园之植物放在首位，而将从事植物园建设之人放在次要地位。如此考量，自然会有不同意见，但蔡希陶依然坚持，可见其性格率真，如同其早年主动申请来云南采集标本一样。但是几百人建设植物园与几个人采集标本，是完全不可等同之事，蔡希陶无疑在冒险。但蔡希陶敢于冒险，这正是他的勇气。几月之后，发现勐龙环境并不适宜，蔡希陶依然不曾退缩，还是按其理想，在远离城市之外，再寻园址，最终安顿在勐仑之葫芦岛，如此变更，更见其意志坚定。

当云南方面基本同意建设植物园之后，不知何故，昆明工作站并未立即向中科院北京院部报告，而是待一个多月之后，是年4月15日向中科院昆明办事处报告“西双版纳热带植物园筹建方案及经费预算等计划”。中科院昆明办事处成立于1957年，为中国科学院在云南的派出机构，代中科院管理在云南的研究机构。4月30日昆明分院办事处向院部转呈昆明工作站此项计划，其云：“我们基本同意该站拟建热带植物园方案，为使建园工作顺利进行，请院部早日批准下达建园方案及核算经费。”在中科院院部尚未批复，蔡希陶即率队自昆明奔赴西双版纳景洪之大勐龙，一同开辟群落站和植物园。周光倬记有：

---

① 《云南省志卷七·科学技术志》在“大事记”中，将“中科院接受苏联费多洛夫建议，决定在西双版纳建立云南热带植物园”，系于1958年3月29日。其实，此日乃云南省人委发文，同意建立西双版纳植物园之日期，该《云南省志》将此混淆。

② 蔡希陶：西双版纳热带植物园建立过程中的几点体会，1963年11月，中国科学院植物园工作会议材料。西双版纳植物园档案，1963-1-1。

“李、蔡两位到后，为选择热带植物园园址，又扩大范围，向附近的寨子亲自踏勘一转，得以了解曼亮伞寨后面一带迄小街的地貌，有广大沼泽区，森林虽不密，而并非童山，而其中聋聋梁山近千亩面积，仍得保存原始森林状态，盖度殊厚，草本层亦丰满，上层湿润，小蚂蝗不少，其间有溪水，雨季无法入内。”①据《周光倬日记》记载，蔡希陶抵达大勐龙在 4 月 5 日，抵达后告知同人：“据蔡告：现计划扩大，省委决扩大为一万亩，建热带植物园在内。”②后即选择小街一带为植物园园址。事毕之后，蔡希陶、周光倬等返回昆明，待 5 月 6 日“蔡主任希陶率领站上技工五人和青年学生五名赴大勐龙筹备热带植物园。临行前交代站上加强领导，由老干部久经锻炼的何同志来负全责，希望大家更好地努力工作，力争上游。”③由此可知，蔡希陶率队前往大勐龙，并没有常驻其地之计划，而是请何泰贻负责。

由于定位站与植物园几乎是同时进行，且相距不远，多年之后，人们在追溯历史时，往往未细加分辨，将两者混为一谈。本书将各自创建原委记述清楚，以上为植物园选址之经过，而定位站创建始末将在下一章记述。

植物园建立两月之后，中国科学院昆明办事处更名为“中国科学院云南分院”。7 月 24 日云南分院再次就创建西双版纳植物园方案及经费预算等计划，转呈中科院，请求审批，并请颁发该园印章。不过此方案比先前蔡希陶计划更加完善和具体，确定植物园名称为“中国科学院西双版纳热带植物园”；园址设于西双版纳勐龙曼金寨，距群落站 1 公里。西双版纳植物园隶属关系，蔡希陶在北京出差之时，与中科院计划局局长汪志华及中科院植物所办公室主任杨森商定，由云南分院领导，其业务受昆明工作站指导④。并成立学术委员会，由钱崇澍、陈焕镛、何康、吴征镒、秦仁昌、陈封怀、俞德浚、朱彦丞、蔡希陶组成。植物园工作任务与蔡希陶先前之计划相同，只是人员编制 60 人、半年经费预算 4.1 万元，有较大突破。

在群落站和热带植物园开始建立之时，正处大跃进运动的高潮，云南分院还在筹划成立冶金陶瓷、数学物理、植物、动物、地质五个研究所。其中植物研

---

① 周光倬：回忆，1959 年。周润康提供。

②《周光倬日记》，1958 年 4 月 5 日。周润康提供。

③《周光倬日记》，1958 年 4 月 5 日。周润康提供。

④ 昆明工作站致中科院昆明办事处，1958 年 7 月 18 日。中科院昆明植物所档案。

究所是在昆明工作站基础之上予以扩充。基本格局界定为:“昆明植物所设所长一人,副所长两人,下设办公室及分类、生态地植物学、资源化学三个业务组,并领导昆明植物园、西双版纳热带植物园、丽江高山植物园及热带森林生物地理群落综合观测站(中苏协作项目)。”[①]此三个植物园分别地处寒、温、热三带,建成之后,预计将是世界露地栽培植物种类最多和类型最丰富的机构。而于热带植物园,则作出其“植物品种应超过印度尼西亚茂物植物园”。茂物植物园为著名热带植物园,为英国殖民时期创办,至此已有200多年建园历史。

1958年9月4日,云南分院向院部报告:云将在原昆明工作站基础上,成立昆明植物所,领导三个植物园及群落站。为加强研究所的领导工作,请院部考虑派吴征镒同志担任昆明植物所所长。此前吴征镒率领中苏云南生物考察队,多次到云南,与云南分院领导相知已深。据吴征镒本人事后所言,其本人愿来云南工作,所以云南分院有此请求。与此同时,云南分院还请求将此前曾随吴征镒来云南考察的中科院植物所之王文采、朱太平、陈介、武素功四人也调昆明植物研究所工作。1958年9月23日,中国科学院干部局复函云南分院,“同意吴兼任昆明植物所所长,须经院务常务会议通过再行公布。另拟商调王文采同志等四人随吴去云南工作问题,经征询植物所意见,未表同意。”

1958年10月31日,中共云南省委批准云南分院成立五个研究所,后经省委常委1958年12月3日会议批准,吴征镒兼任昆明植物所所长,并任云南分院委员会成员,其时,吴征镒仍为中科院植物所副所长。同时省委常委会还任命蔡希陶、浦代英为植物所副所长。其实,浦代英在7月间就已被任命为昆明植物所政治副主任。随后,中国科学院和国家科委先后批准云南分院成立五个研究所。

勐龙植物园经半年建设,至1958年年底,盖起砖木土草房6间、草房25间,开垦荒地250多亩,其中苗圃25亩。播种、移植植物72种,有萝芙木、咖啡、橡胶、香茅草、龙脑香、黑心木、铁力木、毒箭木等,并种植菠萝6 000株、香蕉1 500株。年末之时,还将人员分成三组,在附近地区采集种子。其时,植物园有人员46人,一部由昆明植物所派去,内有研究实习员2人,技术员1人,

---

① 昆明工作站:呈请成立中国科学院昆明植物研究所的报告,1958年8月28日,中科院档案馆藏云南分院档案,Z393-2。

行政人员1人、工人4人，余为新招收之高初中毕业学生10人，共计18人。一部分由当地党委陆续调派，有行政人员1人，少数民族工人18人，下放干部6人，勤杂3人。是年植物园行政负责人是何泰贻，而业务负责人则是冯耀宗。未刊本《西双版纳热带植物园志》记载在小街建园时期人员是："蔡希陶、单勇、杨崇仁、高友碧、廖贵芳、费洪福、范琴、罗昌华、袁宪周、李海云、杨向坤、胥春才、罗杰、陈梓纯、付承祥、赵天祥、黄玉林、杨正福、王光智、艾有兰、吕春朝、管兴尧、汪体让、杨淑芹、徐兰英、何泰贻、冯耀宗、董学颜、李淑仙、李德厚、普朝明、张弥坚及阿四等少数民族工人。"①合计为33人，尚有十余人为当地少数民族，因在植物园工作不久即离去，致使其姓名未记录在案。

图6-2 1958年，昆明植物所副所长浦代英往大勐龙看望植物园职工，与部分职工合影（前排左起冯耀宗、廖贵芳、浦代英、艾有兰、杨淑芹、李德厚；二排左起单勇、黄玉林、董学颜、□□□、□□□、杨崇仁、□□□，图中不复辨识者，为傣族青年，其后不久离开植物园。由西双版纳热带植物园提供）

在诸多人员中，以袁宪周最为年长，是年已五十有四。袁宪周（1904—1975），云南昆明瓦窑村人，高中毕业，以种菜种花为生，因有栽培技术，1953年被蔡希陶招入昆明工作站，从事植物繁殖栽培工作。在其人事档案中，有份"自我检查"，言及其来西双版纳之情形：

① 《西双版纳热带植物园志》，1999年，未刊本。

> 1958年5月昆明植物所调我来西双版纳建立热带植物园。当时我为了能参与这一建设祖国边疆的光荣任务而感到万分兴奋，抱定决心和信心要把植物园建好才转回昆明，更决心要做出一些出色的表现和成就，所以工作情绪很高，斗志很强，从不灰心丧气。在建园工作中曾克服过不少困难。在大勐龙时曾和同志们开辟了20多亩苗圃，育成一百多种苗木，尤其是搜集了几千株萝芙木苗木。带徒弟教学生，为建园提供人才和物质的基础条件。①

袁宪周被安排到西双版纳任技术员，显然是其技术娴熟，吃苦耐劳，能带领年轻人将植物园之苗圃建设好，而得蔡希陶信任。袁宪周在植物园曾给工人及年轻技术人员讲授植物繁殖、栽培技术之课程。②

关于1958年大勐龙植物园，前所引刘崇乐在云南南部考察之后所作《工作报告》中，也有言及，抄录在此，或可补植物园在勐龙情况之不足。其云：

> 重点搞橡胶、咖啡和药用植物，今年7—9月开荒200亩，9月以后整理苗圃30余亩，采种栽培了62种，比例较大的是萝芙木，移苗一万一千多株，插条6千多株。由于上海药物所发现从山药中可提炼一种析体皂素价值极高，所以也挖了一部分山药准备下种。为了采种，最近派出3个小组，就近搞山区收集品种。对国外交换尚未开始。植物园包括自然保护区有地一万五千亩，工作人员44人，其中技术员2人。按面积来计算，需要200人，技术员尤感缺乏。③

由于大勐龙距中缅边境太近，只有20公里。在此建设植物园，生活艰苦，条件简陋，有时老虎出没，而这些尚可克服，但常遭逃逸至缅甸国民党残余势

---

① 袁宪周：自我检查，1964年，西双版纳植物园档案。

② 植物园自大勐龙迁至小勐仑后，袁宪周于1959年2月也来到勐仑，依旧从事苗圃工作。但其时植物园主要工作是基本建设，袁宪周之工作不被重视。其后，由于袁宪周属于旧时代过来之人，难以适应新时代，也不被新时代所接收，其满怀热情，未得回报。一位孤老之人，耳聋眼花，在勐仑工作甚久。1963年患白内障，在昆明手术之后，还是回到勐仑继续工作。在“文革”中，被打成地主分子，工资降两级，含冤而死。1981年云南热带植物研究所对袁宪周错案予以平反，并补开追悼会。

③ 刘崇乐：工作报告，1958年12月，中科院档案馆藏云南分院档案，Z393-12。

力入境破坏,则不堪其扰。植物园与群落站两个中央机关,以及附近村寨一个国有粮仓,为其攻击主要目标。为此植物园、群落站员工每人还配备枪支,领导干部除一支长枪,还另加一支手枪,日夜派人站岗放哨,如同战争一般。建设植物园需要和平环境,处于这种状况,其建设大受影响,因此,蔡希陶作出另选园址之决定。

二、再选小勐仑

1958 年 5 月热带植物园在大勐龙兴建,几个月后,发现其地并不适宜。8 月间蔡希陶请示云南分院,要求重新选址,10 月获得同意,遂在西双版纳境内重新寻找新园址,终于选中易武县勐仑镇曼金寨所在地,其三面由罗梭江环绕,形成半岛,蔡希陶后将其名之为"葫芦岛",作为植物园永久之园址。其时,易武县正在岛上开始兴办棉花农场,而易武县治也准备自易武迁至勐仑,在勐仑已盖起几间草房,而岛上还有一个几户之傣族村寨,名之曰"曼摆乃"。

勐仑属于西双版纳十二个坝区之一。"西双版纳"是傣语音译,"西双"是"十二"之意,"版纳"乃"一千块田"。勐仑坝区南北长约 6 公里,东西宽 4—5 公里,罗梭江、勐醒河、南班河川流于坝中,海拔 560—600 公尺,最高温度 41℃,最低温度 6℃,没有明显四季之分,属于热带气候类型,一年之中 5—10 月为雨季,其余为旱季。旱季有晨雾,终年无霜雪。勐仑与勐龙相较:勐仑南距老挝边境约 120 公里,西南距缅甸边境 75 公里,在西双版纳属内陆地区,社会治安较安定。在交通方面,其时正在兴建小磨公路,北行 60 公里接昆洛公路至小勐养,南下 90 公里通勐腊,至磨憨口岸而老挝。勐仑往西南,距允景洪 95 公里。在自然条件方面,勐仑则有胜出之处,地质复杂,有石灰岩、河漫滩、砂页岩等。原始森林保存完整,河流多、水源充沛。动植物资源丰富,在原始森林中有野牛、象、虎、豹、马鹿、犀鸟、长臂猿等珍贵动物,可与自然保护区、动物驯养场协同进行。其不足之处,惟气候较勐龙冷和旱,土壤酸度不强而已。植物园所在葫芦岛,三面由罗梭江萦绕,江面宽 160—180 公尺,为天然屏障,便于管理;江水妩媚,亦为植物园增添艺术美感。

在选择勐仑时,曾征询当时在西双版纳中苏联合考察队中有关专家意见,大多认为植物园设于此较为适宜。中国气候学家吕炯对勐仑气候条件甚加称颂,他说:"世界上除了非洲我都到过,而气候最好(指对植物而言)的地方要算是勐仑了。这儿有大陆性气候的特点(优点),而没有大陆性气候的缺点,有海洋性气候的优点,而无海洋性气候的缺点。”[①]苏联植物学家费多洛夫对勐仑植物之丰富,植被之完好更是赞誉不已,他说:“你们这里一棵大树,就可以成为一个森林植物园”。[②]

勐仑在易武县境内,民国时期易武称之为镇越,因地接越南而得名,属普宁道。1954 年撤销镇越县,置版纳易武、版纳勐腊、版纳勐捧,1958 年合并为易武县,1960 年改名勐腊县,县治从易武迁至勐腊。1959 年植物园设于勐仑时,勐仑坝子有 3 个乡,17 个自然村(寨子),共有人口 558 户,2 818 人。居民多为傣族,有小部分汉族,附近山区有本族、爱尼族、瑶族、攸乐族及杂居少数其他民族。环绕植物园有 6 个自然村,人口不多。由于勐仑坝区人口少,自然条件优越,作物生产迅速,发育良好,相对而言,当地农民比较富裕,种一年吃三年,而周围原始森林保存甚好,野菜则采摘不尽。

葫芦岛乃灵秀之地,选此为植物园园址之人,无疑极具睿智,为后人所景仰。因此,其后关于选址经过,有多种叙述,让人莫衷一是。最早档案文献记载,是 1959 年 1 月 23 日植物园向云南分院及昆明植物研究所作“勐仑植物园建园工作报告”,其云:

> 1958 年 10 月下旬分院指示再选一热带植物园园址后,何泰贻同志即至勐仑踏查。工作两天后,初步选定小腊公路 57 公里曼俄背后湿地约有 500 亩水稻田,6 000 亩沟谷林,包括曼俄龙山在内为园址。11 月 29 日至 12 月 1 日,苏联专家巴拉诺夫、卡班诺夫、卓恩、阿留宁等来勐仑工作,认为所选园址,从地形、土壤、植被都不如勐龙,但可建分园以补大勐龙的不足。专家在勐仑工作时间短,对勐仑的地形、土壤、植被了解不多,所提意见不能作为结论。12 月 2 日我们向地委书记孙明同志提出,以西北南三面环绕罗梭江,具有高山、低山、湿地、河漫滩,土壤复杂,有红壤、黄壤、沙壤、草甸土、沼泽土,可引种栽培喜酸、喜湿、耐寒、宜深耕的各种植物。12 月 16 日(易武)县委正式批准这一请求。12 月 27 日至 1 月 14 日考察队土壤、地貌、植被三个工作组由勐腊转至勐仑等地工作,据三个组提供的

① 《西双版纳植物建园一年工作报告》,中国科学院档案馆藏西双版纳热带植物园档案。
② 《西双版纳植物建园一年工作报告》,中国科学院档案馆藏西双版纳热带植物园档案。

> 资料和意见，证实选勐仑农场做植物园是最理想的。1月10日苏联总植物园热带、亚热带温室主任米克辛来勐仑，我们曾征求他意见。他说："从地形上看，植物园为江流环绕，高山、低山、丘陵、台地、平地、河漫滩兼备，土壤类型复杂，又将石灰山、沟谷原始森林包括在内，作为园址是很好的。"他建议"石灰山、沟谷林很可贵，应绝对禁止破坏，只供植物学工作者采集籽种标本。"①

这份文件粗略言及选址之经过和选择之理由，应当真实可信。但寻找新园址除何泰贻之外，还有冯耀宗、周凤翔，则在报告中未提及。何泰贻是植物园行政负责人，其后不久即离开植物园，改任云南分院行政处处长，"文革"初期曾任昆明植物所革命委员会副主任。其时，植物园业务负责人是冯耀宗，对寻找园址实担负主要责任。据冯耀宗言：他们一行来到勐仑之后，仅何泰贻认为曼俄适宜；对于葫芦岛，何泰贻则认为有江相隔，无力架桥，并不赞同；至于自然条件，何泰贻非专业出身，未曾考虑。②

冯耀宗著《大青树下》回忆录，对此有较为详细记述，其云：

> 西双版纳州三个县，景洪县找不到合适的园址，勐海县海拔又太高，那么，就到易武县看看吧。我们从景洪出发，到小勐养吃中饭。碰巧，中共易武县委副书记周凤翔同志正在那里等候搭乘过路车，我们一起高高兴兴到了小勐仑。
>
> 周凤翔同志得知我们要选择热带植物园新园址，就高兴地把小勐仑作了详细介绍。他说："这个地方，七分森林，三份农田，有山有水……"他主动而热情地带着我们到曼俄、城子等村寨，看了那里的"龙山"，接着，我们又乘独木舟，度过罗梭江，到了江对岸。③

文中所言周凤翔，后受热带植物园邀请，入园工作，任党支部书记。其于陈年往事未曾作文回忆。笔者于2011年年底，在昆明拜谒周凤翔先生，所言

---

① 勐仑植物园：勐仑植物园建园工作报告，中国科学院昆明植物所档案，1959年1月23日。

② 胡宗刚访问整理，冯耀宗口述，2013年6月15日于昆明。

③ 冯耀宗：《大青树下——跟随老师蔡希陶的三十年》，云南科技出版社，2008年，第31页。

旧事之中，对园址之选定，有与冯耀宗相同之叙述。其云：

> 1956 年农村合作化，西双版纳州成立合作部，我为委员。以后 12 个版纳成立五个县，我到易武县任副书记。易武县准备将葫芦岛作为县政府所在地，1958 年 3 月在勐仑盖起两间草房，计划在葫芦岛现在电站处，开挖明渠，让葫芦岛与勐仑镇连成一片，并已开工。其后不久，版纳州 5 个县，合并成为 3 个县，易武县和勐腊县合并，县治设在勐腊，而勐仑建县任务取消，葫芦岛则改为建设棉花农场。年底出席在北京召开农业会议，回来后，在州里传达，结束后便从景洪返回勐腊。当时，公路刚开通，并没有班车，先从景洪到小勐养；再在小勐养等便车，遇见何泰贻、冯耀宗所乘汽车过来，招手搭乘。在车上获知他们是去勐腊寻找植物园园址，因对勐仑周边情况比较熟悉，以为葫芦岛适宜，就向他们推荐。待冯耀宗前去查看，认为非常合适。①

几位当事人之言述，大致相同，当为确凿。但是，不知何故，有不少文字将植物园将选址于葫芦岛之功，直接加在蔡希陶名下。旭文著《蔡希陶传》，即作此言：1958 年 8 月 4 日，蔡希陶提出《关于站址及其现存问题的报告》，“10 月下旬昆明植物所同意蔡希陶的报告，决定重新选址。蔡希陶奉示后，马上行动，顾不得小腊公路尚未开通，就邀请早年踏勘过中缅边界的周光倬先生，双人双骑深入小勐仑考察。遂再与许建初、胥春才前往复勘，实地踏勘了曼安寨北侧、曼俄村北部，最后初定为葫芦岛。”②其实，西双版纳热带植物园之缔造者，无疑是蔡希陶也。但在草创之时，蔡希陶虽然曾亲自率领员工前来开辟，但其工作和生活地点主要在昆明，是昆明植物所副所长。重新选择园址之决策，当然是蔡希陶作出，对于大勐龙不具备建设植物园条件，其有切身感受。而踏勘选址之事，则委以何泰贻、冯耀宗等人进行。

前引《勐仑植物园建园工作报告》，即具体选址人员向蔡希陶等领导报告选址情况。其时，也无邀功之意。其中有对苏联专家意见不表赞同，这在以苏联为老大哥语境之下，有犯忌之嫌。因此，笔者以为文中所言并不忌讳，真实

① 胡宗刚访问整理：周凤翔先生口述，2011 年 12 月 18 日于昆明。

② 旭文：《蔡希陶传》，第 122 页。

可信。选址虽然不是蔡希陶,但蔡希陶对此新址非常满意,得其赞同。1960 年初作“咏热带植物园”诗,有“一江碧水东折西,勾出半岛葫芦形”之句,由此该半岛名之曰“葫芦岛”。

图 6-3 西双版纳热带植物园葫芦岛 2015 年卫星照片

最终确定葫芦岛为植物园园址在 1958 年 12 月底,人员随即从大勐龙迁入,开始新的建园。搬迁之时,并未举行任何仪式。其后,为纪念植物园成立,植物园人曾一度将 1959 年 1 月 1 日视为建园开始之日。

植物园园址四至,在建园之初,并没有明确界定。后至 1960 年年底,在划定勐仑自然保护区时,才将植物园界线划定。

> 具体界线为:西北面以罗梭江为界,东北从曼憨哥对岸开始,沿石灰山脚(东南)直往小腊公路 73 公里处为止;南面从罗梭江与勐醒河汇合处起,沿勐醒河沟谷森林直达小腊公路 73 公里,其中包括南面江对岸城子至曼安中间平地一块和江心小岛三个。①

葫芦岛土地面积共有 900 公顷,一直为植物园所使用。其后,也曾多次与周边村寨因土地发生争执,均经磋商,得以化解。

---

① 西双版纳热带植物园:关于调整勐仑自然保护区范围的报告,1960 年 12 月 7 日,中国科学院档案馆藏中国科学院云南分院档案,Z393-38。

第二节　创 建 之 初

一、人员配备

西双版纳热带植物园建立，中科院昆明植物所只负责领导其业务工作，而行政管理则直属于中科院云南分院。此时分院院长由云南省委副书记马继孔兼任，主其事者，实是副院长刘希玲。刘希玲(1910—1979)，广东梅县人，早年留学日本，1938年参加革命，曾任《太原日报》副总编辑、《人民日报》编辑部组长、《北京解放报》编辑主任、《云南日报》第一任总编辑，后任云南省委宣传部、文教部副部长。正是在他们直接推动下，植物园得到云南省各级政府或有关部门之援手，使其建设得以顺利进行。刘希玲本人对植物园建设一直甚为关心，在大勐龙时期，曾往视察，慰问职工。迁往勐仑之后，依然如旧。1958年12月热带植物园重新选定勐仑葫芦岛为园址后，云南分院将该园建设，列为1959年重点任务，其目标是“今年内进行基本建设，配备必要的干部，开办训练班和采种育种工作，并提出植物园的远景规划。”①并提出“苦战三年，把这里建成世界闻名的植物园，让祖国的边疆镶上一颗最美丽而耀眼的明珠。”②1959年也是中国经济出现严重短缺之第一年，许多大跃进中上马的项目，纷纷缓建或下马，而蔡希陶积极倡导兴建之植物园，在这一年却获得国家投资高达40万元，其中基本建设28.5万，科学事业费11万元。

图6-4　刘希玲(中科院昆明分院档案室提供)

① 中国科学院云南分院：中国科学院云南分院一九五九年重点任务，1959年2月22日，西双版纳植物园档案。

② 中国科学院西双版纳热带植物园：建园一年工作报告，1959年12月。西园档案。

植物园迁至勐仑后,此前负责人何泰贻被分院调回,改派许建初负责,而植物园主任尚未任命。许建初于 1959 年 12 月来勐仑,初步了解情况后,任命刘洪友暂兼行政秘书并负责人事工作,并成立基建备料组、工地组、运输组、业务组等。3 月 28 日成立党支部,也由许建初兼代支部书记,有党员 9 人。4 月 1 日刘希玲曾有来函,对植物园事作出指示:"要分工、要有领导,要有人负责,每一棵树,每一块地,该动的动,不该动的不动,一开始,就要有个计划。虽然,计划有粗细之不同,总不该乱干一气,盲干一气。虽然会有经验教训,但也应力求少走弯路。因为,植物园的弯路可不是小的,它影响很大的呢!应该团结大家,这就要加强政治工作。"[①]不难看出,刘希玲对植物园建设工作,反复强调应有计划,对园址变更难免微词。

对于热带植物园领导,起初云南分院仅令许建初暂时代理负责。许建初工作几个月后,自感难以胜任。蔡希陶受分院领导之命,向当地政府思茅地委寻求支持,从地方干部中挑选一位调入植物园任政治副主任。易武县县委副书记周凤翔在植物园选址时,已有贡献,其学识与为人给蔡希陶留下良好印象,即选择周凤翔,于 1959 年 7 月来园工作。周凤翔(1929—),云南墨江人。墨江中学肄业,1949 年 2 月参加中国人民解放军,在滇桂黔边纵队任排报务员,其后历任镇沅县人民政府秘书、中共镇沅县委委员、中共西双版纳傣族自治州工委委员、农场工作部部长、中共易武县县委副书记。昆明植物所只不过是积极倡导者,在业务上予以指导,至于如何建设,建设规模如何,统由分院决定,当植物园列为分院重点建设,植物所乃调蔡希陶任植物园主任,常驻勐仑,主管业务工作。

植物园确定设于勐仑,大勐龙原址则改为引种场,原有人员中,只留下十余人,大多业务人员和行政人员迁至勐仑。此外继续从昆明植物所调配和号召高等学校大学生提前毕业予以分配来园,工人则从当地农村青年中招收,以满足全面建设之需要。蔡希陶任人唯贤,不管来自何处,也不管出身如何,只要能将工作干好,即得到重用,植物园人员因而来自五湖四海,招收的工人当中,也有被提拔为处长。

李延辉服从昆明植物所调配,来到勐仑,在植物园从事植物分类学研究。植物园迁至勐仑,冯耀宗仍为主要研究人员,主持即将开展的人工群落研究。

---

① 刘希玲致许建初,1959 年 4 月 1 日,西双版纳热带植物园档案。

不仅如此，其夫人张育英也随之而来，负责植物园建园及植物栽培工作。此外还有13名1959年2月初自昆明农林学院提前毕业大学生分配来园。

在1958年初植物园创建之时，蔡希陶即将植物园之展览性作为工作目标，当选址于勐仑后，蔡希陶主持编写出《西双版纳勐仑热带植物园初步规划设计书》。此乃重要文献，充分反映蔡希陶建园思想，摘录如次：

一、工作任务

1. 广泛引种中国热带地区及世界上主要热带地区的有用植物和有代表性区系植物，首先收集和引种云南热带地区的主要野生植物。在研究野生植物的有用特征和成分的基础上，发掘新的有用植物，加以栽培。

2. 驯化全世界的最主要热带有用植物，并研究改进栽培技术，选育新品种。

3. 结合自然保护区和生物地理群落试验站，研究热带森林的特性，根据这些特性，在植物园内，建立树木园、人造森林区，进行系统的利用和改造热带森林的研究。

4. 结合热带作物种植场，进行有关本地区(特别是山地)农、林、牧、副业，特别是相互正确结合的试验研究。

5. 组织展览区、热带自然博物馆、热带植物资源馆，以提高人民的文化水平。

6. 进行热带植物园造园设计的研究，以供绿化、美化热带地区人民公社的参考。在这些任务中，以引种、驯化和选育热带有用植物为重点。

二、造园设计原则：总的原则是实用、经济、美观三者合一，研究、生产、教育三者兼顾

1. 在园址内原有的沟谷森林、村旁龙山保护林、砂页岩和石灰岩山上的森林中选择最好的片段，每区不少于5—10亩，加以严格保护，建立几个自然林区，一面供今后长期研究地区自然条件的参考，一面作为全园的绿化背景。

2. 按照经济林、材用林、薪炭林等不同目的，分区逐步改造山区大面积的半破坏的森林，使之成为几个人工林区，一面进行试验研究，一面作为全园的绿化背景。

3. 在园内选择一个森林条件较好的地区，建立一个较大规模的树木园(约600亩)，按照树种的生态学特性，加以种植，使之成为今后全区改

造森林的树种基地。

4. 分区逐步开辟已破坏的低山、丘陵和阶地上的杂木林、竹林、灌丛、飞机草丛等不同地貌学和生态学特性。组织若干种植区，每一种植区又可分为纤维、油料、树胶、树脂、芳香油、药用、果树等若干小区，但以适应树种、草种生态学特性，容易形成自然组合，而有助于美化和绿化为原则，这是园内最主要的展览区。

5. 在园内中心地区，按照地形、地势的特点，加以适当改造，如挖水池、开渠道、叠假山等，在这些地段上建立水生植物、沼泽植物、岩石植物、渠岸及河床芭蕉林、椰子林、竹林、沼泽林等特殊类型的植被，使园内中心地区具有浓厚的热带风光。

6. 在低位显著、背景优美而地形、土壤不适于种植的地区，分区建筑几个大型建筑物，如热带自然博物馆、热带植物资源馆、大温室、仙人掌室、兰室、棕榈室等，以供系统展览和进行科学、文化的宣传和教育之用。

7. 在土壤肥沃的河岸第一阶地上，建立一个较大规模的苗圃和实验区，进行栽培、繁殖、选种、育种等各种试验。

8. 在临近试验区的地方(最好在勐仑河河岸接近公路和政府的地点)建立本园的中心建筑物，以供建立研究室、实验室、行政办公室之用。①

《计划书》此两项编制甚为准确和大气，极具前瞻性，其后研究工作即以此为主要内容；其后园区建设也以此为指导。《计划书》还有两部分，一为“分期建园计划”，确定五年建成；二为“投资额约数和人员编制计划”。此两项编制则即激进又保守，云南分院受大跃进风潮影响，作出三年建成植物园之计划，此将其延长至五年，虽有所纠正，但仍然属于冒进。当然，若提出20年或者30年建成，不仅不合时宜，还会被视为犯有政治错误嫌疑。五年投资额度和人员编制：第一年经费5万元，人员150人；第二年经费增加一倍，半数自给。第三、四年经费增加二倍，实行全部自给；第五年建造大型建筑，经费增至25万元，其中15万自给，人员增加至500人。在其后实施过程中，与此出入颇大。作出以生产自给承诺，显然是不知政府之决心和投资之力度，似有以此诱导政

① 中国科学院植物研究所昆明工作站：《西双版纳勐仑热带植物园初步规划计划书》，1958年12月。中科院昆明植物所档案。

府将此项事业列入计划。事实上第一年事业费投资即有11万元，第一年即全面兴建必须之建筑，一次投资28.5万元，远远高出预期。

政府决心之所以大于科学家计划，因为政府决策受苏联专家推动。其时，中苏联合在云南南部考察已有几年，此项合作将深入开展，植物园即是开展研究之基地。苏联科学院莫斯科总植物园之米开申在建园初期，曾两次来园，表示“西双版纳热带植物园对中国有重要意义，对整个社会主义阵营都是很宝贵的。对这样的单位，不仅当地的县和省里要投以最大的力量来建设。全国和整个社会主义阵营，都应该大力来支持。”[①]此虽是呼吁，给主其事者，无疑具有鼓动作用。

植物园全面兴建，事务特别繁多，可谓万事丛集，首先是搭建草房，让职工有安身之所，然后是筑路，修建永久房屋，此即1959年工作之首务。只有道路畅通，才能将各类物资运抵；只有建筑房屋，其他工作才能开展。

其时，小腊公路已开通，葫芦岛三面环水，惟其东面与小腊公路相邻。即将植物园大门设在东面，毗邻罗梭江，与公路相连。但小腊公路在此横跨罗梭江，而跨江大桥至1963年12月30日才竣工，此前以一艘渡船来回摆渡，所以进出植物园并不便利。

植物园内由西区办公区往东大门长约5公里，为此1959年2月初，全园职工齐上阵，奋战二十余日，在丛林中开山劈岭，修建简易大道7公里，与小腊公路相连，汽车可以通行入内。植物园办公中心区拟建在与勐仑隔水相望江边较高处，平日来往行人不走公路，因需绕行，费时费力。直接以独木舟来回相渡，则更为便易。在未有公路之前，人们赴勐腊路线，也是在勐仑坐船过江，穿过葫芦岛而再前行。

勐仑土著居民多是傣族，所著房屋是以竹子为主要建筑材料的吊脚楼，甚为简易，没有以钢筋水泥砖瓦为材料的现代建筑。1959年云南分院下达植物园基建任务是4 000平方米，有试验、办公大楼、礼堂、小医院、专家招待所、单身宿舍、食堂、厨房。这些建筑均为现代建筑，需要砖瓦等建筑材料，而勐仑几乎没有，一些建筑材料需要远自思茅运来，而思茅与勐仑之间有一天车程，而运力又十分有限。为此，所需木材、青砖、平瓦、石灰、石料、碎石、河沙等则组

① 苏联莫斯科总植物园米开申教授参观西双版纳热带植物园后提出的意见，1960年7月20日，西双版纳热带植物园档案。

织人力,不是就地开采,便是自己烧制,这样还可节约经费。但是此乃一项极为复杂而艰巨工作,均要植物园自行完成。植物园即设立采石场、砖瓦厂、建筑施工由思茅专署建筑工程局承担。劳动力最多时达到 350 多人,其中一小部分是植物园职工,其余大多数是通过勐腊县委,在易武、象明等地招募的临时农民工。这些工程至 1960 年渐次竣工。

研究工作,首先由李延辉率领程必强、蹇明泽等对勐仑地区植被进行考察。后成立业务组,由李延辉负责。下设采集、苗圃两小组。程必强任采集小组长;蹇明泽、袁宪周为苗圃组正、副小组长。业务组人员合计为 33 人,其中专业技术人员 16 人。最初制定之任务是编写勐仑地区植物名录,并栽培各类苗木 400 种。采集小组在 3 月间,由李延辉率队赴勐腊采集,得标本 153 号;整理出 20 亩苗圃,随即种植楠木、铁力木、印尼佛手茄、越南万年青等 400 余号,移植乡土苗木 150 号。蔡希陶来勐仑主持植物园后,在此前采集和苗圃两组之上,又成立建园组,意在基建完工之后,植物园之园林外貌也基本形成。至年底,园内新近建成之通车大道,已种植行道树 5 种,1 800 株,长达 4.8 公里;开辟面积 70 余亩之观察植物展览区,种植各种观赏植物 75 种,3 800 株;苗圃则在国内外大量引种,国内 539 种次,国外 257 种次,共计 769 种次,成活 390 种。重要经济植物如可可、胡椒、萝芙木、橡胶、咖啡、三七、铁力木、油渣果、油树、吉贝、油棕、砂仁等。此外还开辟经济植物区 40 余亩,建立大气候观测场一个和小气候观测点 3 个,持续观察记载。对园内土壤植被进行详细调查。采集植物标本 2800 号。

1960 年即将油瓜、芭蕉、萝芙木等重要经济植物研究和橡胶林地多层多种经营研究为重点项目,并在此后一段时期内,一直坚持这一方向,避免了大幅摇摆。并且以任务带动学科发展,即在完成这些项目之中,解决相关科学问题,继而将植物园相关学科建立起来。几年之后,成绩显现,为植物园健康发展奠定坚实基础。

但是,狂热急躁之"大跃进"很快带来一系列问题,全国范围内,骤然兴建或扩建许多项目,不是下马便是缩小规模。1962 年 10 月中国科学院云南分院被撤销,昆明植物所改为中国科学院植物研究所分所,而该所财务、器材、干部管理等均在中国科学院有关局直接办理,西双版纳热带植物园则完全隶属于昆明植物所。机构隶属关系作此调整的同时,其人员亦作精简。西双版纳植物园被认定为摊子铺得太大,战线拉得过长,按照缩短战线,集中力量的精神进行裁员。经几年裁减，至 1962 年，职工数再由 276 人调整为 185 人。如此调整，对植物园影响并不大，被裁减多是近期所招之工人，科技人员则相对有所增加。其时，北京、昆明等地研究机构正苦于被裁人员无处安置，支持边疆建设是一种出路。所以自北京中科院植物研究所调配一些人员来热带植物园。昆明化学所在调整之中被撤销，云南省副省长刘披云来植物园，与蔡希陶商量该所研究人员之去向。蔡希陶遂将一部分工人列为编外人员，腾出编制，安置化学所人员。正是他们到来，植物园组成立植物化学研究组，壮大研究力量。

图 6－5　1960 年代初，吴征镒（右二）来植物园，蔡希陶（左一）陪同查看

经此调整之后，植物园内研究部门也作调整，将先前 5 个业务小组整编为两个研究室。一为生物地理群落研究室，在园之东区，由冯耀宗负责，下设植物群落组、土壤组、小气候观测组；一为经济植物研究室，在园之西区，由张育英负责，下设引种驯化组、植物生理组、植物化学组、植物资源组。调整之后，使得植物园任务更加明确。学科力量从植物栽培，发展有植物群落、生理、化学、资源、土壤、气候等多个学科。

二、主要研究项目

生物地理群落研究　中苏联合设立热带森林生物地理群落定位站，开展对村寨附近龙山生态学研究之后，即提出“人造龙山”，模拟自然生态群落。龙山之“龙”乃傣语之音译，其地为傣族安葬其先民之地方，对亡灵有敬畏之心，故其植被保存完好。在开发热带资源，而又不破坏生态环境，于是以龙山为样本，人造生态环境即为研究内容之一。该项任务由冯耀宗承担，其后改名为“热带多层多种人工群落研究”。项目负责人是吴征镒、曲仲湘，起初，该项目属于昆明植物所，但最终是在冯耀宗率领下，由西双版纳植物园完成，参与者有几十人。冯耀宗(1932—)，云南大理人。冯耀宗在大学所学专业为园艺，参加工作最初从事茶花研究，曾与俞德浚合著《云南山茶花图志》(1958 年)一书。以后应工作需要，多次变换研究对象，先后研究过香叶天竺葵、萝芙木、橡胶、旱稻等。自 1958 年来西双版纳，先在大勐龙生态地理群落站即开始人工群落研究，植物园迁至勐仑，其也随之转来，继续从事。冯耀宗所学与其所从事虽然是愈来愈远，但对新领域，还是乐于接受。1960 年，此项研究逐渐开展，并列为植物园一项主要项目，不过当时课题名称并不是称之为“人工群落”，而是“橡胶林地的多层多种经营”，试验地安排在植物园东区。冯耀宗主持人工群落研究，持续四十余年，先后有 60 多人参与其事。蔡希陶是早期倡导者，吴征镒是项目支持者，曲仲湘则是学术思想提出者。

经济植物研究　在西双版纳植物园即将诞生之时，1958 年 4 月国务院发出“关于利用和收集我国野生植物原料的指示”，全国各地掀起寻找和利用野生植物高潮。西双版纳位于热带，植物种类丰富，建设植物园，意在发掘新的经济植物。当在勐仑葫芦岛开始建园后，蔡希陶将此项任务交予张育英。先后进行了油瓜、萝芙木、牛油树、蕉麻、轻木等栽培试验研究。

自然保护区　在植物园设于大勐龙之初，在植物园周围即划定一些区域为自然保护区，由植物园进行管理。此后 1958 年 9 月，吴征镒和中科院动物研究所研究员寿振黄联名提请云南省人民政府，在不同地带，逐年建立，预计以五年时间建成 24 个自然保护区。此项建议得到云南省人民委员会同意，10 月 10 日发布通知，通知各县立即采取措施禁伐、禁猎、禁止破坏，指定保护区所在地人民公社负责日常保护工作。为推动自然保护区工作，中国科学院云南分院联合省内相关生物学研究机构和大学生物系，组织成立自然保护区工作委员会，由吴征镒任主任。该委员会制定了一些自然保护区年度及长远研究计划，及技术干部培养等方案。1959 年首批建立三个自然保护区。其中勐仑自然保护区，即由已迁至勐仑之植物园主持建设。

支农项目研究与推广　西双版纳本有良好自然条件，适合农作物种植，水稻可一年三熟，苞谷、花生、番薯等可一年几熟。自然条件虽好，但西双版纳传统水稻生产仅一季中稻，农村生产水平低，存在不少问题。其时，处于"三年饥荒"，国家提倡大办农业、大办粮食。1960 年夏，热带植物园为响应国家号召，组织小春调查队，对西双版纳小春栽培情况进行调查，摸清情况之后，即向省内外搜集优良品种，组织专业组，在植物园内开辟 20 余亩试验地，进行了小麦、黄豆、马铃薯、花生、蚕豆、苞谷、油菜等 13 种，即 53 个品种的栽培试验。蔡希陶认为热带植物园在为国家发掘植物资源的同时，还应对当地农业发展作出贡献。在园内开辟试验区，在园外农村建立试验点，内外配合，对照比较研究。于是与勐仑区委合作社合作进行。

中国科学院第一次植物园工作会议　1963 年 11 月，西双版纳植物园格局基本形成之时，邀得全国植物园工作会议在园内召开。会议由中国科学院生物学部主持，来自中国科学院所属植物园有关负责人和专家 30 余人参加是

图 6－6　1963 年中国科学院第一次植物园工作会议在西双版纳热带植物园召开。会议期间重要来宾与热带植物园主要人员在园内榕树下合影（左起李延辉、冯耀宗、蔡希陶、周凤翔、俞德浚、陈封怀、张敖罗）

会，著名专家有中科院昆明植物所吴征镒、蔡希陶，中科院植物所林镕，北京植物园俞德浚，华南植物园张肇骞、陈封怀，武汉植物园王秋圃，南京植物园盛诚桂，西北生物土壤所傅坤俊，沈阳林业土壤所王战，广西植物所李树刚等。会议于11月13日开幕，会期10天。这是中国植物园第一次会议，会议首先由各植物园汇报各园主要工作经验及成果，然后讨论总结过去经验教训，明确今后方针任务，通过《中国科学院植物园工作条例》(草案)，并成立中国科学院植物园工作委员会，以组织推动全院植物园工作，俞德浚任委员会主任。这本来是一次对中国植物园事业影响深远之会议，但由于几年之后"文革"到来，这次会议形成之决议，不仅没有推行，反遭批判，此暂且不谈。但当时诸多专家来到西双版纳，对植物园而言是一次难得交流机会，植物园派出正式会议代表有周凤翔、李楠、周光倬、朱维鑫、冯耀宗、张育英、裴盛基等。利用此次机会，曾邀请一些专家，为植物园职工作学术报告。张肇骞作《怎样做研究工作》，俞德浚作《植物园任务和方向》。

周恩来接见蔡希陶　1961年4月14日，中华人民共和国总理周恩来与缅甸国总理吴努在景洪举行国事会谈，由于其时，景洪设备简陋，没有适宜国事会谈之会议厅，即将会谈地点设在西双版纳热带作物研究所之天然橡胶林下进行。故在中缅会谈结束之后，周恩来与热作所干部座谈，蔡希陶时在勐仑，也应召前往参加。在会上，周恩来对西双版纳热带植物保护与利用等情形作了调研。第二天，再与蔡希陶交谈，对热带植物研究有所指示。蔡希陶返回勐

图6－7　1961年，周恩来在景洪热带作物研究所与蔡希陶交谈

仑后，立即致函刘希玲，不失时机报告周恩来所作指示及座谈情况，并提出落实意见。

此将函文照录如次：

希玲同志：

四月十四日周总理在景洪召见热作所负责人和我，提出几个问题：1. 陡坡开荒对土壤肥力损耗的问题；2. 橡胶林地“斩巴”（砍原有森林的意思）后残留的树兜萌发对于橡胶幼苗的影响；3. 在西双版纳地区的白蚁防治问题；4. 橡胶林地的杂草对橡胶的影响。5. 热带用材林的营造问题。十五日在外宾招待所又对我们专门指示，对于十四日谈的问题应立即进行科学研究。他指示：“凡是人类严重地破坏砍伐森林进行不合理耕作的地区都会变成沙漠地，如埃及、阿拉伯、波斯、巴基斯坦到我国的新疆一带，原来都是人类的文明发源地，一定是土地肥沃的地方，但由于不合理开发利用的结果，才形成现在的沙漠地。西双版纳在过去封建统治时代还保留一定面积的森林，如果我们社会主义时代反而破坏了它，那么我们怎样对得起子孙后代？你们作科学研究的就应该对大量生产开发作好准备，走在生产的前面。”根据这些指示，我建议科学院应该进行下面几项工作：

1. 水土保持问题：组织一个热带山区水土保持定位研究站，从少数民族传统的刀耕火种耕作方式，研究森林被破坏后水土流失的情况，并提出改进其耕作制度的具体办法。建议由科学院土壤及水土保持研究所、植物研究所、地理研究所等单位派员组织人力参加。

2. 橡胶林地残留树兜萌发及杂草的问题，建议由我院植物所地植物研究室，会同农垦部门的热带农场进行。

3. 白蚁问题建议由我院昆虫研究所负责。

4. 热带用材林营造问题，建议由林业科学院、植物园就所在西双版纳建立基地进行研究。根据总理指示，以柚木、铁力木、铁刀木等树种为主。

5. 加强热带自然保护区的工作，以小勐仑原有自然保护区为基础，着重研究热带森林中突然肥力增加，树木生长量及气候条件等问题。由我院有关植物、土壤、微生物、动物等研究单位组织专门队伍进行观察。

十五日参加宴会时，吴努总理向周总理提出邀请我国派遣农林访问团赴缅甸考察。当时周总理指示要昆明植物所及云南热作所参加，时间是在下半年。阎政委要我立即到昆明商谈出国计划。我准备在勐仑安排今年研究计划后，五月初回昆一次。

这些意见是否恰当，请考虑后转报院党组及省委。

致

敬礼

蔡希陶　1961年4月16日　勐仑[①]

此系周恩来第二次接见蔡希陶，此前1954年，因蔡希陶对云南调查橡胶资源有甚大贡献，周恩来来云南，特往昆明工作站视察。周恩来那次接见，使得昆明工作站在云南之地位得到明显提升，在本书第四章已述。所以周恩来对蔡希陶有知遇之恩，此再次聆听指示，自然荣幸之至，乐于接受新的任务。故而，立即将自己主张向分院报告。刘希玲接到蔡希陶来函，即通知昆明植物所，请其研究周恩来指示，并考虑安排。并于4月20日，将蔡希陶来函摘录转呈省委。蔡希陶希望赴缅甸考察，如期在7月出行。

第三节　几经挫折

一、“文革”的冲击

在批判《海瑞罢官》，迫害吴晗之时，全国受株连者甚多，其中就有蔡希陶。“海瑞罢官”剧本原名为“海瑞”，是吴晗听从蔡希陶意见之后而加上“罢官”二字。吴晗与蔡希陶为同乡，吴晗夫人袁震与蔡希陶夫人向仲又为清华大学同学。在抗日战争期间，吴晗在昆明任教于西南联合大学，蔡希陶在昆明供职于云南农林植物研究所，两家遂交往甚密。1949年后，吴晗任北京市副市长，曾

① 蔡希陶致刘希玲，1961年4月16日，中国科学院档案馆藏中国科学院云南分院档案，Z393－57。

有意邀蔡希陶出任北京动物园主任，但蔡希陶不愿离开其植物学研究事业，而未应允。不过蔡希陶来京有便，总要去看望吴晗夫妇。1960 年，吴晗正在撰写《海瑞》剧本之时，蔡希陶因赴越南考察，首途北京，因而再度聚首。蔡希陶文学造诣素高，吴晗遂将剧本请其阅读。蔡希陶将其携往旅馆，读罢原稿，归还时并留下一函，略谈意见，即有将《海瑞》改为《海瑞罢官》之修改意见。于是蔡希陶在 1966 年上半年在昆明植物所被加上"吴晗反党集团云南重要成员"而受到隔离审查关进牛棚，年底西双版纳植物园的造反派"红旗兵团""革命到底兵团"的人就来到昆明，将其押解至西双版纳植物园。蔡希陶在勐仑被监督劳动，课以扫厕所、种地、做饭等，且屡遭批斗、毒打，持续共计六年，期间未曾离开勐仑，其子女也不能前来探望，直至 1972 年获得解放，重新工作为止。

为了加强对热带植物园开展"文革"的领导，7 月间，勐腊县和云南省科委都派出工作组指导植物园"揭、批、改"，首当其冲者是"走资派"园领导周凤翔及夫人杨兆琼，接着是科技人员"裴多菲俱乐部"的李延辉、"东霸王"冯耀宗、"西霸王"张育英，以及裴盛基等十多位被定为"牛鬼蛇神"者。继而根据"中央文革"文件，批判了"资产阶级反动路线"。蔡希陶因不在园内，暂时避过批斗。1967 年 3 月，西双版纳州成立军管会，4 月派军宣队进驻植物园，实行军管，成立园军管会，前后有 5 批次军管人员来园。12 月清理阶级队伍，此时全园职工 302 人（正式职工约 250 人），被推到对立面有 160 人，占 53%，被戴上各种政治帽子，遭遇不同程度冲击。有被抄家、游街、示众、罚跪、写检查、受批斗等。运动全面而深入开展，正常工作被废止，研究进程被中断。

1970 年 7 月接到中科院通知，经国务院批准，中科院将大多研究所下放到所在省市管理，"下放后，目前所承担的国防和国民经济重大任务不变，今后体制如何调整，由省市决定"。云南省革委会遂决定："西双版纳植物园改名为云南省热带植物研究所，实行省、专双重领导。经费、器材由省革委科技办公室归口，列入全省计划。党政工作及斗、批、改任务由思茅专区革委会领导"。与此同时，昆明植物所也一同下放，也隶属于云南省科技办公室。1971 年 5 月，中共云南省热带植物所党委成立。同年 6 月 26 日至 7 月 9 日，云南省革命委员会科技办公室在昆明召开直属单位计划工作会议，对各单位研究任务重新予以界定，意在恢复研究工作。1972 年 5 月增补蔡希陶为热带植物所党委常委，并任革委会副主任，负责研究工作。12 月又任命蔡希陶为党委副书记，同

图 6 - 8　1974 年西双版纳热带植物研究所兴建之办公楼
（西双版纳热带植物园提供）

时任命周凤翔为革委会副主任，党委委员。1974 年 4 月又任命蔡希陶为所革委会主任，车奇云为所党委书记。

蔡希陶重新主持热带植物所业务工作后，首先将“文革”开始之时，所内机构设置仿照部队的连队建制予以撤销，恢复此前的研究建制；其二，申请编辑《热带植物研究》学术刊物，先后开展了合成聚甲基丙烯酸十四碳脂添加剂、十八胺化学合成研制、植物油脂中间试验、南药资源调查、血竭、抗癌药物美登木、瓜尔豆等多项研究，以为国民经济建设服务。

二、改革开放初期

1976 年 10 月，“文命“结束，拨乱反正，百废待兴。1978 年 3、4 月间，中科院将其先前在云南省设置之动物研究所、植物研究所和热带植物研究所收回，实现由中科院和云南省双重领导，并确定三机构为地师级单位，并将云南省热带植物研究所改名为“中国科学院云南热带植物研究所”。当 1979 年国家实行改革开放国策，社会不再是一潭死水，自由选择职业成为可能。当人们从政治激情中冷却下来，也开始考虑个人的生活、命运、事业、家庭等。在勐仑工作十几年之研究人员，已从青年步入中年，开始面对人生其他问题。对勐仑之艰难生活已厌倦，需要有所调整，故而思走。自“文革”结束至1980年，热带植物所有80多名科技人员调走，而调进人员则甚少，补充人员只是大中专毕业生20余人。每个学科力量都在削弱，甚至气象、土壤等学科已是有名无实，没有研究人员；与此同时，工人却进来的多，减去的少。人员流动不平衡，势必造成畸形发展。预计至1985年科技人员平均年龄将达51.2岁，95%在5—10年内到达退休年龄；而自1981年新分配来所研究生和本科生仅1人，大专毕业生15人。且年轻人来所，大多不能安心工作。按此情形发展，危及热植所之生存。虽然通过各种渠道引进人员，或改善科技人员待遇，仍然没有大的改观。不仅科技人员流失严重，科研设备也落后，没有先进仪器，常规仪器也甚少，分析仪器仅有气相色谱、紫外及红外各一台，甚至于检定植物染色体数目的显微镜也没有。试验地及野外考察的手段就只有一把尺子、一把枝剪、一个气压表、一支铅笔而已。

1979年10月，热植所党委向中科院昆明分院和云南省科委正式提出“关于体制调整的初步意见”，希望将热带植物所迁往昆明，从根本解决在勐仑之困境，但未获批准；而是在昆明设立办事处，以便办理研究所事务和解决职工具体困难，并加大力度解决热带植物所迫切需要解决的问题，如用电困难而在葫芦岛建设电站，架设电话线、建设电视转播台、建造职工宿舍等。

当中国科学院提出“侧重基础”“侧重提高”“为国民经济和国防建设服务”时，热带植物所经过几年恢复之后，不失时宜提出增加基础研究比例，提高学术水准。鉴于西双版纳森林遭到破坏，原始森林日益减少，植物资源保护突显重要，故在此前之研究方向上增加“保护”内容，而于研究任务则相应有所增加。

> 我们认为，我们所的研究应立足于滇南、侧重于西双版纳、面向东南亚热带。其方向任务放在热带植物资源的开发利用是合适的，但鉴于世界上及我国热带森林严重破坏，热带植物资源严重损失的情况，还必须加强“保护”的研究，即我所的研究方向任务是：热带植物资源的开发、利用及保护；热带经济植物的引种驯化及定向培育的研究；实验植物群落研

究，探索热区开发的新途径。[①]

从学术发展而言，如此调整研究方向，当属进步。在1966年之前，植物园设立植物资源和植物群落两个研究室；1973年恢复研究工作之后，研究人员和研究任务，均有较大增加，因而改设5个研究室。此又经过近十年发展，仍然以五个研究室为架构。增加新的研究内容，但人员并未增加，故研究室设置不作变动，其基本情况如下：

1. 植物分类研究室　有植物标本室和植物绘图室。标本室收藏标本4.5万份，其中，国外交换及采集有1 300份、省外交换及采集者3 000份、本所栽培植物标本1 000份，余则为滇南植物区系标本，占89%。负责《中国植物志》部分热带植物科属的编写，热带植物的调查、采集。室主任裴盛基。

2. 植物化学研究室　该室有药物化学、油脂化学及药理试验室，并有仪器(气相、红外、紫外)分析组。主要开展热带植物化学成分及其应用研究。室主任李朝明。

3. 植物引种驯化研究室。该室有标本园及经济植物实验区1 000亩，栽培植物2 000种，滇南及国外各约占一半；室内有种子实验室、水果分析实验室、形态解剖实验室、木材力学分析室及植物档案室。从事热带植物引种驯化的理论及方法研究；热带经济植物的引种驯化和定向培育研究；热带速生珍贵树种的调查，材性利用及造林研究；植物园建设等。室主任张育英。

4. 实验植物群落研究室。该室有试验地700多亩，室内有土壤实验室，此外还有气象观测站及农村、天然林对照观测点。研究内容包括：人工多层多种植物群落的光能利用，群落生产力及合理结构研究；不同地理地带胶茶群落合理结构的中间试验及其定位研究；多层多种人工群落生态学效应问题的探索研究；热带雨林次生演替系列及其定向改造的实验群落学研究等。室主任冯耀宗。

5. 植物生理研究室有种子生理实验室及组织培养实验室。开展热带植物种子生理学研究，药用植物嘉兰的组织培养；水稻远缘杂交，以及热带植物病虫害调查、防治等。室主任为徐海清。

---

① 中国科学院云南热带植物研究所研究方向和任务的报告，1981年12月10日，西园档案，1982-2-19。

图 6-9　左起蔡希陶、曲仲湘、朱彦丞在热带植物园就人工群落座谈
（采自《科技先驱——云南省杰出科技专家传略》一书）

此外还有图书情报室和植物产品中试工厂。图书情报室内设图书室、资料室、照相室、文献资料复制室及《热带植物研究》编辑室。中试工厂进行药物、橡胶及茶叶加工。

蔡希陶在"文革"末期，因病在昆明治疗休养，直至 1981 年 3 月 9 日去世。在此期间，蔡希陶仍任热带植物所所长，却难理所务。但其为开创和发展热带植物所的精神，一直在激励继任者。其后，蔡希陶与热带植物所被永远联系在一起，作为精神遗产而被继承。1982 年裴盛基代理所长，随后不久正式出任所长。

裴盛基（1938—　），四川梓潼人，1955 年春毕业于四川成都农业学校，同年分配至昆明工作站。其勤勉好学、机智敏感，深得老辈喜爱，1958 年弱冠之年被蔡希陶纳入身边，担任学术秘书，得其亲炙。"文革"之后，裴盛基则在中国开创民族植物学研究。民族植物学，或称为人文植物学（Ethnobotany），是植物学分支学科，1896 年创立于美国，二十世纪中后期在国际间兴起，其研究不同地区、不同民族和不同人种认识和利用植物的传统方法和经验，发掘那些尚未被正式利用，或利用不充分，或已被现代

图 6-10　裴盛基（本人提供）

社会所遗忘的各种有用植物。西双版纳是一个多民族居住地,其植物种类丰富,少数民族利用植物之历史经验也十分丰富。裴盛基自 1959 年起在西双版纳长期从事植物调查工作,有较多机会深入少数民族村寨,对少数民族认识和利用植物的种类和方法予以采集、调查。后于 1980 年率先以民族植物学方法,将其日积月累搜集到材料整理出《西双版纳民族植物学的初步研究》一文,于 1982 年刊于热带植物所所编《热带植物研究论文报告集》。文章分为:① 研究地区;② 民族及其植物文化特征;③ 研究方法;④ 重要有用植物,列举有 218 种。该文为中国探索民族植物学第一篇论文,由此揭开此学科在中国之序幕。

三、重置西双版纳热带植物园

经过近十年发展,热带植物所固有之困境,依旧无法解决,变动体制结构,或为解决问题之一途。于是在 1987 年 1 月中国科学院作出"关于我院云南地区三个生物学研究机构体制调整的决定",决定撤销云南热带植物研究所建制,原热带植物所群落生态研究室并入昆明分院生态研究室,而在勐仑部分则作为该研究室之生态实验站;而热带植物所其余部分则改为西双版纳热带植物园,隶属于昆明植物所。此项设计,在十年前即已形成。1978 年 10 月,中国植物学会成立 45 周年,在昆明召开年会,云南省科委借机邀请与会植物学家就云南生物研究基地进行座谈,听取意见。座谈会由省科委副主任、昆明植物所所长吴征镒主持,参加专家有俞德浚、李正理、杨衔晋、吴素萱、朱彦丞等,云南热带植物所裴盛基也与会。会议按照"规划的需要和现实的可能性结合起来"为原则,认为云南生物学研究现有基础是植物、动物、热带植物三个研究所和云南大学生物系,据此作出两点具体建议:

> 1. 昆明植物所和云南热带植物所应统一起来,合为一所,主要学科重点放在昆明,西双版纳作为热带植物引种驯化和实验生态基地的一部分,发展建设成为我国较好的一个植物园,这样做有利于干部培养提高和学科分工,有利于热带植物研究工作的深入和持续发展。
>
> 2. 由中国科学院和云南大学共同筹建生态学研究所,以云大生态室、昆明植物所生态地植物组及土壤一部分和热带植物所实验植物群落研究

室为基础，尽快筹建我国第一个生态研究所。①

此两点建议，或为切实可行，且非常重要，其后云南生物学研究之发展即按此建议而实施。先于 1979 年将昆明植物所生态研究室单独分离出来，与昆明动物所对外生态室成立中国科学院昆明分院生态研究室，后于 1987 年升格为中国科学院昆明生态研究所；而热带植物研究所暂未与昆明植物所合并，其群落研究室也未立即与昆明生态室合并，仍然是维持其独立建制，但十年后付诸实施。

是时，热带植物所在编人员 377 人，有 57 人划入昆明分院生态室，56 人调入昆明植物所所部，余下 264 人则为热带植物园。调整之后，昆明生态室升格为中国科学院昆明生态研究所，以冯耀宗为所长；昆明植物所新领导班子由原昆明植物所和热带植物所领导成员组成，周俊为所长，副所长有裴盛基、许再富、王守正、陈书坤。党委书记为苏蓉生、副书记为张家和、张庆国。热带植物园由许再富兼任主任，张家和任党委书记兼副主任。热带植物园虽隶属于昆明植物所，但由于相隔甚远，通讯不便，植物园在处理对外、对内各种关系和问题时，仍有相对独立性，故其名称确定为“中国科学院西双版纳热带植物园”。

一项事业之兴衰，往往维系于事业领导者一人之身。在大多研究人员都选择离开勐仑之后，中科院在自愿留下者中，选择许再富委以重任，且予充分信任。此后十余年热带植物园正是在其领导之下，走出低谷。许再富（1939—　），广东饶平人。1959 年广东潮安农校毕业，同年分配至中科院昆明植物所工作，1961 年调至西双版纳热带植物园。此任热带植物园主任是年，许再富年仅 47 岁，正是年富力强之时，且其素有抱负，极具使命感。在热带植物园面临困境时，不等不靠，走出一条自己发展之路。

图 6 - 11　许再富（本人提供）

① 云南省科委计划处整理：各地植物学家对建立云南生物研究基地的意见，1978 年 10 月 16 日。西双版纳植物园档案，1978 - 2 - 7。

中科院任人唯贤选择许再富主持热带植物园，许再富又任人唯贤组织热带植物园领导班子。是时，距"文革"已去十年，但在热带植物园内"派性"还在。许再富在"文革"中属"保守派"，身心受到残酷打击。此为一园之长，认为此前无论是"造反派"，还是"保守派"，大多数人都是上当受骗者。因而，不计前嫌，任人唯能，启用较多先前之反对派，在园党政领导中占有60%，在处室中层领导则多达75%。许再富展现出宽阔之胸襟，较好地消除派性之干扰，使得全园职工出现团结一心之良好局面。且不断将德才兼备之年轻人提拔到领导岗位，刘宏茂、陈进被先后入选，后又先后出任植物园主任。

其次，园内取消研究室建制，而改设研究组和课题组。因而根据实际情况，成立9个研究组，即果树组、标本园组、经济植物组、速生树组、植化分析组、濒危植物组、园林组、种苗组、图书资料组。

在基本布局、办园方针确定为"热带植物资源的开发利用和保护研究"之后，还得有良好的规章制度，以激励科技人员工作热情，多出成果、多出人才。热带植物园先后修改并制定《科研管理工作有关问题的暂行规定》《实验地管理包干试行办法》《专业技术职务聘任制暂行实施细则》《青年科学基金试行条例》《职能处室分工职责范围试行办法》等17个规章制度；部分岗位实行责任制、部分工作实行承包制，严格考评，对连续两年年终考评不及格者，予以辞退。

开展主要研究有：吴世斌主持旱稻"二系法"育种研究，程必强主持滇南樟属植物资源的开发和利用，许再富主持生物多样性及保护生物学研究。1992年中国科学院借鉴国外经验，根据我国生物资源保育战略，拟建种质资源库，以实施长期保存，作为开展植物多样性研究的重要支撑系统之一。西双版纳植物园积极申请，将该库落户到勐仑。其时，热带植物园在种质资源保护方面，已开展多项研究，在研项目有：中科院"八五"重大科研项目：珍稀濒危植物的迁地保护研究；中科院生物分类区系重点支持项目：中国砂仁属的物种及种群多样性研究；国家自然科学基金项目：滇南热带野生果树种质资源保存研究；云南省自然科学基金项目：云南热带姜科植物物种和遗传多样性保护研究；云南省自然科学基金项目：滇南热区栽培植物野生类型种质收集与保护技术研究。诸多项目实施，不仅获得科研成果，还培养人才。

四、以园林建设带动科普旅游兴起

植物园本为社会公益性事业，科普旅游是将科学知识融入旅游之中，让游人在休闲中感受科学之奇妙。西双版纳为中国少有热带地区，其植物种类与生态景观与大多地区不同，自有许多吸引游客之处，亦为重要旅游资源。1987年热带植物园之园林，经过此前近十年恢复和建设，已初步形成，引种栽培国内外热带植物2 000余种，开辟试验园地近3 000亩，建成标本园、果树园、速生珍贵用材树区、荫生植物区、药物区、竹区、香料植物区、油料植物区等专类区。但这些园区，大多是作为试验之用，并未追求其艺术性。其时，园内设施简陋，虽然也出售门票，但价格低，游客入园之后，往往不知所向，任由自己寻找，所以入园人数有限，年收入也无多。在机构调整之时，西双版纳旅游事业正在起步，热带植物园敏锐感知到其园林景观的旅游价值，如果提升旅游设施，吸引游客慕名而来。若在西双版纳州旅游规划中，拔得头筹，列入其中之景点，当属明智决策。1987年即将园林建设列为园重点工作，在科研事业经费减少，经济十分困难情况下，每年还是挤出20—30万元用于建园。实施几年之后，园林面貌虽有改观，但旅游设施没有明显提升，不得已只得向地方旅游基金申请贷款，第一笔300万元，第二年第二笔又300万。其时，在国家所办事业单位中鲜有贷款，在植物园历史上也未曾有过。此虽看准旅游业的前景，但敢于贷大笔之款，还是需要勇气。有此投入，带来丰厚回报，且逐年增加。1990年“科学家活动中心”建成，为科普旅游打下较好基础，此后收入主要来源“食住、门票、导游”等。1991年5月17日，国家旅游局公布，西双版纳热带植物园列为第一批国家级旅游线路上风景区景点之一，实现预期之目标。

西双版纳成为中国旅游热点地区后，来热带植物园游客明显增加，1991年全年入园游客达5万人次，因此在是年成立科普旅游组，开展科普导游。1994年入园人数陡增至17.2万人次，门票收入113万元，终有丰厚回报。植物园有此稳定收入，不仅很快还清贷款，还有经费扩大事业，更敢再为贷款，办理许多先前因无资金而难以办到之事。因而，整体事业欣欣向荣，开始享誉国内外。

入园游客的增加，对园林景观、园林设施又有新的要求。为此，1993年热带植物园向云南省财政贷款160万元，用于园林建设。是时，游客步行来园，系经吊桥而入；驰车而来，则是自东大门进入。此项贷款主要用于吊桥两头环境美化，重新建设东大门并进行绿化，以及修缮园林道路，给游客一个良好旅游环境。

1994年11月，在新的形势下，对园林规划重新予以设计，继续坚持以植物造园，充实和新建一些专类园；增设必要科普教育设施，通过调整，将生活区和旅游区分开，将园林展览区和植物试验区分开，修筑部分新路，将道路系统连接成一、二、三环路，并配置观光电瓶车，方便游客循路参观。而整个园区建造风格以傣族元素为主调，体现浓郁热带及少数民族风情。

图6-12 1995年西双版纳热带植物园部分“老、中、青”园领导班子合影，左起王发云、刘文奋、艾有兰、许再富、刘宏茂、陈进（西双版纳热带植物园提供）

造园乃是一门艺术，植物园之造园，其主体是植物。如何呈现热带植物景观，注入少数民族文化元素，即需要拥有丰富植物科学知识、精湛园林艺术造诣，还需具备民族植物学修养。园林建设在正确造园思想指导下，有资金投入，又有得力人才予以规划实施，不几年使得园林外貌大幅度提升，其引种数至1997年达到3 100种，入园游客数也从十年前每年几千人，增加到10万多人。

进入90年代，国家实行进一步改革开放政策，促进国民经济迅速发展，促使国家财政收入大幅增加，对科学投入力度也逐渐加强；与此同时，科学本身也在发展，如生物学领域之生物多样性研究日益成为显学，使得一些研究所研究方向发生改变。基于此，1993 年中国科学院开始酝酿对其所属研究机构予以改造、重组、联合、转制等，以适应学科发展新形势。经过几年酝酿，终于 1996 年开始实施，其中将西双版纳热带植物园与昆明植物所分离，与昆明生态所合并，组建成立新的中国科学院西双版纳热带植物园。

第七章 DIQIZHANG

云南生态学研究机构

第一节　热带森林生物地理群落定位站

中苏联合考察之苏方队长苏卡切夫乃苏联森林研究所所长，著名生态学家，1948 年著有《生物地理群落综合定位研究初步纲要》，创立森林生物地理群落学说。遵照该学说之理论和方法，苏联森林研究所在其国内多个典型气候地带，设立生物地理群落定位研究站。开展群落内各成分间物质能量交换、转化、储藏和消耗的途径，以及群落与群落之间相互影响和相互制约关系之研究。1944 年国际森林学大会在印度召开，会议对苏卡切夫设立定位站予以赞许，并作出拟在世界各国普遍创立实验站，展开对该学说实验研究的决议，于是该学说在国际成为一个新的方向，此后东欧各国和瑞士也相继设立定位站。苏卡切夫所布之点，尚未涉足热带地区，而热带森林群落规律更加复杂，也更能吸引其兴趣。

一、选址设立定位研究站

1956 年苏卡切夫在云南考察，初步选定思茅以南普文龙山为定位站站址。1957 年 1 月苏卡切夫再来中国参加中苏联合考察，其目的即是在中国热带地区建立定位站选择站址。1957 年春在蔡希陶陪同下，苏卡切夫往中国海南岛尖岑山区选点，经勘查没有符合选点原则的地方，遂放弃海南岛，转至滇南，最后还是认定普文龙山森林是设立定位站理想林地。关于选址普文龙山，在 1963 年的《中国科学院云南热带森林生物地理群落定位研究站 1958—1962 年工作总结》有所记载：

这次选点要求更高一些，希望能够选到更为满意之点，所以更深入到版纳勐养一带，沿路上选点，结果均无更好之点可选，随即重新确定了普文“龙山”（即去年已选中之点）为设立综合定位研究站的地点。并立即在普文“龙山”附近做了实际设站工作。由苏联专家亲自动手，制定界桩，标号固定，记载等，一一作出规范，计设立了 70×20 平方米、50×40 平方米、25×20 平方米等三个大的定位样方，代表三个不同的生物地理群落单位。

在此三个大样地以内，又分别设立了实验小样方十三个，以为进行热带森林群落天然更新研究之用，这次在普文龙山工作一个星期的时间，定位站所要做的工作都全部做了。①

苏卡切夫返回北京之后，即向竺可桢提出设站想法。《竺可桢日记》1957年5月18日记有："做生物地理群落站，Сукачев 指定在普文，普文系副热带和热带过渡带，高度 800 m，如再向南 150 km 至大勐龙，则为真热带，也在公路上，有阶地。原来意此站交云大曲仲湘，业务须集体领导，行政领导可由云南工作站。"②从行文语气看，此事尚在酝酿，竺可桢认为普文尚不是热带，只是中方初步同意此项建议。为此，5月29日苏卡切夫向中科院递交其亲手所写设置定位站纲要，以及进行该项研究之依据。

关于站址，嗣后吴征镒与苏联专家柯马洛夫研究所费多诺夫再往滇南进行植物区系考察，他们在普文龙山工作后，南下至景洪县大勐龙一带工作，发现大勐龙曼仰光龙山森林较普文森林原始特征保存更好，是设立定位站最理想地点。遂由吴征镒和费多洛夫联名向中苏双方建议，获得赞同，最终放弃普文之点而改设于大勐龙。选点之反复，此中之原因如下：

选点工作之所以比较困难的原因，由于选点的科学原则性比较强，要选出完全与原则相符合的地点，实在不甚容易。所以经过两年之久，走遍海南和滇南，而所选出的地点，还不能算最理想的地点。这决不能说中国之大，就没有理想的地点可选了。其中主要原因之一，就是苏卡乔夫院士，以76—77岁的高龄老人，不宜进入崇山峻岭的地区选点，只能在交通线上进行工作，要在公路两侧找到理想的基地，当然是困难的，但不可否认的是，稍为离开一点的地方，比较理想的地方，应该是有的。老院士为了实现他的学术思想，不辞辛苦，远涉我国边疆，认真工作，这种崇高的科学精神，是值得敬佩的。③

① 《中国科学院云南热带森林生物地理群落定位研究站1958—1962年工作总结》，油印本，中科院西双版纳热带植物园档案室档案。

② 《竺可桢全集》第14卷，第578页。

③ 《中国科学院云南热带森林生物地理群落定位研究站1958—1962年工作总结》，油印本，中科院西双版纳热带植物园档案室档案。

图 7－1　大勐龙独树成林景观(西双版纳热带植物园提供)

1957 年 11 月,竺可桢访问莫斯科,与苏联科学院商议《中苏科学技术合作协议》事。于 11 月 3 日还曾拜访苏卡切夫,“他精神极佳,虽已 78 之年,晚上只睡 5 h,而日中不睡。他对于生物地学群落站极关心,星期二他将出席讨论第五项任务云”。[①] 其时,合作协议已形成草案,其中第五项,即协议书附件第一方面第五项:“在我国热带地区建立生物地理群落研究站”。至星期二(11 月 5 日),预计之会,如期进行,《竺可桢日记》又记云:

> 十点至 КапужскаяАН 主席团办公室相近的房子开会,由 Сукачев 主席,到 Ковда、Роэов、ЭонКабанов 卡巴诺夫、Легунов、Федолов 费多洛夫、Полянский 波利扬斯基,我们去马溶之、林镕、张昌绍、简焯坡及翻译人员。首先讨论在云南成立生物地理群落站,Сукачев 原定在普文,但以后发现其南 100 多公里的大勐龙更好,Сукачев 同意改至大勐龙。1958 年成立,秋天派苏联专家去视察(普文尚有非热带的植物山毛榉 Fangaei)。Федолов 主张苏联地植物学家 Лавринко 和 Сукачев 能到中国。[②]

① 《竺可桢全集》第 14 卷,第 583 页。

② 《竺可桢全集》第 14 卷,第 684 页。

经过一系列商洽，设立群落站列入《中国科学院和苏维埃社会主义共和国联盟科学院科学技术合作协议书》，该协议于1957年12月11日在莫斯科签署。关于定位站，中苏双方就建站规划、仪器设备、人员配置、互派专家等作出决定。同时，中科院组织植物所、动物所、真菌所、地理所、南京土壤所、云南大学生物系参加定位站研究工作，并先后派植物所赵世祥、云南大学曲仲湘赴苏联实地参观定位站，并学习研究方法。

二、初建定位研究站

1958年1月中科院又将群落站建设纳入国家重要科学技术任务规划。1月21日中科院发文(院综字12号)，指示该站由原属各相关研究所共同承担，改由植物研究所负责推动，联系各所组织实施，行政由植物所昆明工作站领导。接着1月23—25中科院在北京召开云南1958年热带资源考察会议，竺可桢、刘崇乐、吴征镒、李庆逵、曲仲湘、侯学煜、吕炯、蔡希陶、李文亮、朱太平、王云章、简焯坡、寿振黄等出席。先是总结1957年考察，刘崇乐主席，吴征镒报告植物组，包浩生代任美锷报告地貌组，李庆逵报告土壤组，曲仲湘报告植被组，蔡希陶报告植物资源，寿振黄报告动物，刘崇乐报告昆虫。据《竺可桢日记》记载，在为期三天会议中，还讨论了1958年考察工作如何进行，及群落站建站事宜。建站地点正式确定从普文618公里处改为景洪以南之大勐龙，并初步定下工作人员。“生物地理群落站在景洪以南的勐龙地方，由曲仲湘主持。植物所派赵世祥、地理所派江爱良前往，周光倬将常川驻站。”①

1958年开春之后，因昆明工作站对群落站建站负有行政领导责任，为争取时间，于3月15日致函植物研究所，请中科院就建站所需地亩尽快与云南省方面联系，以便办理划拨手续，能在雨季到来之前，派人前往筹建。其时，昆洛公路②大梨园至勐海段开通未久，尚为泥土路面，一至雨季，道路泥泞，汽车无法行使。函云：

---

① 《竺可桢全集》第15卷，第17页。

② 昆洛公路起自昆明，经玉溪、元江、普洱、思茅、景洪(原名车里)、勐海(佛海)，止于中缅交界的打洛，初建时全长866公里。其中，昆明至玉溪大梨园段，长112公里，于1940年建成；大梨园至勐海段长674公里，于1954年12月27日竣工通车；勐海至打洛80公里，于1960年完工。

> 关于地址及基建等用，亟待雨季前解决。因此，请总所速与院部联系，正式行文云南省人民委员会，通知西双版纳傣族自治州协助，将生物群落观察站在大勐龙的站址划定。并将该站的经费拨给我站。原计划请拨该站的嘎斯69汽车一辆，亦请提前拨到云南使用。①

昆明工作站此函发出未久，3月22日云南省人民委员会即就群落站所需建站地址通知西双版纳傣族自治州人民委员会、思茅专署。“关于中国科学院要求将大勐龙曼仰光龙山全部及附近荒山、荒地约计1 500亩，拨作建站研究工作用地，同时将允景洪石灰窑及普文龙山划为自然保护区等问题，你们可先行办理。公文手续俟国务院指示下达后补办。”②如此迅速，且先行办理，可知其时地方政府对科学事业之支持。随即蔡希陶派周光倬、李延辉先为前往，联系相关事宜。

周光倬1949年后任云南大学副教授，1957年经竺可桢推荐来昆明工作站任副研究员。关于周光倬入昆明工作站，在1957年年底之时，蔡希陶致函吴征镒有云：

> 周光倬先生原是竺副院长告诉他，队上亟需地理方面的人，叫他与我联系。我与文亮同志商量，因站上也需要气候方面的人，所以名额报在站上，对上需要即参加队的工作。他虽在云大教地理，实际上并不太专门，是一般的地理。云大经济系撤销，他无课，所以已同意调来，并和我们一起旅行了易武、勐腊、勐棒回来。请你再问一问竺先生，到底需要不需要？群落站的气候方面适用否？③

蔡希陶对周光倬还不甚了解，请时在北京之吴征镒，就近向竺可桢询问究竟。故竺可桢在人员安排上有“周光倬将常川驻站”之语。开始建站，蔡希陶即先派周光倬前往。周光倬自云：“四月派我偕刘洪友同志、李延辉同志去西

---

① 昆明工作站致中科院植物所，第2032号，1958年3月15日，中科院昆明植物所档案。

② 云南省人民委员会：关于科学院执行中苏科学技术合作协议书，在我省西双版纳建立云南热带森林生物地理群落综合研究站的通知，(58)会文办密字第007号。中科院昆明植物所档案。

③ 蔡希陶致吴征镒函，1957年12月30日，中科院昆明植物所档案。

双版纳大勐龙筹备热带森林生物群落站的建站工作。先到允景洪向州政府接洽，请予支持，与副州长刀有良接谈，得到支持，并转知大勐龙区领导洽商。”①刘洪友系定位站行政负责人。随后不久蔡希陶偕李文亮等前来，再与西双版纳州接洽，办理拨地相关手续，并开始基本建设。

与此同时，中科院办公厅与植物所落实建站人员编制，1958 年为 11 人。其中研究人员 8 人，所属专业为地植物学、土壤学、气候学、微生物学。行政人员 3 人，即行政干部、炊事员、驾驶员，固定人员编制纳入昆明植物研究所编制中。1958 年经费预算为 3 万元，包括工资、基建、仪器、药品，必需的图书费等，但不包括汽车。还推定群落站学术委员成员，按笔顺排列为曲仲湘、李庆逵、吕炯、吴征镒、侯学煜、邓叔群、蔡希陶、简焯坡，曲仲湘任主任。

图 7 - 2　热带森林生物地理群落定位站全体人员在定位站前合影

群落站于 10 月底完成基本建设，建成砖瓦结构实验室 9 间，宿舍、厨房、饭厅等草房 20 余间。各方来站专家及全部工作人员，都有安身之地，有实验房屋可以开始工作。11 月苏联科学院森林研究所 Кабанов 、Эон 、Дерис 及地理所 Олионе 和吴征镒一同从北京到昆明，再由曲仲湘陪同到群落站。在定位站工作期间，由苏联专家得里斯、左恩执笔制定了一年工作纲要，主要是曼仰光龙山森林内收集地植物学、土壤学、气象学资料，待取得一定经验后，再制定较长研究计划。

① 周光倬：回忆，1959 年，周润康提供。

苏联专家将群落站以计算日照和水分平衡、植物物质平衡为目的。但云南地方人士和群落站人员对此颇有意见，以为生物地理群落站不切合实际；但对用人工改造群落，则甚加赞同，因在西双版纳已种有橡胶，若与庭园化及深耕密植及大量施肥相结合，于橡胶树下种木姜子、咖啡、金鸡纳等喜阴植物，地下再种马兰草、野山药。此项人工群落研究，即为其后不久成立之西双版纳热带植物园长期研究之课题。

是年年底，已是中科院昆明动物所所长刘崇乐，受中科院云南分院派遣，自 11 月 17 日起至 12 月 4 日在西双版纳及景东视察，为了解云南分院所领导各研究所发展规划、工作情况、人员设备和存在问题，以及云南省热带亚热带生物资源的开发利用情况和对科学研究的要求，结束之后写有《工作报告》，言及群落站云：

> 基本建设结束后，业务工作最近开始，主要是为开展明年所计划的工作做好准备。研究分三个方面。地植物组有 7 项工作，即热带森林结构，样方分析，枯枝落叶与土壤的关系，木本植物结果规律，物候观测，植物之间的相互关系，林中白蚁搬土量等。土壤组除了研究土壤本身变化，植物与土壤的交换外，主要搞分析工作。气象组因仪器不全尚未开展工作，要进行森林气候、样方气候、土壤气候和地形气候的研究。存在问题：1. 工作没有领导人。2. 站址有问题，森林透光度达 50%（应当不超过 5%），林下沟多不平。3. 设备不全仪器未到，某些工作比如气象观测即未能开始。4. 供电无由但需用则多，样品送昆明代检往返耗时太多。5. 干部人数希能增至 30 人，特别需要司机一人。6. 由于地处国防前线，望能发短枪四支。①

由此可知定位站设立不及一年，研究工作已开展起来，但遇有多项困难。由曾在苏联专门学习定位研究之赵世祥来站主持业务工作。此时定位站工作人员有刘洪友、吴又优、向应海、高粱、汪汇海、张克映、陆钟林、吕德康、胡万忠、赵锡璿、唐俊臣、周健刚等。至于周光倬，因其自国民政府过来之旧人，难以获得信任，其自言"际此时期，吴所长通知我不必管大勐龙群落

① 刘崇乐：工作报告，1958 年 12 月，中科院档案馆藏云南分院档案，Z393 - 12。

站的事，这对于我的工作，又一次打击。我因此沉默，不敢和人来往，也少和人交谈。非常消极，在黑龙潭埋头绘了工作站和综考队的两幅竹布的植物采集路线图和参加制作云南全省模型，准备送北京科学院展览。”①其后，周光倬也曾到大勐龙从事气象监测，也曾至植物园为职工讲授英语、物候学，并从事可可引种栽培试验等，终不得志，“文革”到来后，受到冲击，不久即因病不得治疗而去世。

三、六年定位研究

大勐龙定位站有林地315亩，长期在此工作有十余人，初由赵世祥负责业务工作。赵世祥，河北人，南开大学生物系毕业，1954年至中科院植物研究所，从事生态学研究。1956年派赴苏联留学两年，回国后即赴西双版纳。但不幸的是，1959年7月赵世祥在一次洪水当中，与一位女同志赵锡璿涉水过河，行至中间，被水冲走，一起身亡。关于赵世祥之于定位站，1963年“定位站总结”有云：

> 赵君曾在苏联学习植物学，翻译若干小册子，介绍苏联先进科学经验。自从接受了建站工作以后，一直对内对外的繁重工作，都落在他一个人身上，自从1958年11月建站成功之后，并在赵君的具体领导下，把这一创始性工作顺利的开展起来了。迨至1959年7月间，全站工作已初具规模，大家正在为该项新事业的无限光明前途，感到兴奋的时候，不幸的事情发生了。就在七月十四日那天，赵君同一部分工作同志，涉水过大勐笼河上山采集标本，适值雨季河水暴涨，赵君和赵锡璿两同志，为巨浪卷没身死，经数日之后，始将尸体探获就地葬于河边。②

继赵世祥之后，由吴又优负责。该站本由中苏合建，但建成之后不久，1960年苏方退出，所需专家指导和仪器设备均无从落实。云南分院副院长

① 周光倬：回忆，1959年春，周润康提供。

② 《中国科学院云南热带森林生物地理群落定位研究站1958—1962年工作总结》，油印本，中科院西双版纳热带植物园档案室档案。

刘希玲指示：现在这项工作不是什么中苏合作，而是我们自己搞，要继续下去。实际上也只能勉强维持，先天即有不足。成立气候、土壤、植被三个小组，主要人员有吴又优、张克映、向应海、陈仕文、汪汇海、高梁、吕德康等。研究中心问题是物质能量交换转化和贮存过程，目的是掌握生物地理群落的生产潜力、光能利用、水分循环等问题。原定动物群落、土壤微生物研究内容没有开展。

定位站自1958年建立，至1962年底，一直在从事各类数据收集工作，但未曾进行总结。1963年初，其行政主管机关昆明植物所决定进行一次全面总结，以便为下一步工作打下基础。总结会于3月28—30日在西双版纳景洪举行，由昆明植物所所长吴征镒主持，中科院副院长竺可桢亲临出席，并致开幕词。定位站各参加单位中科院植物所副所长汤佩松、中科院地理所所长黄秉维，云南大学曲仲湘、朱彦丞，以及学者王献溥、屠梦照、蒋有绪、薛纪如等参加了总结会。会议先由曲仲湘谈设立森林生物地理群落站经过，次分别由张克映汇报气候组、高梁汇报土壤组、吴又优汇报植被组工作，随后进行讨论，专家们仍然认为定位站有重要意义，不但要坚持，而且要加强，在可能情况下增加

图7-3　在景洪召开生态站总结会议，会前与会专家在勐仑植物园查考合影（右起朱彦丞、黄秉维、曲仲湘、汤佩松、竺可桢；左二吴征镒、左三周光倬，西双版纳热带植物园提供）

土壤微生物组和动物组。从管理方面考虑,有人建议将定位站移至小勐仑,与植物园合并。但以勐仑无大面积森林可供观察研究,而认为仍留大勐龙,以为在站旁另辟人工群落站,做刀耕火种试验。

会前,竺可桢曾自景洪往大勐龙,实地察看定位站。《竺可桢日记》载有:"此站现有同事十人,主任吴又优,57 年云大毕业。气象观测员有吕德康(嘉兴人,年 22)、夏文孝(绍兴陶堰人,邵力子的外孙),均北京气象班毕业。我们即上龙山看样方,计共占地 1/4Hec,即 2 500 m^2,有研究落叶的数量或落果的测定,土壤呼吸,林下各层 CO_2 的多寡,有 6 m 深的土壤剖面。据云 pH 为 5+。气象方面做辐射平衡,也有四个梯度对温度、湿度和风速测定,但因无铁塔,所以均以临时的绳索系乔木上,上下牵动把仪器临时带上以观测。我们[问]何以不作如东北之用木架?据云此间白蚁为害烈,一二年即可把塔吃空云。我们参观达两小时,回至办公室。我问吴又优以问题所在,他以要一个 32 米的铁塔以观测梯度云。"①此后,竺可桢允为解决铁塔问题,但至定位站结束,也未建成。竺可桢在景洪,还与西双版纳作物研究所探讨,如何使定位站与之合作研究等问题。关于铁塔,冯耀宗言,曾见周光倬在昆明为之设计,并购得一些钢材,进行焊接,但焊接之后,又不便运输,只好作罢。

1963 年定位站总结会议,并没有改变其先天不足缺陷,将事业发扬光大;而是再勉强维持两年。1965 年 9 月昆明植物所将其改为半定位点,每年分季节进行集中观测,其房屋请景洪药物试验场管理使用,并代管龙山,以为这样便于半定位工作。而定位站尚有人员胡万忠、向应海、夏文孝等留在大勐龙,其他人员,有些回到其先前之研究所,而有些如吴又优、张克映、汪汇海等则并入植物园群落研究室。不久之后,半定位点也无法进行,干脆予以撤销,其观测记录和图书资料全部搬迁至植物园,一并保存使用。加入植物园群落研究室人员,参与人工群落和西双版纳样板山研究。观测记录后在"文革"期间被毁,而图书一直保存在热带植物园图书馆中。

定位站仅有六年,而结束时甚为匆忙,未曾总结。直至八年之后,1973 年 10 月在吴征镒、曲仲湘、朱彦丞直接指导下,由原定位站人员吴又优、张克映、向应海、程仕文执笔,写出《热带森林生物地理群落学定位研究工作总结》,将定位站所从事气候学、土壤学、地植物学三个学科工作内容予以完整总结,留

① 《竺可桢全集》第 16 卷,第 481 页。

下一份科学记录。该总结虽然是一份科学工作总结，但对定位站之所以没有继续下去的社会原因，也作了一些探讨。其时，虽是“文革”期间，作者在阐述这些问题时不免套用当时政治话语以作前提；但是，在切入实质内容时，还是入木三分，不失当事者对问题认识之深刻，摘录如下：

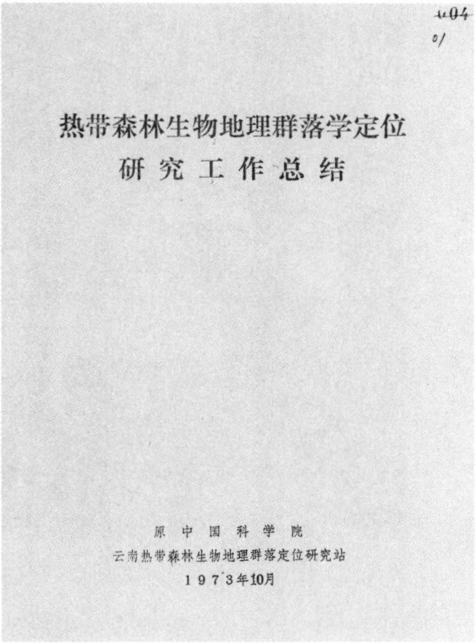

热带森林生物地理群落学定位
研究工作总结

原中国科学院
云南热带森林生物地理群落定位研究站
1973年10月

图7－4　《热带森林生物地理群落学定位研究工作总结》书影

> 生物地理群落学综合性强，涉及许多学科和专业，需要在统筹规划下，组织许多专业机构、高等学校各方面力量，通力合作才能完成，因此，组织领导工作十分重要。定位站在这个问题上开始是考虑很周到的，上有中国科学院领导，还有许多专业机构参加，为此还成立了学术委员会，负责学科间的协调工作，全国有关专家都亲自到站指导，有的还不止去过一次，力量是雄厚的，丰硕的科学成果大有在握之势。可是由于对定位研究理解不深，实践上的意义认识不足，而且存在分歧。北京植物所将定位站初步建成后，即下放为昆明工作站领导。昆明所为此尽力组织这项研究工作。但是，如何组织多学科结合研究缺乏经验，又鉴于必要的仪器设备、技术条件解决困难，原计划应参加的动物、微生物方面没有参加，力量不足。常驻站工作人员赵世祥由北京调来云南，对设站起了积极作用，曾赴苏联实地参观学习，对定位研究比较熟悉，但不幸于1959年7月在野外采集标本途中被水淹死。缺少一位熟悉这项工作的人。凡此种种，使得定位站组织领导松散，发挥不了具体领导作用。
>
> 其次是仪器设备不足。本站原是中苏合作重要科技项目之一，由于苏修领导集团背信弃义，单方面撕毁合同，不履行合同规定的向定位站提供仪器设备和技术条件，使我们对森林上部资料不能完全取得，造成损失。苏修在这方面设备齐全，几年来只提供两个破旧的光照计，而且根本

图 7-5　1973 年,热带森林生物地理群落定位站总结会议在热带植物所举行,图为与会人员合影(西双版纳热带植物园提供)

不能用。我们只有一般仪器设备,这也给我们带来困难。

与此同时是技术水平跟不上。比较熟悉定位研究的赵世祥去世后,全站工作人员都是刚参加工作的,知识不足,经验全无。被研究的对象又没有像温带森林那样研究得多,深入,资料全。同时热带森林远比温带森林复杂,植物间及其与环境间相互关系的表现多种多样,由表及里,由现象及本质,非有多方面知识不可。加之地处边疆,交通不便,消息闭塞,长年累月呆在那里,资料缺乏,工作陌生,生活艰苦,提高业务水平甚为不易。在这种情况下,只有从工作中学习,边摸索、边工作,要把定位工作在取得初期水平的成果基础上,再深入下去,提高一步,就很困难了。①

同年 11 月定位站总结会议在热带植物所召开,吴征镒、曲仲湘、朱彦丞皆来与会,曾在该站工作过及其他人员 50 余人出席。

先天不足之定位站,十几位年轻人,在偏远之边疆,能坚持六年,获得一些观测数据,已属不易。其未竟之工作,在其后之西双版纳热带植物园得以继

① 《热带森林生物地理群落学定位研究工作总结》,1973 年 10 月,油印本。

续，向应海、吴又优等人将其中部分观测数据予以研究，写成论文在国内学术刊物上发表。

第二节 中国科学院昆明生态研究所

1978 年 12 月中国科学院在收回其原先在云南研究机构，并重新设立昆明分院之时，还有新建多个研究所之设想。其后，在实施过程中，仅生态研究所得以建成。是年中国科学院在青海西宁召开全国陆地生态系统工作会议，与会专家建议在云南昆明建立生态研究所。于是先于 1979 年 12 月成立昆明分院生态研究室。

一、昆明生态研究室

青海西宁会议，专家学者讨论在云南设置生态研究所后，1978 年 12 月，中科院秘书长秦力生偕生物学部领导来云南热带植物所，主持召开中国科学院植物园第二次工作会议。昆明分院将拟建生态所事，向秦力生汇报，得其同意，并指示立即着手进行。因此，1979 年 2 月、7 月，昆明分院先后两次行文，向中科院报告，请求成立昆明生态所。报告将生态所研究方向任务确定为：

> 运用有关学科相互渗透形成的理论和方法，探索研究生物生存和发展与环境之间的相互联系的关系；根据现代科学发展的趋势，利用现代化调查研究技术以及先进仪器设备，开展陆地生态系统的结构与功能研究，探索生态系统的能量转化和物质循环的基本规律，以及生态系统类型的分类，地理分布等规律，研究生物生产力的现状，生产潜力和发展途径，为提高生产，改善环境，合理开发利用、控制和改造生态系统提供科学依据。在目前一个阶段，着重于热带和亚热带森林生态系统的研究。[1]

---

① 昆明分院筹备组：关于建立"中国科学院昆明生态学研究所"的报告（草案），1978 年 11 月。中国科学院档案馆藏昆明生态所档案，1978 - 1 - 1。

昆明分院筹建生态所之方案，是将云南热带植物所实验群落研究室、昆明植物所地植物组、昆明动物所的有关人员，以及云南大学生态地植物学研究室的相关人员组合在一起，形成生态研究所。在筹建之时，先由这些机构主要从事生态学研究学科带头人组织成立筹备组，以云南大学生物系教授朱彦丞为组长，昆明植物所副所长段亚华为副组长，组员有周乐福（云南大学），姚天全、刘伦辉（昆明植物所）、马德三（昆明动物所）、冯耀宗（热带植物所），共 7 人组成。但最终形成与最初设想相距甚远，1979 年 12 月 4 日中科院以【(79)科发计字 1667 号】文批准同意昆明分院所请，不过同意成立的是生态研究室，而不是生态研究所。人员编制为 25 人，该室为昆明分院直属单位，而不是独立建制的研究所。其人员、经费、物资、基建等列入分院计划，再向中科院上报。其人员也不是预设的合组，而是由昆明植物所、昆明动物所调配，云南大学从事生态研究人员则为兼任，热带植物所群落室也未包括其中。中科院之所以只批准成立研究室，实因其时国家财政遇见困难，正在实行"调整、改革、整顿、提高"，在收紧银根之下，中科院也就无力兴建研究所。生态系统研究周期长，且云南热带、亚热带森林生态复杂，其学术问题不是一时，也不是一个研究室即可穷尽，待国家经济发展，对科学投入有所增加之时，再将生态室升格为研究所。

中科院批准建立昆明分院生态研究室的文件下达后，1980 年初昆明分院党组批准成立生态研究室领导小组，经云南大学党委同意，任命朱彦丞兼任生态研究室主任，并指定昆明植物所党委书记段亚华与朱彦丞共同主持生态室的筹建、规划和研究工作。惜为时不久，朱彦丞即患病于 1980 年 12 月去世，未将该室培育成所，存没均感遗憾。

昆明分院生态研究室于 1980 年 8 月向中科院上报"计划任务书"，这份计划任务书是按照研究所的规模作出，即人员发展至 1985 年达 200 人，此外还涉及研究机构设置和研究范围、基本建设等。其实，此时中科院财政状况与上年并无差别，故中科院要求按 80 人规模重新制定，为此于 1981 年 9 月再为上报。12 月 15 日得到批复，即编制为 80 人，建筑面积 6 560 平方米，投资 189 万元。

生态室在 1980 年具体组建时，还是按照中科院批准的规模实施，调配研究人员 27 人，其中植物专业 10 人，土壤专业 6 人，气候专业 1 人，数学分析 1 人。调配入生态室人员之工资、福利以及工作地点均在先前各自机构，但其先前所承担的课题则随之转移至生态室，由生态室组织安排。朱彦丞逝世后，昆明分院决定由分院两位副秘书长李楠、赵元桢和昆明动物所副所长马德三负责生态室日常工作。需要指出的是，生态室人员通过调配组成，调配机构在权衡本单位利益之下，往往不愿将其精兵强将调配出去。因此，生态室在组成之时其人员即全非优秀人才，其后，还是通过调配增加人员，此类问题依然存在，故而生态所有先天不足。

至 1983 年年底，生态室人员增至 65 人，其中科技人员 52 人。其中自昆明植物所调配而来 19 人，自昆明动物所调配而来 13 人，调配而来人员工资等关系于 1983 年年初转入生态室。其他人员或为从其他机构调入，或接收毕业分配而来的研究生、本科生等。

自 1980 年生态室建立，至 1984 年年底共承担课题 10 余项，其中分属哀牢山定位站项目，将在记述哀牢山定位站时记述，此列哀牢山之外几项重要者：横断山植被考察；遥感图像在植被中的应用；微量元素锌肥的试验、示范和推广；紫茎泽兰防除研究；陆良红壤改良试验研究。

生态室研究人员系通过调配而来，成立几年，也未调进一位研究员，更勿论专家也。在筹建和开办之初，或是有朱彦丞这样专家予以推动，促使生态室之诞生，惜其在生态室成立仅一年即去世。此后，虽有吴征镒不断关照，对生态室予以扶持，但其自己行政工作、研究任务均为繁重，不能分身亲为领导。而由昆明动物所副所长马德三代为管理。1983 年生态室研究人员虽有 50 余人，其中中级职称有 20 人，初级 30 人；以人员从事学科而言，其中动、植物专业力量较强，土壤及系统分析稍弱，水文气象、微生物最弱，而地质地貌尚属空白。即便如此，研究人员还不能完全投入到研究工作去，1983 年参加短期脱产学习或脱产学习即有 12 人。生态室研究力量未形成合力，还在于研究室长期没有实验办公用房，不能集中在一处，也给管理造成诸多不便。

1986 年生态研究室同仁盼望多年之实验大楼终于在下马村落成并投入使用，标志研究室建设与发展进入新的时期，该幢建筑 4 850 平方米。研究室在这一年也有调整，年初 1 月 30 日昆明分院调整研究室领导班子，任命谢寿昌为室主任，并兼任党支部书记；邱学忠、吴德林为副主任。

研究室调整之后，室内组织架构如同研究所。全室职工 71 人，其中行政人员 15 人，科技人员 56 人，设立四科一站六组。行政管理部门分为四科：人事科、业务计划科、行政科、基建科；哀牢山森林生态系统定位站仍旧；研究团队设为六组：植物生态组、动物生态组、微生物生态组、土壤组、水文气候组、系统分析组，此与先前之设置也无多大区别，只是有些组人员得到增加，予以明确。但是，组间并无严格界限，以课题需要自由组合。承担课题人员，仍然没有高级研究人员，还是以1965年之前大学毕业的21名中级人员为中坚，但也补充不少新生力量，八十年代大学毕业来所有16名。在科技人员中，年龄在50岁以下有41人。由于地处昆明，在吸纳新生力量时，已好于同时之热带植物所。

生态室成立之后，其经费、计划和管理均由昆明分院下达和直接管理，1985年这一机制有所变动。生态室经费由中科院直接下达，年事业费为17万元，而此前两年实际支出分别是31万元和28.5万元，致使经费异常拮据，为此生态室向中科院计划局申请追加费10万元。

1985年中国科技发展有所变化，中共中央作出《关于科技体制改革决定》由于国家财政投入不足，要求研究所研究方向朝应用方向转变。昆明分院生态研究室将原来确定的研究方向，主要从事西南地区热带、亚热带生物生态学和生态系统学的研究，改为主要从事西南地区以山地合理开发利用为中心的科学研究工作。因此，生态室工作相应作出调整，应用性研究课题比上年增加一倍，基础性研究相对减少，增加开发性工作。1985年安排12项课题，除继续上年未完成者外，新开课题主要有：人为活动对哀牢山森林生态系统的影响；云南亚热带山地生态垂直分异规律及其开发利用；华宁经济生态县建设的实验研究；云南主要生态景观类型及其演变途径的研究；云南小地老虎迁飞及危害规律研究。

二、哀牢山亚热带森林生态系统定位站

生态室成立之后，随即组织各学科研究人员，赴野外选择森林生态系统定位站。其时云南之森林乱砍滥伐已十分严重，森林面积迅速减少，给选址增加难度。经过一年多几千公里之跋涉，先后对昆明、楚雄、玉溪、曲靖、思茅等地14个县选点考察，经过反复比较和充分讨论，大多主张选定景东县哀牢山北段徐家坝。1980年12月吴征镒再率领中科院昆明分院、昆明植物所、昆明动物所等单位各学科20余人，前往勘定，最后确定其地为站址。该区域森林面积较大，结构复杂，林相完整，动植物种类丰富，且地势平缓，易于布置实验，是为

图 7-6　吴征镒(中站立)率领诸人在景东选定哀牢山定位站站址
(西双版纳热带植物园提供)

其优点;此地海拔 2 460 米,从水平带而言,偏于南亚热带,从垂直带来说,却偏于北亚热带,且在一定程度上向南温带过渡,其代表性不够充分,是为其缺点。但是,在森林普遍遭到破坏,再难找到这样一片区域,只能差强人意。

但是选择哀牢山作为定位站地址,还需要一定勇气,如同当初蔡希陶选择葫芦岛建立植物园一样,这里也无社会资源可以利用。其地距昆明 687 公里,距景东县城 60 公里,所选站址之地,尚有 20 公里未修通公路,汽车不能进入工作区域。其周边远离乡村,工作和生活均有困难。此前,大勐龙生态群落站即因偏远而未能坚持下来,其时,热带植物所也因远离城市,而陷入困境。故生态室选择定位站时,主其事者甚为慎重。

1981 年 3 月 6 日,中科院生物学部以【(81)科发生字 0201 号】文批准同意哀牢山定位站选址,但指示当年不进行基建,先因陋就简,克服困难,将工作开展起来。生态室据此,先严格设立自然保护区,进行半定位研究工作,待基础设施建设完成之后,再逐步过渡到全定位研究。开局虽然这样简陋,但对未来还是充满信心,拟定出十五年工作计划:

以三年基本完成定位站本底调查,同时进行面上对照点的调查和选定;然后以五年围绕亚热带森林生态系统的生物生产力,人为干扰后的演

> 替规律和氮素等主要养分与二、三个主要的微量元素的循环规律，各个亚系统通过调查、实验收集各项参数，建立数学模型；再用二、三年时间集中作系统分析，建立综合模式，提出科学方案，最后以五年时间通过生产实践进行验证和修订。①

按此计划，于是年5月组织植物、动物、土壤和气候四个专业人员赴哀牢山进行本底调查。此次考察甚为艰苦，因为山上无人居住，各种工作装备和生活用品，均需从山下海拔1 100米处组织人背马驮至工作地点徐家坝水库，需走一天时间。先前修筑水库时，曾修过10多公里毛路，拖拉机、推土机可以开到水库工地。后多年不曾使用，已不能行车。工作地点系借用当地水库之简易房舍，室内实验和工作条件均不具备，只能因陋就简，有时还露宿林间。在为期三个半月调查中，动物组采得昆虫标本2019号、鸟类标本300号、小兽标本460号、大兽9号，并在原始密林中完成27个工作样方，取得大量数据；植物组采得植物标本365号；土壤组开挖土壤剖面12个，采集土壤样品近200号，植物样品40余号；气象组对哀牢山北段及邻近地区近年气象资料进行收集整理和分析，对该区域气候特征作出初步报告。

此后两年，继续哀牢山本底调查，并予完成。参与该项工作还有云南大学生物系、昆明植物所地植物生态研究室、云南省微生物研究所人员。1982年2月，昆明分院与云南大学就合作方式签订《关于哀牢山亚热带常绿阔叶林生态系统研究协议书》。每年往定位站人数，1982年70人次、1983年56人次，每次工作若干阅月，且是轮流前往。定位站虽然简陋，但其工作之长期性，故需要固定专人管理，但能长期在此安心工作，只能是当地人，因此1982年经多方物色，吸纳2名当地干部负责行政管理。

哀牢山本底调查，分6个课题进行，分别是：哀牢山森林生态系统的结构、功能及生产力研究；动物种群动态、生产力及食物链研究；哀牢山常绿阔叶林生态系统中微生物区系本底调查；山地气候垂直变化及其与生态关系的研究；哀牢山土壤类型和分布的研究；哀牢山不同植被类型土壤肥力的变化与生物生产力之间的关系。

---

① 李南：昆明分院生态室工作汇报，1981年11月，中科院档案馆藏昆明生态所档案，1981-01-001。

经过三年调查，至 1983 年年底，本底调查预订任务基本完成，将调查结果整理出《云南哀牢山森林生态系统研究》论文集。全书 30 余万字，包括各专业研究论文和报告 30 篇，其中由生态室完成 16 篇，于 1994 年由云南科技出版社出版。

1981 年 11 月云南省人民政府在全省范围内重新建立自然保护区，按不同气候类型、地区特色选择 22 个区域，哀牢山为其中之一，且为四个重点区域，上报列为国家级自然保护区。由政府主导将哀牢山设为自然保护区，使得哀牢山定位站长期有效工作有了保障。假如其地森林遭到破坏，动植物资源丰富性丧失，其研究价值亦即不复存在。不过定位站之建立，也促进地方政府对其保护之重视。

1983 年下半年开始建筑 230 平方米土木结构房舍 14 间，翌年 4 月竣工。至此房屋面积共有 350 平方米，其中实验用房 150 平方米、宿舍 150 平方米，其它 50 平方米。然而定位站设立已三年多，20 公里长的公路仍未修通，物资、器材、设备及生活用品运输不便，致使建设缓慢，未得完备。此前，克服种种不便，仍将该区域本底调查予以完成，告一段落。按计划各专业将转入定位研究，研究者将长期在此工作，此对定位站设备提出更高要求，其最为重要者，是修通从平掌自然保护区森林管理所至徐家坝定位站 20 多公里公路。根据其

图 7－7　1984 年，哀牢山生态定位站站址（西双版纳热带植物园提供）

它野外台站经验，如公路不通，难以依赖社会资源，工作站也难以巩固发展。此前之1983年，昆明分院已向中科院请示修筑。中科院对此甚为慎重，提出修路对当地生态环境是否有影响，请作进一步论证。1983年年底委托太忠公社管委会对拟修公路予以勘测，并作出31万元预算。1984年4月，再向中科院报告。

在80年代初期，中国只是将一些旅游区域向外国人开放。哀牢山为学术研究基地，而学术研究即有学术交流，随着中国改革开放程度提高，中外学术交流也愈加频繁。其时，联合国有“人与生物圈研究计划”(MAB)，中国也成立“人与生物圈”国家委员会，生态室欲将哀牢山自然保护区加入中国“人与生物圈”保护网，并与联合国“人与生物圈研究计划”建立联系，这对提高生态室学术地位、促进研究有莫大帮助。而哀牢山自然保护区属于云南省政府管辖，因此需要省政府批准。又加入“人与生物圈”国际组织，即意味着同意国外学者至哀牢山定位站从事研究，这也需要省政府同意。吴征镒获悉之后，首先提出应当提请云南省政府同意，以便加入，并开放哀牢山。1984年4月17日生态室向云南省外事办公室和云南省林业厅申请，6月21日，省外办约请省科委、省公安厅、省林业厅及中科院昆明分院共同审议生态室所请。基于吴征镒学术威望，会议认为：

> 他的这一建议是积极的，是有学术远见的，符合当前“对外实行开放”的方针，对我省获取更多更新的生态研究信息和争取联合国教科文组织的技术和经费支持，从而提高生态研究水平是有利的。①

于是一致同意开放哀牢山，以徐家坝水库为中心，方圆6万亩区域向国外生态学者作学术开放。“开放后外国生态学者去哀牢山考察和进行合作研究，可按通常外事接待程序，由分院外办一事一报，并向省公安厅申办外国人旅行证。”该项开放措施，8月24日由云南省政府最终批复同意。于是哀牢山定位站于1985年顺利加入中国“人与生物圈委员会”。定位站设立至此已多年，中科院一直未曾下达其事业费，仅靠生态室挤出1万元作为最基本的管理维持

① 省外办、省科委、省公安厅、省林业厅、科学院昆明分院：关于哀牢山部分地区对外学术开放的请示，中科院档案馆藏昆明生态所档案，1984-09-006。

费,故其条件一直以来甚为简陋。

前往哀牢山定位站从事考察第一位外国学者是斯蒂芬·杨(Stephen S. Young),其为美国耶鲁大学林学和环境专业研究生。1985年4月,斯蒂芬致函吴征镒,云其于本年5月取得硕士学位后,愿前来昆明从事合作研究,兼教授英文。吴征镒基于斯蒂芬专业,将其推荐于生态研究室,并在其来函上批曰:"我认为吸收美国的研究生到我国作智力引进是比较划算的。耶鲁大学是历史悠久的名牌大学之一,森林研究是有基础的。斯蒂芬·杨所掌握的森林生态系统基础和微型计算机应用技术都是我们所需要的。对这方面的智力引进,有助于分院范围内生态研究室和其它所资源利用、计算机应用和业务外语工作的开展"。交由昆明分院外事办公室处理。其实,中国改革开放国策实行不久,科技人员普遍在补习外语,以便掌握最新科技信息,与国外学者相交流,能有一位外籍人士来教授,不可多得。而计算机在国内还甚少,其应用远未普及。斯蒂芬甚为精明,以其专业背景和知识优势来中国服务,必受欢迎;而对其本人而言,除增加阅历外,还可寻得新的研究内容。昆明分院向中科院外事局请示,获准同意来华工作一年。当时,教育部规定在华工作副教授以上外国专家,每月支付人民币一般不超过560元。昆明分院支付斯蒂芬每月零用钱为200元,并免费提供食宿,但其来往机票自理。而此时国内中级科技人员月薪在100元左右,可见斯蒂芬待遇优厚。

斯蒂芬于1986年1月应邀而来,先在昆明生态室进行合作研究并兼授英语,至8月初英语培训班结束,遂于8月7—14日由室主任谢寿昌陪同前往哀牢山定位站考察半月。其后,又于10月28日至11月11日再往定位站考察。斯蒂芬回国之后,1987年以哀牢山考察所得完成其硕士论文。①

在斯蒂芬之前,已有美国森林和野生动物管理访华团Bradley D. Chatfield一行,于1986年4月,还有澳大利亚新南威尔士大学动物学学院高级讲师Barry Fox博士夫妇,也于1986年4月,分别到访哀牢山,但此均是访问性质,未有深入研究成分。但从此以后,哀牢山渐为中外生态学研究交流平台,其原始森林植被,多样性动植物资源,对从事生态学研究者而言,具有莫大兴趣。

---

① Stephen S. Young, and Wan Zhijun: Comparison of secondary and primary forests in the Ailao Shan region of Yunnan, China. Forest Ecology and Management, 28: 281–300, 1989.

三、合组成立昆明生态研究所

1986 年下半年，中国科学院对云南三个植物学研究机构予以调整，将其中昆明分院生态研究室升格为中国科学院昆明生态研究所，人员编制 200 人，其中客座编制 20 人。生态所之人、财、物、基建等从昆明分院分离，单独立户；原热带植物所群落生态研究室 44 人并入该所，其中 13 人前往昆明工作，4 人离退休，其余人员仍留西双版纳，成立西双版纳生态站，站址在原热带植物研究所之东区。原热植所群落室主任冯耀宗任生态所所长，并任命许祥誉、邱学忠、胡秋生为副所长。职能处室有办公室、计划处、政治处；先前之各研究组相应改名为研究室，刘伦辉任森林生态室主任、汪汇海任实验生态室主任、何大愚任经济生态室主任、王文桂任技术分析室主任；设立两个生态站，张建侯任西双版纳生态站站长、季鸿德任哀牢山森林生态系统定位站站长。1988 年初有职工 141 人，其中 72%安排在科研第一线。

原生态室所在地在昆明下马村，占地 23.6 亩，后由于城市规划，拓宽道路划出 3.1 亩，实际可利用土地仅 20.5 亩，主要建筑有：新近落成 5 层办公、实验大楼，有职工宿舍及其他建筑；除此之外，还有昆明分院干休所宿舍一幢、活动室一幢、西双版纳热带植物园宿舍一幢。

图 7－8　中国科学院昆明生态研究所所址（西双版纳热带植物园提供）

冯耀宗于1987年被中科院任命为生态所所长，任期三年，至1990年任期结束，又续任一届，1994年届满。冯耀宗任此所长，其班子成员，均为昆明分院为之搭配而成，而非由其主导提名组成，此亦源于生态室升格为生态所仍然是拼凑而成，经过几年发展，人员关系尚未磨合，而新生力量尚未成长起来，故在工作之中，难以形成合力，其晚年对此颇有感叹。而在1994年6月30日一次生态所处室干部和高级研究人员会议上，冯耀宗曾呼吁"不要再打内战"，而新任党委副书记李光明所言则较为深入，他说：

> 保持稳定、促进发展，一个单位的基础是保持稳定。如何抓住机遇，今后所里要有一个好的风气。以主人翁的姿态出主意、想办法，不利于团结的话少说，不利于团结的事少做。领导与领导、领导与群众、群众与群众之间是是非非的问题，我们不提倡在下面去说别人的短处，先考虑自己。提倡互相支持、互相谅解，减少内耗。我们生态所在这方面吃亏不少，真正不收益的是我们大家。①

人与人之间本难避免相互摩擦，历史对此本无兴趣，但李光明所言，以道出此类摩擦已影响到研究所事业之发展，不禁追问何以至此？或者从生态室至生态所，均是行政命令合组而成，而不是事业发展之后内在需求。李光明来所任副书记在1994年6月，其前任系胡秋生。胡秋生系1988年1月被任命为副书记，生态所一直无正书记。

图7-9　冯耀宗(本人提供)

1995年所长冯耀宗第二任期已到，且年过六旬，超过退休年龄。其时，中科院又在酝酿将云南生物学研究机构重新予以调整，生态所拟与热带植物园合并，仅任命谢寿昌为常务副所长维持过度。在谢寿昌主持期间，还是对所设研究室，按学科予以重组，成立植物生态研究

① 中国科学院昆明生态所会议记录，1991年1月至1996年5月，中科院西双版纳热带植物园昆明分部档案。

室、农业持续发展研究室、动物生态研究室、生态气候研究室及无机分析测试试验室五个研究室，西双版纳、哀牢山两个生态站则仍旧。各研究室主任、副主任则多启用年轻人，如曹敏、张智英、张一平、刘文耀、胡华斌、宋启示、佘宇平等因研究工作出色，脱颖而出被选入中层领导。

在五个研究室中，此特为介绍无机分析测试试验室。现代生态学自20世纪70年代中期，即已进入生态过程的机理探索阶段，现代化学、物理学、数学和地学的新成就、新方法日益渗透到生态过程的分析研究。在分析中，一方面要求测试的元素数目越来越多，另一方面分析灵敏度要求越来越高，从微量到痕量，检测限要求达到ppb级10—9或更低。因此，对仪器要求也更高。研究课题组无力配备这些仪器，而生态学研究均有此共性需要，所以在昆明生态室时期，即单独成立系统分析室。生态学测试，大多属于无机测试。生态所成立后，鉴于昆明分院内有机物质及其结构分析测定在昆明植物所、昆明动物所已形成体系，而无机物质成分分析尚未完善，因而决定担负起此类工作，提请分院将相关仪器配置在生态所，即便于所内研究，也向所外开放。该研究室主任由赵恒康担任。此前，室内仅有一台大型仪器和几台中小型仪器，且性能不够完善或性能较差。1989年11月生态所向中科院申请专项经费，购置原子荧光光度计、原子吸收分光光度计、X-射线荧光光谱仪、电子天平等，合计65.62万美元和49.35万元人民币①。此后，测试室在提供具体分析测试服务时，还对分析方法规范化进行研究，编著《分析方法手册》，筛选出适于生态学、农业与环境科学分析方法，对无机微量元素和污染元素分析有独特之处。编制出化学分析统计软件(SCAC)系统，实现分析数据计算机处理。

研究工作 1987年昆明生态室调整壮大，已属综合性研究机构。是年承担项目有20项，其中一部分是延续此前之项目，如刘伦辉之"云南主要山地生态景观类型及演变规律研究"，吴德林、游承侠之"人类活动对哀牢山生态系统的影响"，张克映、户克明之"云南亚热带山地生态垂直分异规律及其合理利用研究"等，其中后两项为1985年申请到中国科学院基金项目。也有新开项目，有冯耀宗、张建侯主持之与西德合作项目"热带森林生态系统的研究"，姚天全、陈火结之"华宁经济生态县建设实验研究"，余有德之"禄劝县系统农业规

---

① 中国科学院昆明生态研究所：关于申请资助配置仪器设备的报告，1989年11月13日，中科院西双版纳植物园昆明分部档案。

图 7 - 10　1998 年,原生态所部分研究人员合影(前排左起:唐继武、刘文耀、沙丽清、冯志立、盛才余、郑征、赵恒康、庞金虎、宋启示;后排左起:刘通禄、张保华、毛文华、李金生、张建侯、生从信、王文桂、陈火结、许祥誉,西双版纳热带植物园提供)

划”。其余项目不仅小,且又分散。

1988 年正式改名昆明生态所后,实行所长任期责任制,所长冯耀宗重新审视生态所方向任务,根据中科院提出“把科技力量动员和组织到为国民经济服务的主战场”的要求,确定以“日益增长的人类活动对热带、亚热带森林生态系统的生态影响,人类活动对山地生态系统的影响为研究中心”,“从热带、亚热带山地的开发利用及其生态系统,农业生态中有关生态村建设,害草害虫的生物防治,资源环境调查等方面,在原有工作基础上,通过研究室讨论,组织安排 22 项课题。”①并主动申请国家项目。为提高科研人员积极性,贯彻国务院深化科技体制改革,对科研经费使用重新制定实施意见,主要是课题组提取 5%,作为科研协调费;研究所提取 5%,作为课题管理费;课题结束,若有结余经费,课题组提取 50%作为节约奖,余下 50%作为课题组滚动经费。在所内还设立发展基金和所长择优基金,用于资助一些有研究价值的基础性研究,使学科之新思想、新领域得到发展,同时还支持一些年轻科技人员开展特色研究和参加

① 中科院昆明生态所 1988 年科研计划编写说明,1988 年 3 月,中科院档案馆,1988 - 03 - 008。

国际会议及国内外学术活动。主要取得主要研究成果如下：

1. 澜沧县旱地改制研究与推广　该课题系中科院昆明分院和思茅行署联合开发中心下达，经三年(1989—1991)研究与推广，提出多种种植模式及其配套技术措施，采取轮歇地、轮耕地双管齐下，解决旱地改制种植。三年累计推广面积 37 647 亩，超计划 4 647 亩；累计净增粮食 177.3 万公斤，超计划 119.8 万公斤；累计净收入 95.5 万元，超计划 1.3 倍，经济效益明显，为云南省山区半山区农业发展提供新技术。

2. 哀牢山中北端山地生态研究——云南亚热带山地生态垂直分异规律及其合理利用研究　此为中科院基金课题，经 1987 年至 1991 年四年研究，对哀牢山东西坡的垂直气候分异及其与植被、土壤、动物和农业生产相互关系作深入研究，高低纬度季风环流交错形成了哀牢山气候交错特点，论证生物区系成分交错和生物多样性，这些结论对山地大农业合理布局提供重要科学依据。

3. 思茅市山区经济生态综合开发研究　以生态学、经济学及生物多样性理论为依据，采用高效、合理及综合性主体农业结构配置技术，研究并推广适宜滇南地区不同地理环境条件的多种规范化间套主体种植模式，在澜沧、孟连和西盟三个少数民族自治县推广应用，获得明显经济、社会和生态效益。该项目 1994 年获得中科院和云南省科技进步奖。

4.《云南植被生态景观图集》　本研究始于 1987 年，1990 年 2 月完成初稿，通过云南省科委主持之鉴定。后再根据评审鉴定意见，做进一步修改，达到出版要求。有彩图 450 幅，文字注释 5 万字，为大型植被生态景观画册，是国内首部同类型著作。

西双版纳生态站　1987 年在机构调整时，原有 450 平方米中试厂房在西区，划归于植物园。中科院根据生态站有 800 亩胶茶实验地，有日生产橡胶 0.5 吨、茶叶 0.3 吨规模，拨专款 19.5 万元，修建橡胶茶叶中试车间 900 平方米。该项工程延至 1988 年初始才动工，由西双版纳农垦分局予以设计，施工之后，6 月间昆明分院基建处对该工程重新审核和分析，需要投资 39 万元。在未作工程概算，即先行开工，之后再向中科院计划局报告增加经费，当不符合正常审批程序。之所以造成这样局面，生态所认为：其时正是生态室向生态所作体制调整，工作秩序未正常所致。对此中科院于 8 月作出再拨款 10 万元，不足部分请生态所向院计划局借款，以基本事业费担保。该项工程于是年 11 月竣工。

1989 年 7 月生态所中层领导调整,张建侯连任生态站站长,新任佘宇平为副站长。在"一院两制"的科技体制改革中,实行两种运行机制,一部分人员继续从事实验林地管理,开展科学研究;另一部分人员则从事技术开发工作。生态站种植 1 000 余亩的橡胶、茶叶、咖啡等经济作物试验地,所具经济效益被纳入改制之中,划为技术开发工作,不仅如此,还有 1 000 余亩荒地也被纳入开发领域。1990 年开辟新试验地 670 亩,生产干胶 25 吨、干茶 6 吨,年收入 20 万元,且以后每年基本保持这样收益。

1993 年中国科学院将其在国内各生态台站组织形成中国生态系统研究网络(CERN),西双版纳生态站被纳入其中,且为热带地区唯一台站。此时有工作人员 31 人,其中科技人员 17 人(高级 1 人、中级 1 人,余为初级),每年定期来站工作有 15 人(高级 5 人、中级 10 人)。承担课题有"热带雨林虫食与植物防卫的研究""热带森林生态系统结构与功能的提高生产力途径的研究"等。

根据 CERN 总体设计,西双版纳站予以扩建,投资 100 万元,兴建 60 米高热带雨林观测塔和 30 米高热带人工林观测塔各一个,两个集水区泾流场、500 平方米实验楼、300 平方米客座公寓及其它基础设施。建设观测塔,可获得森林生态系统大气环境气象数据和林木生长发育、物候、生理特性等生物原始数据,为生态学研究提供新的视角。

热带雨林观测塔必须设于热带雨林之中,此前生态所在勐腊县补蚌自然保护区已设有观测样地,设置几年之后,由于该地自然保护区开发成为旅游景点,林地受人为活动干扰与日俱增;且其地据西双版纳生态站有 120 公里,管理不便。生态所乃又与西双版纳国家级自然保护局商定,在勐仑自然保护区内,设立定位研究站,1992 年 10 月由冯耀宗、汪汇海、张克映、刘伦辉、张建侯等往勐仑自然保护区踏勘选址,最后确定小(勐养)腊(勐腊)公路 55 公里处,此处距西双版纳生态站仅 10 公里。翌年 3 月 9 日生态所与自然保护局签订《合作协议书》。在此保护区划出 30 公顷林地,为永久样地作长期定位研究,暂定 30 年。由生态所修建野外基础设施,包括道路、水电设备、水文观测场、观测铁塔等。定位站设站长和副站长各一人,站长由生态所西双版纳生态站站长兼任,副站长由保护局勐仑保护所所长兼任。① 合作协议签订之时,当地

① 中国科学院昆明生态研究所、西双版纳国家级自然保护管理局:合作协议书,1993 年 3 月 9 日,西双版纳植物园昆明分部档案。

公证机关曾予公证。

观测铁塔设于距公路1公里处，塔为钢架结构，塔高60米，30米以上为塔形，30米下为方形。为保持塔身稳定性，采取对角拉结钢缆固定。观测塔建于热带雨林中，施工要求不能破坏森林结构，乃采用人工吊装与焊接，1994年初建成。早在1963年大勐龙生态站即拟建造观察铁塔，因受当时钢材和运输限制，而未建成，经30年发展，后继任者将其实现，且填补国内生态学研究空白。1994年再得中科院实施“生态网络系统工程”30万元，专为新建563平方米实验楼。基础设施得到改善，试验观测仪器也得到更新，经此投入，生态站初具规模，不仅极大改善研究条件，还达到向国内外同行开放水平。

西双版纳生态站与热带植物园本是同出一源，同在一岛，但在分开之时，因划分资源，造成不少矛盾，遗留不少问题，成果档案、土地使用权、昆明下马村宿舍地基归属、橡胶加工设备及后勤有偿服务等存在较多问题，致使两家争执频发，此仅举一例。分家之时，确定基础设施两家平等使用，当葫芦岛电站投入使用第三年，1994年植物园向生态所收起电费由每度0.14元，提高到0.35元，另外加收变压器损耗电费，其标准与岛外一样，而且还经常受到拉闸停电之苦，未享有分家时所确定平等使用之权益。生态所只有向昆明分院报告，至于如何解决，并不重要，姑不追问，只是以此说明两家相处并不和谐。

哀牢山定位站 1989年7月任命陈火结为定位站站长，原站长季鸿德改任副站长。1990年该站正式列入中国科学院生态台站网络，交通设施有一定改进，承担的项目主要来源于国家自然科学基金及云南省自然科学基金，有“哀牢山中北段山地生态研究——云南亚热带山地生态垂直分异规律及其合理利用研究”和“人类活动对哀牢山森林生态系统的影响”。前项课题经四年研究，始才完成，对哀牢山山脉北段的生物与气候，土壤环境采取多学科同步定位系统观测和路线考察相结合，予以详尽调查，对哀牢山东西坡垂直气候分异及其与植被、土壤、动物和农业生产上相互关系进行深入研究。1991年11月30日中科院昆明分院主持并通过该项研究之鉴定。同时还进行的研究有：森林结构研究以及主要种类物候观察，森林生产力涵养水源作用的研究，次生演替系列研究，哀牢山两坡森林系统水热平衡研究，森林土壤类型分析规律及肥力测定等多项研究，发表论文40余篇，与云南省林业厅合作出版《哀牢山自然保护区综合考察报告集》一册。

昆明生态所成立之后，对哀牢山定位站的管理依然是延续过去模式，主要由站长、副站长及10余位临时工，终年在站上坚持观测记录，其他各专业人员根据课题需要轮流到站工作，由站学术小组进行统筹和协调。在生态所前期，由于生态所经费有限，每年仅能下拨给该站1.5万元运转费，仅够发放临时工工资，致使观测仪器设备无法更新，房屋无法修缮、交通及通讯问题均无法解决，该站几乎难以维持。

图7-11　1991年冬，中国生态学家在哀牢山考察，在北段山顶合影(前排左起陈昌笃、赵济、陈火洁、赵星武、赵晓芸、孙儒泳、邱学忠，西双版纳热带植物园提供)

1993年，国家计委批准中科院"中国生态系统研究网络(CERN)"八五建设项目，涉及全院52个野外台站，哀牢山定位站积极申请。中科院要求每个台站必须有长期无偿使用当地观测林地，才能给予台站建设较多资金投入。为此，5月5日昆明生态所致函景东县人民政府，请予批准定位站长期使用观测试验林地500亩和试验、建设用地120亩。8月6日，景东县回复批准此请。但是哀牢山站申请加入CERN而未果，仅获得中科院特批固定事业费每年2万元。

第八章 DIBAZHANG

云南高等院校中的植物学研究

第一节　云南大学之植物学研究

1950年，云南大学生物系有植物学教授秦仁昌、朱彦丞、严楚江、孙必兴、徐文宣等，生物系主任朱彦丞。朱彦丞在云大执教已有几年，此前仅是讲授普通植物学和植物地理学课程，至此才将其在法国留学所学到法瑞生态学理论运用到云南植物学研究中，并以此培养后学。严楚江系1950年重回云大，开设植物形态解剖学课程，但人事关系不谐，一年后即往厦门大学。孙必兴从事植物分类学及植物区系地理学研究，讲授植物分类学等十余门课程。孙必兴(1921—　)，云南宣威人，1949年云南大学农学院森林系毕业，留校任教，1949年曾参加云南地下党领导的"民青"组织。其后专门从事教学和研究，参加《中国植物志》和《云南植物志》编写，发表论文30余篇，主持完成"2000年珍稀濒危物种及自然保护区预测研究"项目，获云南省1989年科技进步三等奖。

秦仁昌经过1950年年初短暂不愉快后，仍任教于云大，讲授植物分类学课程，兼任森林系主任和云南省林业厅副局长。1951年12月中央下达云南省林业厅调查云南橡胶植物，秦仁昌率领组成一支调查队前往。自1950年此至1954年秦仁昌当选为全国人民代表大会代表止，关于这段经历，秦仁昌"自传"中有所记载，摘录于下：

(1950年)在出狱后不久，即将农业改进所职务向军事接管委员会移交清楚，就被派赴重庆出席西南农林会议，随即被任为林业局副局长。是年冬被派至滇缅边境调查橡胶，到一九五一年二月回昆。七月又派至滇越边境屏边县大围山等地为发展金鸡纳生产寻勘林场场址，五一年一月回昆。其时，正值云南土地改革开始，我和云大的同事们一同参加了土改，为时约三个月。九月，林业局派我至芒市指导橡胶苗圃工作，因本学期有课，无人代理，与学校商妥，将全班学生一同带去参加工作，作为一个理论联系实际的尝试，对教学是有益处的，五三年回校后进行了补课。五三年四月，当时国家迫切需要培植橡胶，我在芒市忽然接到昆明电催，讲中央要在云南发展橡胶生产事业，组织一个大规模勘察队到云南东南部

> 越南边境等地勘察，于是日夜兼程赶回昆明参加了这一工作，直到七月底回昆。
>
> 一九五四年学期开始，我一面教课，一面为学生补课，星期日也经常带领学生作野外实习。暑假期间正带领全班学生在黑龙潭附近山上作两周的教学实习，忽然校长派汽车来遍山找我，说我被选为全国人民代表，赶紧回昆明报到。当时我很吃惊，真有点不相信自己的耳朵。想我这样一个极平凡的人，对人民没有一点贡献，而人民信任我，给我这样莫大的光荣和崇高的政治地位，我心中感到非常惶恐。①

秦仁昌从受到政治追究到推选为全国人大代表，此中落差甚大，其本人也感意外，是什么力量使然，秦仁昌未曾言说，笔者更无从知晓，姑且不论。只是从秦仁昌自述，可知云南大学植物学教学因其经常到边境勘查受到影响，其自己也说："解放后我经常去边区工作，对于教学是没有完全尽到职责的，加之我平日有些主观主义和自由主义作风，对系务的处理也是不十分恰当的。"秦仁昌野外考察是为完成实际任务，不仅影响教学，也影响研究。自抗战胜利之后入云南大学以来，几乎没有研究论文发表，均因事务缠身，还有人事纠结。但是，秦仁昌此之前研究成绩足以傲人，因而于 1955 年当选中国科学院学部委员。对于云南，秦仁昌愿为摆脱，当中科院植物所向其发出邀请时，即义无反顾前往北京，得以专心从事研究工作。

云南大学生物系招收新生，自 1950 年至 1955 年，从开始时每年仅招收数名，到后来增加到 50 名，生物系在此期间经过一系列调整和改组，扩大师资队伍、扩大教学设备、添置图书资料，按照国家高教部所确定教学模式，培养大量专业人才，迅速成为国内知名之生物系。所培养的毕业生中，分配至云南乃至全国各研究所和大专院校，成为所在机构之中坚。也有毕业后留校任教，此中著名者有朱维明，无论教学和研究，其皆继承云大的传统。

朱维明(1930—　)云南禄丰人。1954 年云南大学生物系毕业，留校任教。在讲授资源植物学、植物引种驯化、植物分类学、国际植物命名法规、植物学拉丁文等课程之余，从事蕨类植物分类学和生态地理学研究，参加《中国植物志》蕨类植物编写，负责《云南树木图志》和《独龙江地区植物》的蕨类植物编写。

---

① 秦仁昌：自传，1958 年，中国科学院植物研究所档案。

创建云南大学生态学与地植物学研究所蕨类植物标本室，该标本室至 1993 年收藏蕨类植物标本达 7 万余份，其时主要研究人员还有和积鉴、李建伟、陆树刚、张光飞等。主持云南省科委自然科学基金项目有："怒江州计迪庆州香料植物资源调查""梅里雪山及附近地区植物资源的调查及评价"，在研究中发表蕨类植物新种 40 余种；还发表《玉龙雪山蕨类植物的垂直分布和生态的初步观察》《云南蕨类新植物(一)、(二)》《四川及湖南蕨类植物三种》《海南岛及中国蕨类植物分布新记录》等论文。朱维明在校就读时，正是秦仁昌在云大任职期间，应得秦仁昌传授，其后致力于蕨类植物研究，虽然秦仁昌已在中科院植物所，仍得其指导。

1955 年 4 月国务院总理周恩来、副总理陈毅到云南考察，针对云南自然环境和生物资源优势，指示云南省政府、云南大学应进一步加强生物学教学和研究。高等教育部为落实指示精神，1956 年调复旦大学教授曲仲湘带领一批人员来云南大学工作。曲仲湘(1905—1990)，又名曲桂龄、曲仲香，河南唐河人，1930 年毕业于南京中央大学生物系。在校期间，勤奋好学，因家境贫寒，得中国科学社生物研究所所长秉志和植物部主任钱崇澍之青睐，邀其在课余至所中整理植物标本，使得曲仲湘不仅得到生活资助，还掌握植物标本采集、制作、分类鉴定等方法。毕业之后，任生物研究所采集员、研究员；重庆北碚中国西部科学院生物研究所植物部主任；重庆北碚复旦大学生物系副教授，峨眉山四川大学生物系主任。1945 年，曲仲湘被选派赴加拿大多伦多大学留学，后转入美国明尼苏达大学研究所，跟随生态学家柯柏(William S. Cooper)，学习英美生态学派理论和方法，1948 年获植物生态学硕士，回国后任教于复旦大学。1956 年来云南大学任生物系主任，随其而来除其夫人钱澄宇外，还有姜汉侨、盛玲玲、吴玉树、胡嘉琪、邱莲卿、金振洲等。

图 8－1　曲仲湘(采自《科技先驱——云南省杰出科技专家传略》一书)

曲仲湘等人之加入，极大加强云南大学生物系教学和研究之力量，尤其是植物生态学，与先前朱彦丞之法瑞学派联合，在生物系设立"生态地植物学研究室"，突显优势学科；再加上植物分类学、形态解剖学、生理遗传学等学科，云南大学植物学教学与研究在国内已是首屈一指。

云大生物系在师资力量壮大之后，开始有计划地开展云南植被和植物区系调查研究。1956年在曲仲湘、朱彦丞率领下，首先选择垂直分布规律明显的丽江玉龙山，进行连续两年调查，参加考察的有邱莲卿、金振洲、姜汉侨、朱维明、薛纪如等，中科院植物所昆明工作站李锡文、南京大学任美锷等也受邀参与其中。两年野外工作，基本探明玉龙山植被类型和分布规律，调查总结刊于1957年《云南大学学报》，作为"云南丽江玉龙山植被调查专号"出版。在此期间，生物系植物学专业同仁所从事的研究还有：曲仲湘之于莎草科标本鉴定工作、钱澄宇之于藻类、徐文宣之于苔藓、李德霖之于豆科植物、朱维明之于蕨类植物、周乐福之于忍冬科、金振洲之于禾本科、胡钟英之于蔷薇科等。

1958年，在结束滇西北植被调察研究之后，将力量向南转移，结合学生毕业论文，与中苏云南热带生物资源考察队合作，开展对西双版纳大勐龙、勐仑、勐腊、勐养和景东无量山五个自然保护区植被进行调查。其中西双版纳前三个自然保护区植被调查是由中苏云南热带生物资源考察队组织进行，云南大学生物系只是参与其事。最后云南大学得各方同意，将全部调查成果，又刊于1960年《云南大学学报》，并以"云南热带亚热带自然保护区植被调查专号"出版。调查方法，专号绪言介绍云：

> 全队十余人，分为制图组、动物组、植物组。制图组以完成路线勘察，绘出全区地图为目的。在没有底图的困难情况下，采取设点记录，根据地貌植被变化，约每2公里设点一个，在每点上借计表作出距离，确定海拔高度、方位、坡度、坡向，山脉河流走向，远山近山描绘，地质、地貌、土壤的记录等。此项工作在最后校正时，在距离上只有两公里误差，证明这种方法，基本上是可靠的。动物组的工作目的，主要在于了解本区重要动物的生活及活动情况，为保护区的疆界规划提出必要的参考资料。植物组以划分保护区内各主要植物群落类型，掌握分布规律，以及其与人类与动物之间的相互关系为目的，最后提出本区中，特别值得保护的群落类型，如圆满的亚热带山地雨林等。①

---

① 云南大学生物系：云南热带亚热带自然保护区植被调查专号，《云南大学学报》，1960年。

此次对滇南植被调查，所得成果，对云南省乃至全国自然保护区建立和发展，都是有力推动。其时，云大生物系在小勐养设立有生物站，由李德霖、李植芝于1957年建成，位于思茅与景洪之间，距景洪34公里，往西双版纳各自然保护区尚为方便，植被调查即以此站为基地，1958、1959、1960年三届学生毕业实习和毕业论文也在该站进行。该站一度成为小勐养地区科技文化活动中心，不少学者来站访问并作学术报告，后在"文革"中无法维持而撤销。

在中苏云南生物资源联合调查中，经苏联专家建议，中国科学院在大勐龙设立热带森林生物地理群落定位站，曲仲湘、朱彦丞应中科院之邀，陪同苏联专家苏卡乔夫到西双版纳为定位站选点，并参与勘查评议，曲仲湘还受聘担任该站站长，指导该站学术研究。西双版纳热带植物园成立，开展橡胶与多种经济植物组成人工群落试验，也聘请曲仲湘为专家组成员，为之拟出多种方案。

1958与1959年，因中苏联合在云南进行生物资源考察，苏联植物学家来云南频繁，即受邀到云南大学作学术交流，有莫斯科大学生物地理学专家沃罗诺夫、植物化学专家钦巴诺夫，还有苏卡乔夫、塔赫他间等。通过与苏联专家交流，使得云大生态学专业得到更广泛认可，且高教部还要借云大生态学师资力量，开办全国高校生态学高级进修班。进修班共有20余名学员，来自全国各地高等院校，授课除曲仲湘、朱彦丞外，还请沃罗诺夫介绍苏联生态学基本理论和研究方法，使学员全面系统了解当代世界三大主流生态学。进修班学员还在曲仲湘、朱彦丞率领下到丽江玉龙山和西双版纳小勐养等地实习。此后，参加进修班学员，大多数成为各自高校植物生态学教学与科研带头人。

图8-2　1956年，曲仲湘(右二)与朱彦丞(左一)接待苏联专家(采自《科技先驱——云南省杰出科技专家传略》一书)

经过几年学科发展，1964年隶属于生物系之"生态地植物学研究所"，调整为学校直属之研究室，由朱彦丞、曲仲湘领导；然而，为时不久，全国范围内“四清运动”将学校教学秩序打乱，接之而来又是“文革”。学校教学和研究均被停顿，且持续十年之久。

在十年动乱期间，曾于运动后期有所复课，胡志浩所著《云南大学生物学科55周年》一文中，对复课作这样记述：

> “复课闹革命”以后，生物系植物学专业根据“中草药运动”中获得的信息，以办药材专业培训班入手，逐步恢复了正常的教学秩序。其中植物学专业回归到正常轨道的过程，十分明显地说明社会经济建设的需要是高等学校专业建设的主要动力，以及综合大学专业发展对社会需要的适应能力。1973年，经生物系与云南省医药公司联系，药材公司委托生物系举办学制为三年的脱产干部“药用植物专业班”，各地县药材公司选派其在职干部来生物系学习，共有学员35名，1976年在毕业实习阶段，将学员分为两组，分赴海南、广西或四川的药材产区实习，这是云南大学生物系有史以来实习地点最远，实习收获最大的一次教学活动，师生得到了很好的锻炼。①

随后“文革”结束，中国社会百废待兴，1977年年底全国高校恢复入学考试，中国高校自此才开始步入正轨，科学研究事业也得到恢复。1979年朱彦丞接受中科院昆明分院委托，筹建昆明生态研究所，但为时不久，朱彦丞因病去世，但其拟定之计划仍由昆明分院予以执行，于1980年先建起昆明生态研究室。而在云南大学则在1984年成立生态学与地植物学研究所，且建成研究楼。此前，仅有会泽院楼内几间办公室。此时研究所下设地植物学、地生态学、蕨类植物学研究室和情报资料室、蕨类植物标本室、种子植物标本室、植物生态综合实验室、云南省自然生态系统展览室等。1986年起以姜汉侨、孙必兴为学科带头人，拟定学科发展规划，并获得生态学专业硕士学位授予权；1990年又得博士学位授予权。种子植物标本室至1993年时，收藏标本15万份，主要由胡志浩、黄素华、孙必兴、王松、王跃华、徐文宣等采集，其时标本馆主任为孙必兴。至1993年为止，研究所除参加《中国植被》《西藏植物志》编写外，还

① 胡志浩：云南大学生物学科55周年(1937—1992)，《云南大学学报》第15卷第1期，1993年。

图 8-3　朱彦丞(中)和金振洲(左)、周乐福(右)研究云南植被
(采自《科技先驱——云南省杰出科技专家传略》一书)

主持编写《云南植被》《云南森林》《云南省综合自然区划》《云南区域植被类型和特征》《云南种子植物要览》等专著，再有在曲仲湘主持下，应高等教育出版社之请，集体编写《植物生态学》全国统编教材和应科学出版社约稿编写《植物生态及植物群落基本知识》等。开始在植物群落学研究中，运用计算机分析数据，在植被和土壤调查中使用遥感技术。

第二节　西南林学院之植物学研究

西南林业大学系从云南大学农学院森林系演变而来，其间经过繁复之演变，先为简述其历程。本书前已有述，云南大学农学院森林系成立于 1939 年 8 月，为适应其时之战争环境，农学院设于昆明远郊呈贡火车站附近。抗战胜利后，1946 年农学院迁回云南大学本部，地点在西南联大旧址。1949 至 1958 年仍称为云南大学农学院森林系，设林业专业。1958 年 8 月，农学院之农学系与森林系分出，单独成立昆明农林学院，校址在昆明北郊黑龙潭。同时，增设森工系。翌年，林学系增设森林保护专业。1960 年林学系与森工系从昆明农林学院分出，成立云南林学院，同时增设特用经济林系，设置以橡胶为主之热带作物专业。1962年云南林学院又与昆明农学院合并，名为昆明农林学院。1969年夏，昆明农林学院迁宾川县；是年夏农林学院农、林、牧三系迁寻甸，与云南农业劳动大学合并，成立云南农业大学。

1973年，北京林学院搬迁至云南，遂将云南农业大学之林学系分离出来，与北京林学院合并，成立云南林业学院，隶属于国家林业部，校址在昆明温泉楸木园。林学系改称为亚热带经济林系。1979年北京林学院返京复校，林业部决定将云南林业学院改名为云南林学院，在原址继续办学，规模不变，设林业、森林工业两系。1983年改名为西南林学院，1990年学校迁入昆明市内，温泉校址则改为实习基地和成人教育学院。

学校几经分合、校址久迁不定，至80年代才算稳定，使得教学和研究得到发展。至1987年，西南林学院设有森林植物、森林保护、野生动物、植物化学、木材和高等教育六个研究室。其中林学系之植物分类、竹类研究不仅在云南植物学界，且在中国植物学界也有一席之地。2000年调整为“省部共建、以省为主管理”的高等学校，2010年更名为西南林业大学。本书所言仅是西南林学院以前之事，故不用西南林业大学之名。

图8-4　西南林学院树木标本馆(采自《中国林学会树木学分会成立三十周年纪念文集》)

科学研究成果之取得，不是一蹴而就，需要不断积累过程，对于传统植物分类学研究而言，更是如此，标本、文献需要积累到一定量，研究才能得心应手，左右逢源。西南林学院之所以能获得植物分类学之学科优势，即在云南大学农学院时期建立树木标本室、图书室，这些设备为西南林学院所继承；在其后分合之中，有徐永椿、薛纪如等始终与之相随，不仅在搬迁之中没有损毁，还在历史进程中有所增益。有此设备，不仅成就了徐永椿、薛纪如之学术成就，也为后学之成长奠定基础。

徐永椿（1910—1993），字介群，江西龙南人，1938年毕业于重庆中央大学森林系。在南京就读时期，在树木学助教郑万钧、杨衔晋指导下，系统学习树木学，将中央大学森林系标本室之标本批阅一遍，也曾随郑万钧到中国科学社生物研究所查阅标本。毕业之后，经郑万钧介绍到中国木业公司四川分公司工作一年，了解该公司在峨边所属森林之垂直分布，并改进运输木材滑道和水运问题。1939年7月，中央大学森林系主任张海秋往云南创建云南大学农学院，邀徐永椿一同前往，遂在云南终其一生，期间仅1948—1949年在台湾地区台中农学院任教半年。关于徐永椿初期在云大森林系情形，本书已作记述，此再介绍其创建树木标本室。

图8－5　徐永椿（采自《科技先驱——云南省杰出科技专家传略》）

1940年，徐永椿往滇西北，跟随庐山植物园丽江工作站之秦仁昌、冯国楣在丽江雪松村及黑白水一带采集，又步行到鹤庆、剑川、金华山、满贤林，再经牛街、邓川、大理，抵达下关，沿途采集，得标本约200号。为储藏这些标本，乃做4个标本柜，此乃云南大学农学院暨西南林学院树木标本室之发端。

1940年，郑万钧从法国带回标本约40号，徐永椿接下这批标本。1946年西南联合大学离开昆明，留下副号标本数百份，同期还从昆华农校仓库里收集了吴中伦、蔡希陶、俞德浚、王启无采集标本约百余份。1947年，结合大姚县志编写，徐永椿带领森林系两个年级学生和几位年轻教师到大姚、宾川、大理等地进行了一次规模较大的采集活动，采得标本400余号。这次采集一行10人，途经盗匪出没之地，师生们只好雇马帮驮着标本，每人扛一根木棍作武器，防备盗匪。在大理上苍山采集，无干粮可带，以土豆充饥，白酒御寒，十分艰苦。

徐永椿在台中农学院执教半年，任副教授，讲授树木学。在教课之余，不失时机调查和采集台湾树种。每周两天上课之外，经常带一个藤包外出采集，曾两上阿里山，看到完整的气候带和相应的不同层次的森林垂直带，并力所能及地采到一些标本，如红桧、扁柏、台湾杉及台湾华参等。还曾亲临八仙山林场，冒险乘坐运输木材之索道，采到台湾铁杉标本；在嘉义热带果树试验场，采得一套果树标本约40种。在台湾期间共采标本400多种，1 000余号，均运回云南，使得西南林学院树木标本室成为大陆收藏台湾标本较多标本室之一。①

图8-6 徐永椿在纪念其执教五十周年纪念活动时留影（采自《科技先驱——云南省杰出科技专家传略》）

该标本室至1993年标本藏量达10万份，主要是中国西南地区壳斗科和竹类标本最为丰富。其研究人员除徐永椿之外，还有竹类专家薛纪如，以及其他研究人员，如从事竹亚科之辉朝茂、杨宇明，从事壳斗科栲属研究之刘大昌等。

另一位与西南林学院植物分类学研究未曾分离的研究者为薛纪如，系中国竹类专家。薛纪如（1921—1999），河北临城人。1941年考入中央大学生物系，二年级时在教授郝景盛支持下，转入森林系。暑假随教授朱健人往金佛山考察，见到方竹开花后大批死亡，探讨死亡原因和恢复措施，这是他平生第一次与竹子打交道。1945年大学毕业，考取中央大学教授郑万钧研究生。郑万钧此时已

① 徐永椿事略，何天淳、张从信主编《校长春秋——云南高校校长事略》，云南大学出版社，2009年。

是裸子植物专家，薛纪如也开始从事裸子植物研究。1946年受导师所派，前往四川万县磨刀溪采得水杉模式标本，胡先骕、郑万钧据此标本，发表活化石水杉而轰动植物学界。1948年，薛纪如获得硕士学位，到云南大学农学院森林系任教。

> 1950年薛纪如参加了云南第一批农业考察团，并往滇西考察农业生产情况和发展方案。那时，许多地方不通公路，他们历经艰辛，由保山徒步翻越高黎贡山，再由腾冲步行到梁河、芒市、龙陵等地，首次确认了我国最早引入的橡胶树和分布在腾冲的最古老的秃杉。1951年他参加了中央慰问团到滇南慰问，途经石屏、元江、思茅、西双版纳、阿佤山，历时半年之久。那次他采集了不少标本，查清了云南松与思茅松的异同。在普洱首次采集了龙血树。1955年，作为中苏生物考察团的先遣队长，蔡希陶、薛纪如率先深入到威远江、怒江和澜沧江进行调查，取得了大量第一手资料，为云南紫胶生产和科研奠定了基础。①

薛纪如初来云南，由北到南，为云南丰富植物资源所吸引，遂志在边疆，献身林业。1956年云南大学农学院森林系所从事的研究项目有：薛纪如研究云南森林分布，徐永椿开展黄衫林调查，汪璞、杨执中开展云南主要木材鉴定和物理性质的调查研究。薛纪如、徐永椿还与中科院植物所昆明工作站合编《昆明木本植物图说》一书。不久农学院森林系进入持久分合迁移动荡时期，不仅合编《图说》未能完成，即已开展的研究项目，也难持续。至1970年代末期才重新开展研究。在1980年代初期，西南林学院开始独立建院，徐永椿担任院长，在为学院延揽人才，组建学科之同时，其所领导的植物分类研究工作也得到发展。

图8-7　薛纪如(夏振岱提供)

---

① 薛纪如：热爱林业献身边疆，《云南文史资料选集》第59辑，云南人民出版社，2002年。

> 徐永椿既努力搞好教学，又致力于科学研究。40年代末，他就开始壳斗科研究，著有《昆明地区栎属的研究》。70年代以来，他与助手任宪威一道，对云南、西藏的壳斗科植物进行了进一步研究，发表《云南壳斗科的分类与分布》等10余篇论文，编写了《云南植物志》《西藏植物志》中的壳斗科，及《中国树木志》壳斗科三个属和《中国植物志》壳斗科三个属。通过研究，发表该科新种20余个，新组合20余个，种的新分布10余个，属的新分布1个。①

徐永椿晚年将其对云南树木学研究予以总结，主编完成三卷本《云南树木图志》。该书前论部分从森林生态角度阐述树种在不同环境之下生长之异同；各论部分记载云南树种2 500育种，从树木分类学角度介绍识别树种方法，并记述各树种林业生产技术知识。全书近500万字，由中科院昆明植物所、中科院云南热带植物所和云南大学等多家单位参与编写，徐永椿对于书稿和图稿，可谓字斟句酌，反复推敲，遇见问题，就查阅文献或翻检标本，直到问题清楚为止。文稿、图稿达不到质量要求，无论编者是谁，一律退回请其重写，使得《图志》质量臻于上乘。

在分类研究中，徐永椿不争先发表新种，即便发表也持慎重态度。有一次，云南林学院一位教师在海南岛尖峰岭捡到一个锥形果脐青冈果实，徐永椿确认为新种，但为慎重起见，复派人赴海南岛采得完整标本，即命名为锥脐青冈。但是，后来徐永椿在华南植物所青冈属标本中，发现此树枝叶标本，陈焕镛和谭沛祥在台纸上写有 *Cyclob alanopsis litoralis*，便放弃自己所定名称，而采用他们的定名，并代为发表。徐永椿在编写《云南植物志》时，有文献记载云南有多花栎，而未见到标本，故未收入。其后，在中科院植物所标本馆见到与英国爱丁堡植物园交换而来标本中，有1913年G. 福雷斯特(Forrest)采自金沙江边的10341号标本。该号标本原被定名为多花栎，徐永椿反复鉴定，认为是铁橡栎，而非多花栎，依然未收录于《云南植物志》。徐永椿治学之宽厚、严谨，赢得学界赞誉。

薛纪如从事竹类研究，起始于1954年。竹类为禾本科，而中国此前禾本

---

① 刘大昌：徐永椿传略。中国科学技术协会编：《中国科学技术专家传略·农学编·林业卷》(一)，中国科学技术出版社，1991年，第359页。

图 8－8　1980 年 11 月，蔡希陶（右二）与曲仲湘（右一）、
徐永椿（左三）在“绿化春城专家座谈会”上

科专家系耿以礼。薛纪如在中央大学就学时，曾选修耿以礼“禾本科植物”课程，并得到课外指导。1954 年时在南京大学任教之耿以礼邀请薛纪如赴安徽九华山、江西庐山，协助耿伯介指导毕业班分类实习，这也是薛纪如一次理论结合实践的实习，促使其开始对云南竹类进行系统调查与研究。竹类在中国分布广泛，而云南因交通不便，再加上竹子不易开花，难得完整标本，导致研究者甚少。1959 年耿以礼出版《中国主要植物图说 · 禾本科》一书，记载云南竹类仅 12 种，显然此领域为空白。薛纪如明悉此后，乃选择研究竹类之路；但其道路并不平坦，其自言云：

回顾半个世纪以来，薛纪如在竹类研究方面所走过的路并非一帆风顺。1958 年农林专业从云南大学独立出来，建立昆明农林学院，当时竹子研究排不上号。60 年代初省林科所把竹子列为重点项目，聘他为顾问，指导该所竹种园建设和埋节育苗试验，引种了近百种竹子，并出版了《竹种园》一书，埋节试验也获圆满结果。但是“文化大革命”时期，竹园全部被毁，令人痛心疾首。

80 年代初，他开始招收竹类研究生，这样他从单干中解脱出来，有了

> 得力助手，工作进展得很快。主要表现在：1. 基本查清了云南竹类资源，包括竹子种类、利用价值和主要竹林结构等；2. 从众多竹种中筛选出一批优良竹种，包括笋用、材用、工艺用和观赏用；3. 进行竹林的自然分区，为生产布局提供依据；4. 竹林基地建设与丰产措施；5. 无性快速育苗，与人为促进开花结实。①

薛纪如在致力于竹类应用研究同时，还予竹类以分类学研究。但其研究因各种原故，很长一段时间不为学界所知悉。1991 年薛纪如接受国际竹子研究发展中心资助到泰国出席第四届国际竹子学术会议，在会上介绍丰富多样云南竹类资源，引发与会学者兴趣与关注。此后薛纪如发表论文 70 余篇，命名竹类新属 4 个，即筇竹属、香竹属、铁竹属、贡山竹属，新种 60 多个，主编《云南竹类资源及其开发利用》，并参与《中国植物志》第九卷竹亚科编写，可谓是厚积薄发。

① 薛纪如：热爱林业献身边疆，《云南文史资料选集》第 59 辑，云南人民出版社，2002 年。

大事记

1470 年　兰茂去世，留下遗作中有《滇南本草》一部。是为首部系统记载云南植物之文献，后经多人增订，共载植物 435 种。

1590 年　李时珍《本草纲目》问世，首次完整记载云南重要药用植物三七。

1848 年　吴其濬《植物名实图考》刊行，共载植物 1 714 种，其中云南植物 370 种。

1655 年　卜弥格随南明永历皇帝自贵州安龙入云南，开启西方人在云南采集植物之历史。

1882 年　赖神父抵云南采集。

1896 年　韩尔礼被调往云南思茅海关，并开始采集云南植物。

1902 年　曲焕章以云南中药材制成“曲焕章百宝丹”行世，后演变名为“云南白药”。

1904 年　傅礼士开始在云南大理采集。

1913 年　韩马迪到中国云南采集植物。

1918 年　北京大学副教授钟观光经安南入云南采集。

1920 年　洛克受美国农部之聘来中国云南采集。

1932 年　静生生物调查所派蔡希陶自四川入云南采集。

1933 年　中央研究院自然历史博物馆派蒋英赴云南采集。

1935 年　中央大学陈谋与中国科学社生物研究所吴中伦联合赴云南采集。

1935 年　静生生物调查所又派王启无来云南采集。

1937 年　静生生物调查所再派俞德浚来云南采集。

1937 年 5 月　静生生物调查所所长胡先骕与云南省教育厅厅长龚自知达成初步协议，共同在昆明创办云南农林植物研究所。

1937 年 8 月　云南大学设立植物学系，严楚江任系主任。植物系后扩充为生物系。

1938年2月　西南联合大学在昆明办学，李继侗任生物系主任，未久由张景钺担任，植物学教授有吴韫珍、植物学助教有吴征镒。

1938年2月　清华大学农业研究所迁至昆明，所中有戴芳澜领导的植物病理研究组和刘崇乐领导的昆虫研究组。8月，又成立植物生理研究组，以汤佩松为主任，并兼任研究所所长。

1938年4月　胡先骕派蔡希陶到昆明筹备云南农林植物研究所，选黑龙潭龙泉公园为所址。

1938年7月1日　云南农林植物研究所与昆明市订立合同，借用龙泉公园三年，农林植物所正式成立，所长为胡先骕兼任。

1938年11月　汪发缵任农林植物所副所长。

1939年1月　秦仁昌率冯国楣等在丽江设立庐山森林植物园工作站。

1939年年初　北平研究院植物学研究所所长刘慎谔在昆明设立该研究所工作站，由郝景盛为之筹备。

1939年3月　云南大学设立农学院森林学系，张海秋任系主任。

1939年10月　云南省教育厅拨款农林植物所建造办公室竣工。

1940年4月　龚自知为农林植物所新屋落成题词“原本山川，极命草木”。

1940年春　胡先骕到昆明亲自主持农林植物所。

1940年5月　郑万钧任农林植物所副所长。

1940年6月　云南省经济委员会加入合办农林植物所之列，合办三方签订契约。

1940年8月　刘慎谔来昆明设立北平研究院植物学研究所。

1940年10月　崔之兰任云南大学生物系主任。

1940年　秦仁昌发表论文《水龙骨科的自然分类系统》，奠定其在国际蕨类植物学中的地位。

1941年9月　清华大学农业研究所迁入大普吉新址。

1941年6月　云南农林植物所编辑出版《云南农林植物研究所丛刊》第一卷第一期。

1943年8月　郑万钧任云南大学森林学系主任。

1945年春　农林植物所开始烟草育种试验，最后得适合于云南种植，且品质高的美烟“大金元”品种。

1945 年　中国医药研究所之经利彬、吴征镒、匡可任、蔡德惠合编《滇南本草图谱》第一卷出版。

1945 年 8 月　俞德浚任云南农林植物所副所长。

1945 年 12 月　秦仁昌任云南大学森林学系教授，不久任森林学系主任。

1946 年 6 月　农林植物所交于五华文理学院办理，秦仁昌任所长，但为期仅十个月。

1946 年 9 月　刘慎谔离开昆明，北平研究院植物学研究所改为工作站。

1947 年 8 月　蔡希陶任农林植物所副所长。

1950 年 2 月　中国科学院植物分类研究所成立，由静生生物调查所与北平研究院植物学研究所合组而成，钱崇澍任所长、吴征镒任副所长。

1950 年 4 月 7 日　云南军事管制委员会文化接管委员会接管农林研究所。

1950 年 4 月　云南农林植物所与北平研究院植物学研究所昆明工作站合并，成立中国科学院植物分类研究所昆明工作站，蔡希陶任工作站主任。

1950 年　刘幼堂将其花园、果园捐赠给昆明工作站，遂以此为基础，建设昆明植物园。

1951 年夏　蔡希陶率队在红河等地寻找橡胶植物。

1953 年 2 月　中苏成立云南植胶宜林地考查队。吴征镒、蔡希陶为副队长。

1953 年　由秦仁昌倡议，云南大学农学院组织成立中国植物学会昆明分会。秦仁昌任理事长，蔡希陶、朱彦丞、徐永椿、冯国楣、徐文宣任理事。

1955 年　中苏组织云南紫胶考察。

1956 年　中苏组织云南生物资源综合考察。

1956 年　高等教育部调复旦大学教授曲仲湘等一批研究人员来云南大学工作，以加强植物生态学师资力量。

1958 年 3 月　中科院在西双版纳车里大勐龙设立森林生物地理群落定位站，后该站由昆明植物所领导。

1958 年 8 月　云南大学农学院农学系与森林系分出，单独成立昆明农林学院。该学院后经过多次变迁，于 1984 年演变为西南林学院。

1958 年 12 月　西双版纳热带植物园在勐仑葫芦岛兴建。

1959 年 1 月　昆明工作站升格为中科院昆明植物所，吴征镒任所长。

1959 年 8 月　昆明研究所设有分类研究室、野生植物利用研究室、地植物研究室、昆明植物园、西双版纳热带植物园、丽江高山植物园、图书馆和中间工厂,代管热带森林生物地理群落定位站。

1959年下半年 昆明植物所组织7个分队,分赴各地普查经济植物。

1959年 吴征镒任《中国植物志》编委会编委,并承担唇形科编写任务。

1960年 昆明植物所又设植物生理研究室、木材研究室。

1961年4月14日 国务院总理周恩来在景洪热带作物研究所召集蔡希陶等座谈,对西双版纳热带植物保护与利用等情形进行调研,并作出指示。

1962年6月 昆明植物所改名为中国科学院植物研究所昆明分所。

1963年3月 中科院副院长竺可桢率领专家黄秉维、李秉枢、李文亮、曲仲湘、朱彦丞、金鉴明、汤佩松等一行十余人,在吴征镒陪同下对大勐龙森林生物地理群落站建站四年工作予以总结。

1963年11月 中国科学院第一次植物园工作会议在西双版纳热带植物园召开。

1970年7月 昆明分所改隶于云南省,并改名为云南植物研究所;西双版纳热带植物园改名为云南热带植物研究所,直接隶属于云南省。

1973年 《中国植物志》重启编纂,云南植物所除承担唇形科外还有锦葵科、木棉科、茶茱萸科、省姑油科、希藤科、山榄科、西番莲科、紫金牛科、使君子科、槭树科、茄科等。

1973年 开始编纂《云南植物志》,吴征镒为主编,1977年出版第一卷,至2006年完成全部二十一卷编写与出版。

1973年 云南植物研究所参加由中科院组织的青藏高原综合科学考察。

1978年3月 云南植物研究所重新改隶于中国科学院,并恢复中国科学院昆明植物研究所原名;云南热带植物研究所改名为中国科学院云南热带植物研究所,直属于中科院。

1978年11月 中国科学院第二次植物园工作会议在云南热带植物所召开,

1979年12月 组建成立中国科学院昆明分院生态研究室。

1979年 《云南植物研究》经国家科委批准,为学报级刊物,正式向国内外发行。

1979年 中国植物学会昆明分会更名为云南植物学会,挂靠在中科院昆明植物所。是年组成第四届理事会,理事长朱彦丞,理事有吴征镒、蔡希陶、冯国楣、徐永椿、吴少萍、臧穆、连钝。

1981 年 3 月　中科院生物学部批准同意哀牢山定位站选址。

1983 年　哀牢山生态定位站三年本底调查结束，将调查结果整理成《云南哀牢山森林生态系统研究》论文集，由云南科技出版社出版。

1984 年　云南大学成立生态学与地植物学研究所，所下设地植物学、地生态学、蕨类植物学研究室和情报资料室、蕨类植物标本室、种子植物标本室、植物生态综合实验室、云南省自然生态系统展览室等。

1984 年　云南省植物学会在玉溪召开第六届会员大会暨成立三十周年学术年会。吴征镒当选为理事长；段亚华、姜汉侨当选为副理事长。

1987 年 1 月　中科院昆明分院生态室升级为中科院昆明生态研究所，云南热带植物研究所建制撤销，原热带植物所群落生态研究室并入生态研究所，而在勐仑部分则作为该生态所之生态实验站；而热带植物所其余部分则改为西双版纳热带植物园，隶属于昆明植物所。

1983 年　吴征镒主编《西藏植物志》出版第一卷，全书五卷，至 1987 年出版齐全。

1987 年 8 月　获得中科院批准，昆明植物所植物化学研究室为开放实验室，并任命周俊为实验室主任。

1996 年 8 月　中科院对云南生物学机构又进行整合，将西双版纳热带植物园与昆明植物所分离，与昆明生态所合并，撤销生态所，组建成立新的中国科学院西双版纳热带植物园。

2003 年 8 月　昆明植物所植物化学开放实验室获中国科学院验收成立。

2005 年 1 月 25 日　英国爱丁堡皇家植物园与昆明植物所合作共建丽江高山植物园挂牌仪式在云南丽江举行。

2006 年　云南省植物学会召开第十届会员代表大会，李德铢当选为理事长，陈进、杨永平、陆树刚、王继永当选为副理事长。

2007 年 2 月　中国西南野生生物种质资源库工程竣工，随即成立种质资源采集队，赴西南各地采集，且以种质库为平台，承担多项国家重点项目。

2009 年　由中国科学院植物研究所、华南植物园和昆明植物所联合申报，《中国植物志》荣获 2009 年度国家自然科学一等奖，在十位获奖代表中有昆明植物所吴征镒、李锡文。

人名索引

艾有兰　282,310
包士英　48,49,55,59,69,153,155,261
秉志　30,54,89,102,103,105,115,120,349
卜弥格(Michal Boym)　10,361
蔡德惠　134－136,363
蔡希陶　29－39,41－44,46－48,58,69,76,82－84,86,88－90,107,110,116,134,145,147,153,177,181,190,194－197,200,208－210,213,214,217－225,228－232,236,238,239,241,243,244,246,275,277－284,286－291,294－302,304,305,315,318－320,331,355,357,358,361－364
蔡宪元　236－238,244,259
蔡元培　25,45,46
曾吉光　107,190,197,209
常麟春　29－31,33,35,37,41,42
常麟定　44,45,47,48
陈秉仁　47
陈封怀　89,90,98－100,107,108,110－112,143,145－147,157,177,180,182,242,277,280,298
陈火结　338,342
陈介　239,249,261,281
陈进　308,310,365
陈谋　49－51,54－58,361
陈培生　139
陈少卿　48
陈书坤　245,249,255,261,307
陈桢　127
陈植　121,122
程必强　294,308
程仕文　324
崔之兰　120－122,127,183,362
戴芳澜　128,131,136－139,142,362
单勇　282
段金玉　239,247,248,256
段亚华　328,365
冯国楣　5,66,90,99,144,145,149,152－155,177,181,190,193,199,209,212,213,219,220,231,232,236,242,243,245,249,256,355,362－364
冯耀宗　213,214,220,277,282,286,287,290,295,296,298,301,304,307,324,328,336－339,341
傅焕光　67,68
傅礼士(George Forrest)　14－18,31,35,166,361
高梁　245,321,323
龚自知　35－39,41－43,45－47,56,57,59－65,69,71,79,80,82－84,88,90－92,97,102－107,111,178,361,362
郭佩珊　187,188
韩安　180,181
韩尔礼(Augustine Henry)　12－14,31,

361
韩马迪(Handel-Mazzetii) 17－21,361
郝景盛 158－161,163－165,169,356,362
何泰贻 280,282,285－287,290
侯学煜 227,229,230,318,320
胡万忠 321,324
胡先骕 14,23,26,29－38,43,44,54,58,64,66－69,71,80,82,85,88,89,92,94－105,107,110－113,115,116,118,119,122,142,143,148,149,157,177,178,180－182,188－190,196,207,208,229,357,361,362
胡月英 5
黄杲 139
黄蜀琼 213,239,256
季鸿德 336,342
简焯坡 135,172,173,201,317,318,320
蹇明泽 294
姜广正 137,138
姜汉侨 349,350,352,365
蒋英 20,44－48,50,58,128,361
金振洲 349,350,352
晋绍武 244
经利彬 4,6,134,135,164,169,172,173,363
孔志清 75,76
匡可任 6,107,134－136,172,173,177,201,363
赖神父(Père Jean Marie Delavay) 10－13,17,361
兰茂 4－7,134,136,361
雷震 90,99,145,146
黎昔非 136
李恒 249,256,260,261,263－265
李继侗 125－127,129－132,239,362
李绿三 199
李时珍 7,8,361
李书华 117,118,157,158,160,161,165,166,168,172,173,202,203
李锡文 213,236,238,239,245,248,249,252,256,261,350,365
李延辉 227,228,290,294,298,301,319
李煜瀛 157,167
李正理 131,134,306
梁国贤 37,41,42,44,61,80,88,89,107
林镕 135,165,169,188,201,229,298,317
凌宁 139
刘宝珖 92
刘崇乐 136,224,225,227,230,232,283,318,321,362
刘宏茂 308,310
刘伦辉 236,256,328,336,338,341
刘培贵 251,269
刘慎谔 29,150,156－160,163－173,177,201－203,207,362,363
刘文耀 338
刘希玲 236,289,290,299,300,322
刘英士 188
刘瑛 68－70,72,76,88,107,110,177
刘幼堂 195,210,211,214,219,363
龙云 32－35,45,59,79,83,84,91,94,104,117,135
娄成后 139－141
卢汉 33,180,185,207,211
陆清亮 29－31,33,35,37,39－41,43,44
洛克(Joseph Rock) 10,21－23,150,157,361
吕春朝 282
马曜 35,183－185
马毓泉 131－134
毛品一 214,219,220
缪云台 95,103－105,165
倪琨 37,41,42,44,61,69－71,76,80
裴盛基 249,298,301,304－307

浦代英　236,281,282
钱澄宇　349,350
钱崇澍　49,54,118,143,207,208,210,219,229,280,349,363
钱天鹤　45
秦仁昌　16,20,21,28,44,45,89,90,99,110,142－153,155－157,177,183－190,192,193,196,197,203,213,219,220,229,230,280,347－349,355,362,363
邱炳云　29,31,107,145,154,181,190,199,209
裘维蕃　137
曲焕章　9,361
曲仲湘　231,236,296,304,316,318,320,323,324,326,349－353,358,363,364
任鸿隽　101,104,105,112
沈嘉瑞　127
沈同　127,139,140
孙必兴　58,347,352
孙汉董　256,259,260,269
汤佩松　136,139－142,152,323,324,362,364
唐瑞金　44,47
唐善康　32,33
唐燿　114,239,243,244,247,257
汪发缵　30,58,88－92,97,102－104,107,108,110,112,116,120,122,147,177,229,362
汪汇海　321,323,324,336,341
王伏雄　131,132,139,229
王汉臣　52,166－168,172,201
王启无　23,31,58－70,98－100,107,108,111－113,153,213,355,361
王文采　21,227,228,239,261,263,281
王云章　162,163,165,166,318
王政　180
威尔逊(E. H. Wilson)　14,31,35
吴其濬　8,136,361
吴素萱　127,229,306
吴又优　321－324,327
吴韫珍　20,21,127,128,130,131,134－136,172,362
吴征镒　5,6,21,92,113,116,126,128－131,134－136,141,149,150,172,181,194,207,208,219,223,225,227,229,230,232,235,236,239,242－247,249,251－257,261,263,265,267－271,275,277,280,281,295,296,298,306,316,318－320,323,324,326,329,330,334,335,362－365
吴中伦　46,49－58,128,355,361
武素功　12,239,240,254－256,260－263,281
向应海　321,323,324,326
谢寿昌　329,335,337
熊庆来　79,88,117,118,120,122,124,186－188
徐仁　122－125,131,139
徐韦曼　46
徐永椿　121,122,183,355－358,363,364
许再富　269,307,308,310
薛纪如　323,350,355－360
严楚江　88,117－122,125,131,347,361
杨崇仁　255,256,282
杨发浩　45,46,48,58－65,69－71,73,76
杨建昆　260,263
杨衔晋　306,355
杨永平　261,262,269,365
姚天全　328,338
殷宏章　127,139－141
于兰馥　5
俞德浚　31,58,59,61,68－76,80,88,90,99,100,107,108,110,112－114,116,136,139,140,146,150,153,154,177－182,189,190,192－196,209,214,229,

242,263,264,277,280,296,298,306,355,361,363
袁蔼畊　43,51
袁同功　183
袁宪周　282,283,294
臧穆　250,251,255,256,364
张敖罗　245,256,298
张海秋　49,121,122,125,183,355,362
张家和　307
张建侯　336,338,341
张景钺　118,120,124,127－134,362
张克映　321,323,324,338,341
张梦庄　98,99
张英伯　98,100,101,107,110,112－116
张育英　213,245,291,295,296,298,301,304
张肇骞　29,298
赵世祥　318,321,322,325,326
郑万钧　49,58,66,98,100,102－108,110－113,116,125,135,177,182,183,195,355－357,362
钟补勤　26,135,172,202,203
钟观光　24－30,46,50,58,94,203,361
周凤翔　236,286,287,290,298,301,302
周光倬　54,55,243,279,280,287,298,318－322,324
周家炽　126,128,129,131,137,138
周乐福　328,350,352
周浙昆　265－267
周钟岳　189
朱维明　12,348－350
诸守庄　197

主要参考文献

一、档案

云南省档案馆藏云南省教育厅档案
云南省档案馆藏云南省建设厅档案
云南省档案馆藏云南省政府档案
中国科学院档案馆藏中国科学院昆明植物研究所档案
中国科学院昆明植物研究所科技档案
中国科学院档案馆藏中国科学院植物研究所档案
中国科学院西双版纳热带植物园档案
中国第二历史档案馆藏静生生物调查所档案

二、文献

云南省地方志编纂委员会,中国科学院昆明植物研究所编纂:《云南省志·植物志》,第五卷,云南人民出版社,1999 年

罗桂环著:《近代西方识华生物史》,山东教育出版社,2005 年

吴征镒著:《百兼杂感随忆》,科学出版社,2008 年

钟观光:旅行采集记,《地学杂志》,1923 年第 5 期

《刘慎谔文集》,科学出版社,1985 年

汤佩松:《为接朝霞顾夕阳——一个生理学家的回忆录》,科学出版社,1988 年

陆清亮:云南建水江外花絮录,《珊瑚》,第三卷第五号,1933 年

吴中伦著:《云南考察日记》,中国林业出版社,2006 年

包士英著:《云南植物采集史略》,中国科学技术出版社,1998年

周光倬著,周润康整理:《1934—1935中缅边界调查日记》,凤凰出版社,2015年

《中科院昆明植物所建所六十周年纪念文集》,1998年

俞德浚:八年来云南之植物学研究,《教育与科学》,1946,第2卷第2期

《蔡希陶纪念文集》,云南人民出版社,1991年

刘兴育主编:《云南大学史料丛书》,云南大学出版社,2010—2011年

《张景钺文集》,北京大学出版社,1995年

《丽江地区志》,云南民族出版社,2000年

李德铢主编:《中国科学院昆明植物研究所简史——1938—2008》,2008年

旭文等著:《蔡希陶传》,国际文化出版公司,1993年

胡宗刚著:《静生生物调查所史稿》,山东教育出版社,2005年

胡宗刚著:《北平研究院植物学研究所史略》,上海交通大学出版社,2009年

胡宗刚著:《庐山植物园最初三十年》,上海交通大学出版社,2008年

胡宗刚著:《西双版纳热带植物园五十年》,科学出版社,2015年

胡宗刚著:《江苏省中国科学院植物研究所南京中山植物园早期史》,上海交通大学出版社,2017年

云南省档案馆编:《私立五华文理学院档案资料汇编》,云南大学出版社,2009年

云南省科技厅科技宣传教育中心、云南省老科技工作者协会编:《科技先驱——云南省杰出科技专家传略》,云南科技出版社,2017年

后　记

余三生有幸，与云南结下文字之缘。第一次来昆明在 1999 年秋，观看“世界园艺博览会”。其时，已开始搜集中国近现代植物学史料，借此机会往云南省档案馆查阅民国云南教育厅档案，几天下来，获得约 2 万字抄档笔记。云南省教育厅与静生生物调查所曾合办云南农林植物研究所，余获得即为农林植物所史料。这些案卷，自形成之后，不曾有人利用，对研究中国植物学史而言，弥足珍贵，为能得到而暗自庆幸。在昆明还晋谒冯国楣先生，邀其撰写《庐山森林植物园西迁始末》一文。

2000 年获中科院植物所所长基金之资助，撰写《静生生物调查所史稿》一书。在南京、北京等地搜讨史料之后，翌年又往西南，首途昆明。到访中科院昆明植物所，入住该所招待所。以两天时间，在所内一些部门复印一些蔡希陶、唐燿等人档案材料，并拜谒了吴征镒先生、唐燿先生之后人及包士英先生。尤其是包士英先生闻我拟写《静生所史稿》，签名赠送其大作《云南植物采集史略》，并将该书中一些照片惠送于我，供我使用，令人感动。也曾到访中科院昆明动物所，为获得彭鸿绶材料。昆明事务之后，因时间限制不能前往丽江去寻找庐山森林植物园丽江工作站陈迹，只能匆匆转赴成都、而后重庆，再沿长江乘船而下，过三峡，返庐山。

《静生所史稿》于 2005 年出版，书中力求对静生所在云南史实作完整记录，虽然成篇，仍有许多盲点，只有持续关注，期待史料呈现，俟机予以修订。2008 年，昆明植物所七十周年所庆，纪念出版物中，摘录刊出云南省档案馆关于云南农林所档案，有我没有抄录者；2009 年云南省档案馆编辑出版《私立五华文理学院档案资料汇编》，其中有 1946 年云南农林植物所与文理学院合办档案；2010 年刘兴育主编《云南大学史料丛书》，其中亦有不少涉及农林植物所内容。我也曾到云南大学档案馆查找秦仁昌档案，所得丰富；也曾到丽江市档案馆查找,却一无所获。

期待修订拙著之机会一直未曾到来,而在中国近现代植物学史上耕耘却不曾中断,陆续出版有《北平研究院植物学研究所史略》《江苏省中国科学院植物研究所南京中山植物园早期史》《庐山植物园最初三十年》,这些机构在民国时期或多或少与云南有所关联。此外更有《西双版纳热带植物园五十年》之著述,该书受西双版纳植物园主任陈进先生之约撰写,在该园万余份档案材料中,梳理出该园历史。诸多著述之完成,对云南植物学研究史有更深入理解。

转眼中科院昆明植物所建所八十周年将即,为庆祝建所,所长孙航先生嘱为撰写《云南植物研究史略》。窃以为创意良好,若再为搜讨材料,当可完成,遂接受此项任务。2016 年冬、2017 年春,2018 年春,三度来昆明,在云南省档案馆反复搜索,收获良多,这得益于档案数字化,除在教育厅档案中有新发现外,在云南省政府、云南省建设厅档案中也有发现。与此同时,还获得昆明植物所部分文书档案和科技档案,遂以一年之力完成这部书稿。

在著述之中,尽可能依据档案将历史事实记述完整,尤其对云南农林植物所更是如此,每一细节,均不愿放过。有幸通过此书,将《静生所史稿》中的错误,予以纠正。但是,由于时间甚短,材料收集仍然有限,书中对其他机构的遗缺还甚多,如对汤佩松领导之清华大学农业研究所、云南大学生物系、西南林业大学林学系等均言之简略,只有留待往后或再补缺;如记述昆明植物所 1959 年之后的历史也仅称为“略史”,好在该所另有一部《简史》,或可弥补拙著之缺漏。感谢昆明植物所孙航所长、杨永平书记所给予的信任;感谢吴曙光先生、朱卫东先生、贾颖女士、王改变女士等所给予帮助;感谢昆明植物所许再富先生及多位匿名审稿先生修改意见;最后感谢冯勤先生辛勤编辑。

胡宗刚

2018 年 4 月 3 日记于庐山园边室